大学基础物理学

精讲与练习

杜旭日　主编　/ 杨宇霖　副主编

李　敏　黄晓桦　程再军　王灵婕　林一清　参编

清华大学出版社

北京

内容简介

本书为“大学物理”课程的配套教材，以内容概要与典型例题针对主教材各章节的主要知识点进行概括性的描述和拓展，内容明朗清晰，可为学生理清课程知识脉络，启发解题思路，提高课程总结和复习效率，为巩固所学的教学内容提供有益的帮助。课外练习题型多样、题量适中、体系完整，可作为作业。

本书可作为高等院校理工科非物理类专业学生学习“大学物理”课程的教学补充用书，也可供有关工程技术人员和有兴趣的读者参考。

图书在版编目(CIP)数据

大学基础物理学精讲与练习/杜旭日主编. —北京：清华大学出版社，2019(2025.3重印)
ISBN 978-7-302-52574-5

Ⅰ. ①大… Ⅱ. ①杜… Ⅲ. ①物理学—高等学校—教学参考资料 Ⅳ. ①O4

中国版本图书馆 CIP 数据核字(2019)第 042403 号

责任编辑：佟丽霞
封面设计：常雪影
责任校对：王淑云
责任印制：丛怀宇

出版发行：清华大学出版社
网　　址：https://www.tup.com.cn，https://www.wqxuetang.com
地　　址：北京清华大学学研大厦 A 座　　**邮　　编**：100084
社 总 机：010-83470000　　**邮　　购**：010-62786544
投稿与读者服务：010-62776969，c-service@tup.tsinghua.edu.cn
质量反馈：010-62772015，zhiliang@tup.tsinghua.edu.cn
印 装 者：三河市君旺印务有限公司
经　　销：全国新华书店
开　　本：185mm×260mm　　**印　　张**：15　　**字　　数**：365 千字
版　　次：2019 年 3 月第 1 版　　**印　　次**：2025 年 3 月第 8 次印刷
定　　价：39.00 元

产品编号：082401-01

前言

科学是人类发现世界、探知万物——也包括了解人类自身的最好途径。科学是神奇的，在人类历史上是具有推动作用的革命力量。物理，顾名思义乃事物的道理，物理学的魅力之一在于通过探索自然规律和事物本质，把自然界的种种神奇现象和物质运动规律变成易于学习的公式和原理并得以应用，使人们总是充满激情与乐趣。“境自远尘皆入咏，物含妙理总堪寻”。物理学的科学理论及其形成的科学观和展现的方法论，深刻影响着人类对物质世界的基本认识、人类的思维方式和社会生活，是人类文明发展的基石。人们一般认为，物理学的理论与实验集中地体现了科学精神与科学方法，其成果为工程技术进步开辟了道路，工程技术革新又进一步推动着科学的发展，这些是支撑人类社会文明必不可少的重要组成部分。

以基础物理学为内容的“大学物理”课程，是高等学校理工科专业和非物理类专业的通识性必修基础课程。本课程讲授的基本概念、基本理论和基本方法是理工科学生科学素养的重要组成部分。基于基础物理教学，通过观察与实验、分析与综合、归纳与演绎、抽象与推理、类比与联想等科学方法，培养学生掌握科学的学习与研究方法，增强获取知识和独立思考的能力，抓住主要矛盾和矛盾的主要方面，运用所学的理论与方法来分析和解决问题。大学基础物理课程具有一定系统性，缺少了某个教学模块，都会觉得美中不足。考虑到绝大部分学生不做笔记，课外学习较为困难，如何在有限的课程学时让学生更好地学习物理学的基本内容，掌握主要知识点及其基本应用，这是我们思考和关注的一个问题。为了帮助学生更好地学习“大学物理”，理清课程知识脉络，分清主次，掌握解题思路与学习方法，提高学习效率，我们编写了这本包含课外练习的教学纲要，作为课堂教学的补充资料，也可作为自学读物，以期学生有所启迪。

本书结构与《大学基础物理学》(第3版，张三慧编著，清华大学出版社)的章节顺序相对应。主要内容分为两部分：第一部分内容概要与典型例题；第二部分课外练习。

“内容概要”着重体现大学基础物理学的主要理论和知识点，并不是对教材中公式的罗列与解析，也不是对教材中重要内容的简单提取或压缩，而是以内容概要与典型例题进行了概括性的描述与拓展，并适当融入科学文化与人文方面的知识，使之具有一定可读性，力求做到内容严谨，物理概念表达准确，清晰明朗，便于读者理解和复习，从而达到事半功倍的效果。课外练习题型多样，题量适中，体系完整，采用活页形式，可作为学生作业。德国教育学家第斯多惠(1790—1866年)指出，教学的艺术不在于传授本领，而在于激励、唤醒和鼓舞。我们希望把这一教育理念融入本书的编写中。

参加本书编写的全部成员长期工作在大学物理教学第一线，具有丰富的教学经验。具体分工是：杨宇霖(练习1、练习2)、李敏(练习3、练习4)、黄晓桦(练习5)、程再军(练习10、练习11)、王灵婕(练习12、练习13)、林一清(练习14、练习15)等编写第二部分的部分课外练习；杜旭日编写全书第一部分以及第二部分的练习6～9、练习16、练习17，并负责统稿。为方便教学与使用，对课外练习的顺序略作调整。

在编写过程中，参考和借鉴了一些文献、同行编写的相关教学资料以及网络资源，考虑到本书的练习和例题大都是大学物理中的基本内容，因此没有开列众多的教学参考书籍，只在书末列出了主要的参考文献，在此对其作者一并表示衷心感谢。感谢清华大学出版社佟丽霞、朱红莲、陈凯仁和常雪影等老师的支持和付出的辛勤工作。

成稿之后，我们总觉得不尽如人意，希望所做工作只是引玉之砖。由于时间仓促，编者能力有限，书中定有不少纰漏，欢迎广大读者批评指正，并及时向我们反馈意见或建议，以便再版时进一步完善与修订。

编　者

2018 年 10 月

目　录

第一部分　内容概要与典型例题

第二部分 课外练习

第一部分
内容概要与典型例题

第1篇　力　学

力学是研究物体机械运动规律及其应用的一门学科。力学部分主要包括质点运动学、牛顿运动定律(质点动力学)、动量和角动量、功和能、刚体的定轴转动以及狭义相对论。

伽利略开创了科学实验方法,创立了对物理现象进行观察与实验,并把实验方法与理论思维(科学假设,数学推理,逻辑论证和演绎)相结合的科学研究方法。

力学从质点模型出发,采用演绎法,应用基本规律和基本原理解决问题。

17 世纪后,以牛顿运动定律为基础,总结并形成了牛顿力学体系或经典力学体系。牛顿力学体系仅适用于运动速度远小于光速的宏观物体的机械运动。力学已成为许多工程技术的重要基础。

第1章　质点运动学

运动学是力学中的一部分。它通过位移、速度、加速度等物理量,用质点模型描述和研究物体位置随时间变化的情况,但不涉及变化的原因(受力)和质量等因素。

【内容概要】

1. 质点与参考系

(1) 质点

质点是指具有一定质量而没有大小和形状的物体,它是物理学中的一个理想化模型。

实际物体都有大小,但当其尺度在所讨论的问题中对整个运动过程影响很小时(例如,研究地球公转时,地球半径比太阳、地球之间的距离小得多),可以不计物体内部各处运动状况的差别,而把它看成只有质量的点,使问题大为简化。

若干相互之间具有一定联系的质点组成的系统称为质点系,也称质点组。在力学中,一个物体可看作由无数质点组成的体系。

刚体是各质点间距离都保持不变的特殊质点系。质点、刚体都是在一定条件下从实际物体抽象出来的理想化模型。

(2) 参考系

为了确定一个物体的位置和描述其运动而选作基准的另一个物体称为参考系,也称参照系、参照物。为了定量描述物体的运动,通常还要在参考系上建立坐标系。

从不同参考系看,同一物体的运动状态各不相同。宇宙间不存在绝对静止的物体,所有的参考系都在运动。但在具体问题中,常常将某个选定的参考系视为静止。如习惯取地球为参考系(定参考系、基本参考系),在天文学上取太阳或某个恒星为定参考系。

2. 描述质点运动的四个物理量

以下四个物理量具有共同的基本特征:瞬时性、方向性(矢量性)、相对性、叠加性。在一定条件下,它们具有独立性。

(1) 位置矢量(位矢)

$$\boldsymbol{r}=\boldsymbol{r}(t)=x\boldsymbol{i}+y\boldsymbol{j}+z\boldsymbol{k}=r\boldsymbol{e}_r,\quad r=|\boldsymbol{r}|=\sqrt{x^2+y^2+z^2}$$

质点的运动方程

$$\boldsymbol{r}=\boldsymbol{r}(t)=x(t)\boldsymbol{i}+y(t)\boldsymbol{j}+z(t)\boldsymbol{k}\quad 或\quad x=x(t),y=y(t),z=z(t)$$

(2) 位移

$$\Delta\boldsymbol{r}=\boldsymbol{r}_2-\boldsymbol{r}_1=(x_2-x_1)\boldsymbol{i}+(y_2-y_1)\boldsymbol{j}+(z_2-z_1)\boldsymbol{k}=\Delta x\boldsymbol{i}+\Delta y\boldsymbol{j}+\Delta z\boldsymbol{k}$$

位移是描述质点位置变化的物理量,为矢量。质点在某一时间内的位移,用其在这时间内的初位置指向末位置的有向直线段表示。

路程是质点在某一时间内所经过的路线(轨迹)的总长度,为标量。

(3) 速度与速率

$$\boldsymbol{v}=\frac{\mathrm{d}\boldsymbol{r}}{\mathrm{d}t}$$

速度是描述位置变化的快慢和方向的物理量,为矢量。在日常生活中,有时也把各种量随时间变化的快慢、各种过程进行的快慢称为速度。

位移和所历时间的比值,称为这段时间内的平均速度。如果这一时间极短(趋近于零),这一比值的极限称为物体在该时刻的速度或瞬时速度。在直线运动中,速度方向沿物体前进的直线方向;在曲线运动中,速度方向沿运动轨道的切线方向。

速度的大小为速率,即

$$v=\left|\frac{\mathrm{d}\boldsymbol{r}}{\mathrm{d}t}\right|=\frac{\mathrm{d}s}{\mathrm{d}t}$$

在路径确定的情况下,可用速率描述路径上位置的变化率,因为速度的方向就是各点的切线方向。即$\boldsymbol{v}=v\boldsymbol{e}_t$。

(4) 加速度

$$\boldsymbol{a}=\frac{\mathrm{d}\boldsymbol{v}}{\mathrm{d}t}=\frac{\mathrm{d}^2\boldsymbol{r}}{\mathrm{d}t^2}$$

加速度是描述速度变化的快慢和方向的物理量,为矢量。其方向为速度变化的极限方向。

速度的变化与这变化所历时间 Δt 的比值,称为这段时间内的平均加速度。若 Δt 极短($\Delta t\to 0$),此比值的极限称为物体在该时刻的瞬时加速度,简称加速度。

当质点在 Ox 轴作直线运动,加速度为常矢量时,为匀加速直线运动。若初始条件为 x_0 和 v_0,则

$$v=v_0+at,\quad x=x_0+v_0t+\frac{1}{2}at^2,\quad v^2-v_0^2=2a(x-x_0)$$

3. 描述质点圆周运动的四个角量

描述质点圆周运动的四个物理量与质点作一般运动的四个物理量(位矢、位移、速度和加速度)相对应。圆周运动具有确定的轨迹,采用角量处理问题较为方便。

(1) 角坐标(角位置)

角坐标(角位置)$\theta=\theta(t)$,用于表示圆周运动的运动方程。单位为弧度(rad)或度(°)。

(2) 角位移

无限小角位移是矢量,其大小为 $\Delta\theta=\theta_2-\theta_1$,它是描述物体转动时位置变化的物理量。

(3) 角速度

角速度是描述物体转动或一质点绕某点转动时角位移变化快慢和方向的物理量。物体的角位移变化和这一变化所经历时间的比值,称为这段时间的平均角速度。当这一时间极短时($\Delta t\to 0$),此比值的极限称为物体在该时刻的瞬时角速度,简称角速度。角速度$\boldsymbol{\omega}$ 的大小为$\omega=\dfrac{\mathrm{d}\theta}{\mathrm{d}t}$,单位为 $\mathrm{rad\cdot s^{-1}}$或$(°)\cdot\mathrm{s}^{-1}$,它的方向在当时的转动轴线上,其指向由右手螺旋定则决定,为轴矢量。

(4) 角加速度

角加速度是描述转动物体角速度变化的快慢和方向的物理量。物体的角速度和这变化所经历时间 Δt 的比值,称为这段时间的平均角加速度。当 Δt 极短时($\Delta t\to 0$),此比值的极限称为物体在该时刻的瞬时角加速度,简称角加速度。角加速度$\boldsymbol{\alpha}$ 是轴矢量,大小为 $\alpha=\dfrac{\mathrm{d}\omega}{\mathrm{d}t}=\dfrac{\mathrm{d}^2\theta}{\mathrm{d}t^2}$,单位为 $\mathrm{rad\cdot s^{-2}}$或$(°)\cdot\mathrm{s}^{-2}$,方向与 $\mathrm{d}\boldsymbol{\omega}$ 的方向相同。

如果转动中转动轴保持不变,则角加速度的方向与角速度同在轴线上;否则,既要体现转速的改变,也要反映转轴的变化。有的书中用 β 表示角加速度。

(5) 线量与角量的关系

圆周运动的加速度可分解为切向加速度 a_t 和法向加速度 a_n。切向加速度 a_t 为加速度矢量在切线方向上的投影,法向加速度 a_n 为加速度矢量在垂直切线的向心方向的投影。

切向加速度 $a_\mathrm{t}=\dfrac{\mathrm{d}v}{\mathrm{d}t}=R\alpha$,沿切线方向;$\boldsymbol{a}_\mathrm{t}=a_\mathrm{t}\boldsymbol{e}_\mathrm{t}$($\boldsymbol{e}_\mathrm{t}$ 为切向单位矢量)

法向加速度 $a_\mathrm{n}=\omega^2R=\dfrac{v^2}{R}$,指向圆心。$\boldsymbol{a}_\mathrm{n}=a_\mathrm{n}\boldsymbol{e}_\mathrm{n}$($\boldsymbol{e}_\mathrm{n}$ 为法向单位矢量)

总加速度 $\boldsymbol{a}=\boldsymbol{a}_\mathrm{t}+\boldsymbol{a}_\mathrm{n}$,大小 $a=\sqrt{a_\mathrm{t}^2+a_\mathrm{n}^2}$,方向与切向的夹角为 $\theta=\arctan\dfrac{a_\mathrm{n}}{a_\mathrm{t}}$。

质点以半径 r 作圆周运动时,质点的线量与角量的关系为

$$v=r\omega\quad(\text{矢量式为}\boldsymbol{v}=\boldsymbol{\omega}\times\boldsymbol{r}),\quad a_\mathrm{t}=r\alpha,a_\mathrm{n}=r\omega^2$$

匀角加速度运动时的运动学公式(当角加速度$\boldsymbol{\alpha}$ 为常矢量时)为

$$\omega=\omega_0+\alpha t,\quad \theta=\theta_0+\omega_0t+\frac{1}{2}\alpha t^2,\quad \omega^2-\omega_0^2=2\alpha(\theta-\theta_0)$$

4. 平面曲线运动

(1) 切向加速度

$$a_t = \frac{dv}{dt}$$

其中，v 为 t 时刻切线方向的速度大小。

(2) 法向加速度

$$a_n = \frac{v^2}{\rho}$$

式中，ρ 为 t 时刻质点位置的曲率半径，v 为 t 时刻切线方向的速度大小。

引入自然坐标系，对一般曲线运动，a_t 描述速度大小(快慢)变化，a_n 描述速度方向变化。对于作曲线运动的物体，总有 $a_n \neq 0$。

物体作圆周运动时，ρ 就是圆周半径；物体作匀速圆周运动时，$a_t = 0$，为一般曲线运动的特例。

(3) 抛体运动——斜抛

在以抛出点为原点、水平方向为 Ox 轴的平面直角坐标系中，将物体以仰角 θ、初速度 v_0 抛出(斜抛)，如图 1-1 所示。在抛出后的任意时刻，物体仅受重力作用，有

$$a_x = 0, a = a_y = -g \quad 或 \quad a_t = \frac{dv}{dt}, a_n = \frac{v^2}{\rho}$$

$$v_x = v_0 \cos\theta, \quad v_y = v_0 \sin\theta - gt$$

$$x = v_0 \cos\theta \cdot t, \quad y = v_0 \sin\theta \cdot t - \frac{1}{2} g t^2$$

质点的轨道方程为

$$y = \tan\theta \cdot x - \frac{1}{2} \frac{g}{v_0^2 \cos^2\theta} x^2$$

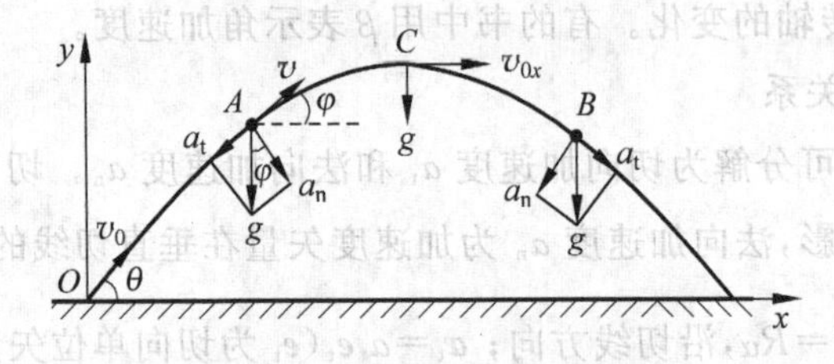

图 1-1 物体斜抛运动示意图

5. 力学相对性原理(伽利略相对性原理)与相对运动

在不同惯性系中，牛顿运动定律具有相同的形式，即在伽利略变换下保持形式不变。

在相对运动中，通常涉及伽利略坐标变换，以速度变换和加速度变换为主。变换公式为

$$\boldsymbol{r} = \boldsymbol{r}' + \boldsymbol{r}_0 \text{ 或 } \Delta\boldsymbol{r} = \boldsymbol{r}' + \boldsymbol{u}\Delta t$$

$$\boldsymbol{v} = \boldsymbol{v}' + \boldsymbol{u}$$

$$\boldsymbol{a} = \boldsymbol{a}' + \boldsymbol{a}_0$$

以上各式均为相对运动中对应的位置矢量(位矢)、速度和加速度的变换关系。

对A、B、C三个运动物体,其速度和加速度的合成关系

$$\boldsymbol{v}_{AC}=\boldsymbol{v}_{AB}+\boldsymbol{v}_{BC}\quad 或\quad \boldsymbol{v}_{AB}=\boldsymbol{v}_{AC}+\boldsymbol{v}_{CB}$$

$$\boldsymbol{a}_{AC}=\boldsymbol{a}_{AB}+\boldsymbol{a}_{BC}\quad 或\quad \boldsymbol{a}_{AB}=\boldsymbol{a}_{AC}+\boldsymbol{a}_{CB}$$

为矢量式;可沿某一方向写出分量式,求得该方向分量的合成关系。式中,下标AB表示A相对于B,其他形式相似。

力学相对性原理是爱因斯坦相对性原理在低速运动情况下的近似。爱因斯坦相对性原理要求一切反映物理过程规律性的方程在洛伦兹变换下保持相同的形式。

6. 运动学中两类问题的求解

微分与积分的应用是本章难点。相关题型有以下两种情况。

(1) 已知运动方程,求速度、加速度

根据已知的运动方程(函数),通过微分(或求导)方法进行求解。如例1-1。

(2) 已知加速度与其他变量关系,以及初始条件(如初始速度、起始位置),求速度或运动方程

若加速度为时间关系表达式,即$a=a(t)$,采用积分方法直接求解,可求出任意时刻质点的速度,以及位矢及其相互关系。如例1-2。

若加速度表达式为加速度与其他变量关系,如直线运动$a=a(x)$或$a=a(v)$,一般需要先通过合理的分离变量或变量代换,再利用积分方法求解。如例1-3。

例如,$a=\frac{\mathrm{d}v}{\mathrm{d}t}=\frac{\mathrm{d}v}{\mathrm{d}x}\cdot\frac{\mathrm{d}x}{\mathrm{d}t}=v\frac{\mathrm{d}v}{\mathrm{d}x}$。

【典型例题】

【例1-1】 一质点在Oxy平面上运动,运动函数为$x=2t$,$y=4t^2+2$(SI)。求:(1)质点运动的轨道方程;(2)从$t=1$ s到$t=2$ s质点的位移;(3)$t=2$ s时,质点的速度和加速度。

【解】 (1) 把运动函数中的变量时间t消去,得轨道方程

$$y=x^2+2$$

(2) 位置矢量为

$$\boldsymbol{r}=x\boldsymbol{i}+y\boldsymbol{j}=2t\boldsymbol{i}+(4t^2+2)\boldsymbol{j}$$

$t=1$ s时,$\boldsymbol{r}_1=(2\boldsymbol{i}+6\boldsymbol{j})$ m;$t=2$ s时,$\boldsymbol{r}_2=(4\boldsymbol{i}+18\boldsymbol{j})$ m。

从$t=1$ s到$t=2$ s质点的位移为

$$\Delta\boldsymbol{r}=\boldsymbol{r}_2-\boldsymbol{r}_1=(x_2-x_1)\boldsymbol{i}+(y_2-y_1)\boldsymbol{j}=(2\boldsymbol{i}+12\boldsymbol{j})\ \mathrm{m}$$

(3) $t=2$ s时,质点速度为

$$\boldsymbol{v}=\frac{\mathrm{d}\boldsymbol{r}}{\mathrm{d}t}=v_x\boldsymbol{i}+v_y\boldsymbol{j}=2\boldsymbol{i}+8t\boldsymbol{j},\quad \boldsymbol{v}_2=(2\boldsymbol{i}+16\boldsymbol{j})\ \mathrm{m\cdot s^{-1}}$$

加速度为

$$\boldsymbol{a}=\frac{\mathrm{d}\boldsymbol{v}}{\mathrm{d}t}=a_x\boldsymbol{i}+a_y\boldsymbol{j}=8\boldsymbol{j},\quad \boldsymbol{a}_2=\boldsymbol{a}=8\boldsymbol{j}\ \mathrm{m\cdot s^{-2}}$$

【例 1-2】 一质点沿 x 轴作直线运动，加速度为 $a=12t$(SI)；在 $t=0$ 时，质点位于 $x_0=5$ m 处，初速度 $v_0=0$，求质点的运动方程。

【解】 由 $a=\frac{dv}{dt}=12t$，可得 $dv=12t\ dt$，积分得

$$\int_0^v dv=\int_0^t 12t dt,\quad v=6t^2$$

由 $v=\frac{dx}{dt}=6t^2$，可得 $dx=6t^2\ dt$，积分得

$$\int_5^x dx=\int_0^t 6t^2 dt$$

质点的运动方程为

$$x=(2t^3+5)\ \text{m}$$

【例 1-3】 一物体在 x 轴上作直线运动，其加速度为 $a=-\omega^2 x$，式中 ω 为常量。设物体在坐标 x_0 处的速度为 v_0，求物体速度 v 与坐标 x 的关系式。

【解】 由 $a=\frac{dv}{dt}$，对 $a=-\omega^2 x$ 进行变量转换得

$$a=\frac{dv}{dt}=\frac{dv}{dx}\cdot\frac{dx}{dt}=-\omega^2 x$$

分离变量，则 $v dv=-\omega^2 x dx$，积分得

$$\int_{v_0}^v v dv=-\int_{x_0}^x \omega^2 x dx,\quad v^2-v_0^2=-\omega^2(x^2-x_0^2)$$

解得

$$v^2=v_0^2-\omega^2(x^2-x_0^2)$$

【例 1-4】 一石子从空中静止下落，由于空气阻力，石子并非作自由落体运动，而是以加速度 $a=A-Bv$ 下落，式中 A、B 均为大于零的常量，求石子下落的速度和运动方程。

【解】 取石子开始下落处为原点，垂直向下为 Oy 轴，$y_0=0$，则

$$a=\frac{dv}{dt}=A-Bv$$

分离变量，并积分，注意到 $v_0=0$，则

$$\int_0^t dt=\int_0^v \frac{dv}{A-Bv}=\frac{1}{B}\ln\left(\frac{A}{A-Bv}\right)$$

石子下落的速度为

$$v=\frac{A}{B}(1-e^{-Bt})$$

运动方程为石子下落的距离，即

$$y=\int_0^t v dt=\int_0^t \frac{A}{B}(1-e^{-Bt})dt=\frac{A}{B^2}(e^{-Bt}+Bt-1)$$

【例 1-5】 一质点在 Oxy 平面内的运动方程为 $x=5\sin 5t$，$y=5\cos 5t$(SI)。求质点的切向加速度 a_t 和法向加速度 a_n 的大小。

【解】 因为 $x^2+y^2=5^2$，即质点作半径 $R=5$ m 的圆周运动。

速度分量为

$$v_x=25\cos 5t,\quad v_y=-25\sin 5t$$

加速度分量为

$$a_x = -125\sin 5t, \quad a_y = -125\cos 5t$$

则

$$v = \sqrt{v_x^2 + v_y^2} = 25\ \mathrm{m \cdot s^{-1}}, \quad a = \sqrt{a_x^2 + a_y^2} = 125\ \mathrm{m \cdot s^{-2}}$$

$a_t = \dfrac{dv}{dt} = 0$,可见,质点作匀速圆周运动。

由 $a = 125\ \mathrm{m \cdot s^{-2}}$,$a = \sqrt{a_t^2 + a_n^2}$,得

$$a_n = a = 125\ \mathrm{m \cdot s^{-2}} \quad 或 \quad a_n = \frac{v^2}{R} = \frac{25^2}{5}\ \mathrm{m \cdot s^{-2}} = 125\ \mathrm{m \cdot s^{-2}}$$

【例 1-6】 河水以 $10\ \mathrm{km \cdot h^{-1}}$ 的流速向东流,船相对河水以 $20\ \mathrm{km \cdot h^{-1}}$ 的速度向北偏西 30°航行。此时在刮东风,风速为 $10\ \mathrm{km \cdot h^{-1}}$。求在船上观察船上烟囱冒出的烟的速度和方向。

【解】 以河岸为参考系,由相对运动公式,船的速度为

$$\boldsymbol{v}_{船对地} = \boldsymbol{v}_{船对水} + \boldsymbol{v}_{水对地}$$

如图 1-2(a)所示,$\theta = 30°$,由速度矢量合成公式,可得船对水的速度大小为 $10\sqrt{3}$ km/h,船在水上运动的方向为由南向北。

以船只为参考系,由相对运动公式,风与船的速度关系为

$$\boldsymbol{v}_{风对地} = \boldsymbol{v}_{风对船} + \boldsymbol{v}_{船对地}$$

船上的人观察船上烟囱冒出的烟,相当于风对船的速度,即

$$\boldsymbol{v}_{风对船} = \boldsymbol{v}_{风对地} - \boldsymbol{v}_{船对地}$$

由图 1-2(b),可求出在船上观察船上烟囱冒出的烟的速度大小为 $20\ \mathrm{km \cdot h^{-1}}$,方向为南偏西 30°。

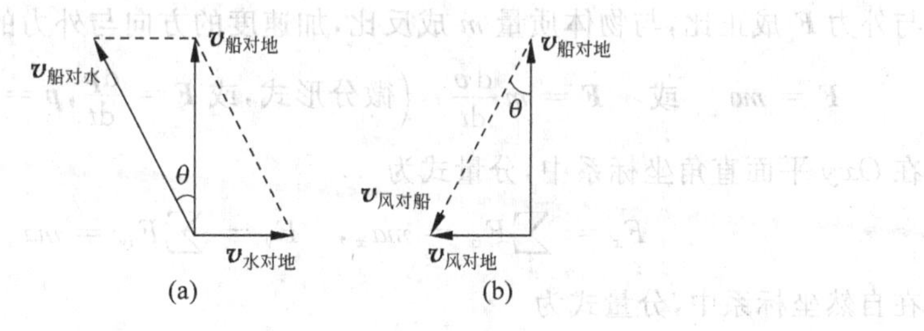

图 1-2 相对运动

(a) 船与河水运动关系;(b) 风与船运动关系

> 穷则变,变则通,通则久。
>
> ——《周易·系辞下》

第2章 牛顿运动定律

本章研究质点动力学，即以牛顿运动定律为基础，研究物体受力作用时，质点机械运动状态发生变化的规律。牛顿运动定律建立了力与运动量变化之间的关系，牛顿第一定律表述惯性原理，牛顿第二定律表述动力学基本原理，牛顿第三定律表述作用与反作用原理。

【内容概要】

1. 牛顿第一定律

牛顿第一定律又称惯性定律，指任何物体(通常为质点)在不受外力作用或所受的合外力为零时，都将保持原来的运动状态，即静止的仍然静止，原来运动的继续保持匀速直线运动。

物体这种固有的运动属性称为惯性。质量是惯性的量度。当外力一定时，惯性表现为物体运动状态改变的难易程度。质量大的物体，运动状态较难改变，在同样的外力作用下物体获得的加速度较小。

2. 牛顿第二定律

牛顿第二定律表述为：任何物体在合外力作用下，其动量随时间的变化率与其所受合外力成正比，且与合外力的方向相同。牛顿第二定律描述了作用在物体上的力是如何使物体运动状态发生改变的。

在牛顿力学中，把质量看成不变的量，故牛顿第二定律又可表述为：物体所获得的加速度 $\boldsymbol{a}$ 与外力 $\boldsymbol{F}$ 成正比，与物体质量 m 成反比，加速度的方向与外力的方向相同。即

$$\boldsymbol{F}=m\boldsymbol{a}\quad 或\quad \boldsymbol{F}=m\frac{\mathrm{d}\boldsymbol{v}}{\mathrm{d}t}\quad\left(微分形式，或\ \boldsymbol{F}=\frac{\mathrm{d}\boldsymbol{p}}{\mathrm{d}t},\boldsymbol{p}=m\boldsymbol{v}\ 为动量\right)$$

在 Oxy 平面直角坐标系中，分量式为

$$F_x=\sum_i F_{ix}=ma_x,\quad F_y=\sum_i F_{iy}=ma_y$$

在自然坐标系中，分量式为

$$F_\mathrm{t}=\sum_i F_{i\mathrm{t}}=m\frac{\mathrm{d}v}{\mathrm{d}t},\quad F_\mathrm{n}=\sum_i F_{i\mathrm{n}}=m\frac{v^2}{\rho}\quad (\rho\ 为曲率半径)$$

3. 牛顿第三定律

牛顿第三定律表述为：若物体 A 以力 $\boldsymbol{F}_1$ 作用于物体 B，则同时物体 B 必以力 $\boldsymbol{F}_2$ 作用于物体 A；这两个力大小相等、方向相反，而且沿同一直线，即 $\boldsymbol{F}_1=-\boldsymbol{F}_2$。牛顿第三定律也称作用与反作用定律。

但是，并不是所有的“相互作用”都一定满足牛顿第三定律，如磁相互作用。

4. 惯性参考系(惯性系)

惯性系是牛顿第一运动定律在其中成立的参考系。在研究地面上物体的运动时，可将

地球近似地看作惯性系；在必须考虑地球转动的情况下，要以太阳及几个选定的恒星作为惯性系。

相对于惯性系作匀速直线运动的系统也都是惯性系。物体在各个惯性系内都遵守同样的运动定律。

相对于惯性系作加速运动的系统不是惯性系，称为非惯性系，在非惯性中牛顿定律不再成立。

5. 万有引力定律

物体由于具有质量而使彼此之间具有引力的作用。万有引力定律指出，任何两个质点之间均存在着引力，其大小与各质点质量成正比，与两者之间距离的二次方成反比。

与库仑力不同的是，对于物体，它们总是相互吸引的，万有引力只与物体质量有关，与其他性质(如电荷)无关，据此同样可引入引力场。

在弱引力场中，引力方向沿两质点的连线，指向另一个物体。即

$$\boldsymbol{F}=G\frac{m_1m_2}{r^2}\boldsymbol{e}_{\mathrm{r}}=G\frac{m_1m_2}{r^3}\boldsymbol{r}$$

式中，G为万有引力常量，$G=6.674\times10^{-11}\ \mathrm{N\cdot m^2\cdot kg^{-2}}$，$\boldsymbol{e}_{\mathrm{r}}$为$r$方向上的单位矢量，即$\boldsymbol{r}=r\boldsymbol{e}_{\mathrm{r}}$。

牛顿以高度的智慧以及自己创立的科学方法发现了万有引力定律，使近代天文学研究焕然一新。他还致力于色散的现象和光的本性的研究，为近代光学奠定了基础；发现了运动三定律，建立了经典力学的基本体系；发明了微积分，为数学的近代化开辟了道路。

6. 常见的几种力

基本自然力有四种：引力、电磁力、强力、弱力。

常见的力有重力、弹性力、摩擦力、流体阻力、表面张力等。

(1) 重力

重力可以看做物体在地球表面附近所受到的地球引力(忽略地球自转的影响)，用P表示，$P=mg$，g为重力加速度。重力遵守万有引力定律，与地球质量M和半径r有关，在地面附近，即$P=G\frac{Mm}{r^2}$，$g=G\frac{M}{r^2}$。

(2) 弹性力

在外力作用下，具有弹性的物体形变后，力图恢复其原来形状而作用在施力物体上的力称为弹性力。如弹簧在拉伸或压缩状态时的弹力、受拉绳子中的张力、支承体的支承力等。

在弹性极限内，弹性力与弹性物体的形变成正比，其比例系数与物体的形状和材料的弹性模量有关。遵循胡克定律$f=-kx$，负号表示弹力总是指向平衡位置。

(3) 摩擦力

相互接触的两物体在接触面上发生阻碍相对滑动或有相对滑动趋势的力，称为摩擦力。摩擦力分为静摩擦力和滑动摩擦力。

当相互接触的两物体有相对滑动的趋势，但尚未相对滑动时，作用在物体上的摩擦力为静摩擦力。其大小与该力相同，并随力的增大而增加，方向与使物体可能发生滑动趋势的力相反。摩擦力与接触面上的正压力成正比，即

$$f_s = \mu_s N$$

式中，μ_s 为比例系数，通常称为摩擦因数。

当作用力加大到使物体即将开始相对滑动时，静摩擦力达到最大值，称为最大静摩擦力 f_{smax}(或称启动摩擦力)。静摩擦力 f_s 为变力，且 $0<f_s\leqslant f_{smax}$。

物体在滑动时受到的摩擦力称为滑动摩擦力。滑动摩擦力 f 比最大静摩擦力 f_{smax} 略小，方向与相对滑动方向相反。在其他条件相同时，克服滚动摩擦所需的力比克服滑动摩擦所需的力小得多。

在实际情况下，固体之间的摩擦力几乎与接触面面积以及相对速度无关；滚动摩擦因数与速度有关。发生在液体和气体中的摩擦为内摩擦，其摩擦力与速度有关。

对物体进行受力分析时，可按重力、弹力、摩擦力(静摩擦力)的顺序进行。

(4) 流体阻力

液体和气体都富于流动性，具有相似的运动规律。两者统称为流体。

在流体内部存在黏性，不同流速层接触面上有阻碍其相对运动趋势的内摩擦力(黏力，切应力)。流体阻力为

$$f_d = kv$$

比例系数 k 与物体形态、流体性质有关。物体在空气中运动时，曳力大小为

$$f = \frac{1}{2}C\rho A v^2$$

式中，ρ 为空气的密度，A 为物体的有效横截面积，C 为曳引系数。

当物体速率足够大时，曳力将与重力平衡，使物体匀速下落。物体在流体中下落的最大速率称为收尾速度(终极速度)。

(5) 表面张力

在液体表面相邻任何两部分之间具有相互吸引力(张力)，称为表面张力。其方向与液面相切，并与两部分的分界线垂直，大小为液面相邻两部分间单位长度内的牵引力，与接触面边界长度 l 成正比。表面张力用表面张力系数 γ 描述，公式为

$$F = \gamma l$$

式中，γ 与液体成分、温度、杂质含量和相邻物质的化学性质等有关，与液面大小无关。

7. 惯性力

在非惯性系中，物体相对于惯性系作加速运动，牛顿定律不再成立，但可观察到一种类似“像”的虚拟力——惯性力。例如，刹车时，车内物体向前滑行的“力”为惯性力，与摩擦力“像”似；作圆周运动的物体好像受到一个使其离开圆周中心向外飞出去的力，这个力称惯性离心力(离心力)，它属于假想的力，且只能被该系统中的观察者感知到。

惯性力不是由物质之间的直接相互作用产生的，故不存在反作用力。也就是说，它不是产生加速度的原因，而是加速度造成的结果。有时把向心力的反作用力称离心力。

在平动的非惯性系中，物体上任何一点的惯性力大小等于该点质量与所在非惯性系在该点的加速度 a_0 的乘积，惯性力的方向与加速度方向相反。科里奥利力也是一种惯性力。

在平动加速参考系中，惯性力为

$$\boldsymbol{F}_{in} = -m\boldsymbol{a}_0$$

式中，a_0 为非惯性系相对于惯性系的加速度。

在相对于惯性系以角速度 ω 转动的非惯性系中，惯性离心力为

$$\boldsymbol{F}_{\text{in}} = -mr\omega^2\boldsymbol{n}$$

在非惯性系中，牛顿第二定律的数学表达式为

$$\boldsymbol{F} + \boldsymbol{F}_{\text{in}} = m\boldsymbol{a}'$$

式中，$\boldsymbol{F}$ 为作用在质点上除惯性力以外的其他外力，即真实力。

8. 质点动力学(牛顿力学)问题的求解方法

正确分析质点受力及其运动状态是解决动力学问题的关键。此类问题通常归结为两类。

(1) 已知作用在物体上的力，由牛顿运动定律确定物体的运动情况或平衡状态。包括求物体运动的速度、加速度和运动轨迹(方程)等。一般可用积分方法求解。

(2) 已知物体的运动情况或平衡状态，由牛顿运动定律求解作用在物体上的力。一般需要先求解加速度，再求力。

无论是动力学问题还是运动学问题，通常都需要用到物体的加速度，因此，应注意利用加速度建立动力学和运动学问题之间的联系。

质点动力学(牛顿力学)问题的求解方法如下。

(1) 确定研究对象。采用隔离体法，进行正交分解，作物体受力图，分析物体运动状态，包括其轨迹、速度和加速度。

(2) 确定参考系(通常默认大地为参考系，此步骤可忽略)，判断研究对象有无加速度。

(3) 建立合适坐标系(或规定正方向)。通常为直角坐标系，由牛顿第二定律列出受力分量式(或矢量式)方程；涉及多个物体时，还要找出它们的速度或加速度之间的关系。根据变量数列方程，必要时补充辅助方程。

(4) 求解方程。一般先进行文字符号运算，再代入数据，求得结果。必要时，可进一步讨论，判断结果是否合理。

【典型例题】

【例 2-1】 如图 2-1 所示，系统置于以 $g/2$ 加速度上升的升降机内，A、B 两物块的质量均为 m，A 所在桌面为水平面，绳子和定滑轮质量忽略不计。(1)若忽略一切摩擦，求绳子张力；(2)若物体 A 与桌面间的摩擦因数为 μ（系统仍加速滑动），求绳子张力。

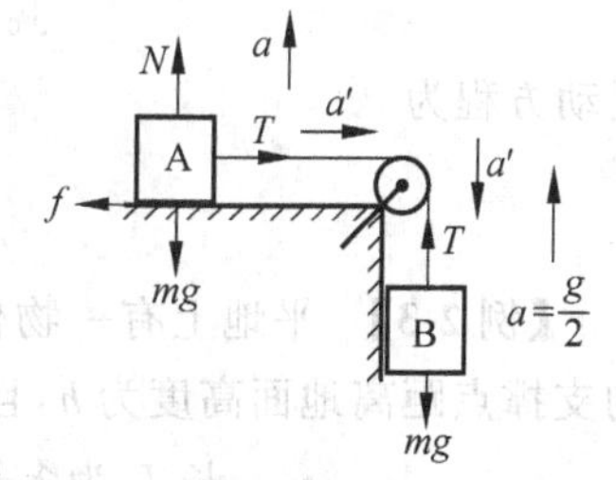

图 2-1 例 2-1 图

【解】 (1) 对两个物体分别进行受力分析。绳子与两个物体 A 和 B 之间的张力相同，均设为 T；设升降机内物体运动的加速度为 a'，列方程：

物体 A　$T=ma'$(水平方向)，$N-mg=ma$(竖直方向)

物体 B　$mg-T=m(a'-a)$(竖直方向)

解得

$$T=\frac{1}{2}(mg+ma)=\frac{3}{4}mg$$

(2) 对运动物体 A、B 分别列方程

物体 A　$T-f=ma'$，$f=\mu N$(水平方向)，$N-mg=ma$(竖直方向)

物体 B　$mg-T=m(a'-a)$(竖直方向)

解得

$$T=\frac{1}{2}(mg+ma)+\frac{1}{2}\mu m(g+a)=\frac{3}{4}(1+\mu)mg$$

可见，当 $\mu=0$ 时，两种情况的结果相同。

【例 2-2】 在变力 $F=F_0(b-kt)$(F_0，b，k 均为常量)作用下，质量为 m 的质点沿 Ox 轴作直线运动。(1)设质点从坐标原点以速度 v_0 开始运动，求质点运动的微分方程。(2)求速度随时间的变化规律，以及质点运动学方程。

【解】 (1) 根据牛顿第二定律，有

$$F_0(b-kt)=m\frac{\mathrm{d}^2x}{\mathrm{d}t^2}$$

质点运动微分方程为

$$\frac{\mathrm{d}^2x}{\mathrm{d}t^2}=\frac{F_0}{m}(b-kt)$$

(2) 上式改写为

$$\frac{\mathrm{d}v}{\mathrm{d}t}=\frac{F_0}{m}(b-kt)$$

分离变量，并积分，得

$$\int_{v_0}^{v}\mathrm{d}v=\int_0^t\frac{F}{m}(b-kt)\mathrm{d}t$$

速度为

$$v=v_0+\frac{F}{m}\left(bt-\frac{1}{2}kt^2\right)$$

(3) 上式改写为

$$v=\frac{\mathrm{d}x}{\mathrm{d}t}=v_0+\frac{F}{m}\left(bt-\frac{1}{2}kt^2\right)$$

分离变量，并积分，得

$$\int_0^x\mathrm{d}x=\int_0^t\left[v_0+\frac{F}{m}\left(bt-\frac{1}{2}kt^2\right)\right]\mathrm{d}t$$

运动方程为

$$x=v_0t+\frac{F}{2m}\left(bt^2-\frac{1}{3}kt^3\right)$$

【例 2-3】 平地上有一物体，某人用一轻绳挎在肩上拖动物体匀速前进。设绳在肩上的支撑点距离地面高度为 h，且保持不变，物体与地面间的摩擦因数为 μ，求肩上到物体的绳长 L 为多长时最省力，此时拉力为多少？

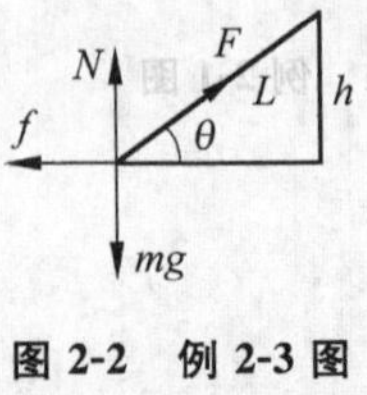

图 2-2　例 2-3 图

【解】 进行受力分析，如图 2-2 所示。找出力与某个变量的关系，再求极值。

设物体质量为 m，绳子与水平面成 θ 角，即 $\sin\theta=h/L$；物体在地面上受到的摩擦力为 f，水平方向物体匀速前进，$a=0$；竖直方向，物体保

持平衡。则

$$F\cos\theta - f = 0$$
$$F\sin\theta + N - mg = 0$$
$$f = \mu N$$

解得

$$F = \frac{\mu mg}{\cos\theta + \mu\sin\theta}$$

F 有极小值的充要条件是 $\frac{\mathrm{d}F}{\mathrm{d}\theta}=0$，且 $\frac{\mathrm{d}^2F}{\mathrm{d}\theta^2}>0$，如此求导较为麻烦；可利用分母求极值，对分母求导得 $-\sin\theta+\mu\cos\theta=0$，故 $\tan\theta=\mu$。

当满足 $\tan\theta=\mu$ 时，F 有极小值，即以此 θ 角对应的绳子长度拉物体最省力。

由 $\tan\theta=\mu$，得 $\sin\theta=\frac{\mu}{\sqrt{1+\mu^2}}$，故 $L=\frac{h\sqrt{1+\mu^2}}{\mu}$。

此时拉力为

$$F = \frac{\mu mg}{\sqrt{1+\mu^2}}$$

也可以把分母化为 $\sqrt{1+\mu^2}\sin(\theta+\varphi)$ 形式，则当 $\sin(\theta+\varphi)=1$ 时，F 有极小值，即可求出 φ，再进一步确定变量间的关系。此法计算较为烦琐(略)。

君子有九思：视思明，听思聪，色思温，貌思恭，言思忠，事思敬，疑思问，忿思难，见得思义。

——《论语·季氏》

第3章 动量和角动量

可以通过力的累积效应，研究物体的运动过程。本章以牛顿运动定律为基础，研究力对时间的累积效应（冲量、动量），导出动量定理及动量守恒定律等。主要介绍力对时间的累积效应规律在质点运动学中的基本应用。

【内容概要】

1. 力的冲量

冲量 $\boldsymbol{I}$ 等于作用在物体上的力与作用时间的乘积，即

$$\boldsymbol{I}=\Delta\boldsymbol{p}=\boldsymbol{F}\Delta t$$

冲量为矢量，其方向与力的方向相同。微分式 $\mathrm{d}\boldsymbol{I}=\boldsymbol{F}\mathrm{d}t$。

如果作用力为恒力，则冲量为 $\boldsymbol{I}=\boldsymbol{F}(t_2-t_1)=\boldsymbol{F}\Delta t$。

如果在时间间隔 Δt 内，作用力不为常量，则必须用积分形式，即冲量为

$$\boldsymbol{I}=\Delta\boldsymbol{p}=\int_{t_1}^{t_2}\boldsymbol{F}\mathrm{d}t$$

若用平均力表示，则冲量为 $\boldsymbol{I}=\int_{t_1}^{t_2}\boldsymbol{F}\mathrm{d}t=\overline{\boldsymbol{F}}\cdot(t_2-t_1)$。

冲量是过程量，反映了力对时间的累积效果。冲量大小的计算往往涉及积分运算，考虑到冲量和动量均为矢量，具体应用时通常写成分量式进行计算。

2. 质点的动量

动量是一个矢量，其大小为物体质量与速度的乘积，方向就是速度的方向。动量是物质运动的一种量度，是描述物体机械运动状态的一个重要物理量。

质点的动量为

$$\boldsymbol{p}=m\boldsymbol{v}$$

对于质点系（质点组），其动量为各质点动量的矢量叠加，即

$$\boldsymbol{p}=\sum_i\boldsymbol{p}_i=\sum_i m_i\boldsymbol{v}_i$$

用动量表示牛顿第二定律，其微分形式为

$$\boldsymbol{F}=\frac{\mathrm{d}\boldsymbol{p}}{\mathrm{d}t}=\frac{\mathrm{d}(m\boldsymbol{v})}{\mathrm{d}t}$$

牛顿第二定律可表述为，作用在质点上的合外力等于质点动量随时间的变化率。

3. 动量定理

冲量的作用是使物体的动量发生变化，而且物体所受的冲量等于其动量的改变。

动量定理指出，质点在一段时间内动量的改变等于所受外力在同一时间内的冲量。或者说，合外力的冲量等于质点（或质点系）动量的增量，即

$$\boldsymbol{I}=\int_{t_1}^{t_2}\boldsymbol{F}\mathrm{d}t=\int_{p_1}^{p_2}\mathrm{d}\boldsymbol{p}=\boldsymbol{p}_2-\boldsymbol{p}_1=m\boldsymbol{v}_2-m\boldsymbol{v}_1=m\Delta\boldsymbol{v}$$

上式给出了质点所受冲量和质点动量变化的关系。冲量的方向也就是动量增量的方向。

动量定理描述了物体在外力作用下经一定时间后，其机械运动状态发生变化的规律。例如，逆风行舟可用冲量和它解释。动量定理由牛顿第二定律导出，仅适用于惯性系。

在平面直角坐标系中，可写成两个坐标轴方向的分量式，即

$$\begin{cases} I_x = \int_{t_0}^{t} F_x \mathrm{d}t = \int_{t_0}^{t} \left(\sum_{i=1}^{n} F_{ix} \right) \mathrm{d}t = \sum_{i=1}^{n} p_{ix} - \sum_{i=1}^{n} p_{i0x} \\ I_y = \int_{t_0}^{t} F_y \mathrm{d}t = \int_{t_0}^{t} \left(\sum_{i} F_{iy} \right) \mathrm{d}t = \sum_{i=1}^{n} p_{iy} - \sum_{i=1}^{n} p_{i0y} \end{cases}$$

根据力的独立性可知，该分量式表明，系统在某个方向上受到合外力的冲量，只改变该方向上系统的总动量，对与之垂直方向上系统的总动量没有影响。

4. 动量守恒定律

动量守恒定律指出，任何物体系统在不受外力作用或所受外力的矢量和为零时，总动量为恒量（守恒），或保持不变。即

$$\boldsymbol{F}_{\text{ext}} = \sum_{i} \boldsymbol{F}_i = \boldsymbol{0}, \quad \sum_{i=1}^{n} \boldsymbol{p}_i = \sum_{i=1}^{n} \boldsymbol{p}_{i0} = \boldsymbol{C} \quad (\text{恒矢量})$$

这是物理学中的重要定律之一，适用于惯性参考系。

如果物体系统所受外力之和不为零，但在某一方向上的分力之和为零时，总动量在该方向的分量保持不变。在平面直角坐标系中可表示为

若 $\sum_{i} F_{ix} = 0$，则 $\sum_{i}^{n} p_{ix} = \sum_{i}^{n} m_i v_{ix} =$ 恒量；若 $\sum_{i} F_{iy} = 0$，则 $\sum_{i}^{n} p_{iy} = \sum_{i}^{n} m_i v_{iy} =$ 恒量。

在讨论系统内部各质点的动量变化时即使合外力 $\sum \boldsymbol{F}_{\text{ext}} \neq 0$，若 $\sum \boldsymbol{F}_{\text{ext}} \ll \boldsymbol{f}_{\text{int}}$（内力），则系统的总动量仍可按守恒处理。

动量守恒定律表明，当系统只受内力作用时，通过物体间的相互作用，动量仅在系统内各质点间等量传递，系统与外界无动量交换，所以系统总动量守恒。无论是弹性碰撞还是非弹性碰撞，系统的动量均守恒。

5. 火箭飞行原理

火箭是一种利用火箭发动机推进的飞行器。利用自身预先携带的工作所需要的全部能源和工质（燃料和氧化剂）燃烧产生炽热气体，并以巨大的出口速度向后方持续喷射。火箭的推进就是建立在反冲原理，或动量定理和动量守恒定律基础上的，无须空气等外界介质产生推力，就可以在大气层内外飞行。

与某些依靠外界反作用力的推动而前进的机械不同，火箭的质量在不断减少，可以在外层空间（真空）飞行。但喷气式推进的飞行器不归入火箭一类。

公元970年，宋代的冯继升发明了原始火箭。1926年，美国科学家试飞了第一枚液体火箭。

6. 质心与质心运动定理

(1) 质心

质心是对物体的质量分布用加权平均法求出的平均中心，即质量中心。设 n 个质点的

质量分别为$m_1,m_2,\cdots,m_n$，它们的坐标分别为$(x_1,y_1,z_1),(x_2,y_2,z_2),\cdots,(x_n,y_n,z_n)$，则此质点组的质心坐标为

$$x_C=\frac{m_1x_1+m_2x_2+\cdots+m_nx_n}{m_1+m_2+\cdots+m_n},\quad y_C=\frac{m_1y_1+m_2y_2+\cdots+m_ny_n}{m_1+m_2+\cdots+m_n},$$

$$z_C=\frac{m_1z_1+m_2z_2+\cdots+m_nz_n}{m_1+m_2+\cdots+m_n}$$

质心的位矢为

$$\boldsymbol{r}_C=\frac{\sum\limits_i m_i\boldsymbol{r}_i}{m}\text{（质点组），}\quad \text{或 }\boldsymbol{r}_C=\frac{\int_m \boldsymbol{r}\,\mathrm{d}m}{\int_m \mathrm{d}m}\text{（连续质量分布体）}$$

质心具有叠加性，计算时可进行分解，即分别求x_C、y_C、z_C。

质心是物体(或物体系)动力学行为的代表点，是位置的加权平均值，因此，质心处不一定有质量。对于地面上不太大的物体，可认为其质心与重心重合。质量均匀分布的物体，其质心在几何中心。

(2) 质心运动定理

物体系所受的合外力等于其总质量与其质心的加速度的乘积，即$\boldsymbol{F}=m\boldsymbol{a}_C$。对于一切实际物体，质心运动定理可看成牛顿第二定律的更合理表述。

物体系质心的行为犹如整个质量集中于质心的一个质点的运动。应用质心运动定理，可以把体积较大的物体当成质点处理，用于求解其平动问题。例如，跳水运动员表演时，其合外力为重力，质心运动轨迹相当于一条抛物线。内力不影响质心的运动。

7. 力矩与质点的角动量(动量矩)

质点(最简单的刚体)对固定点作圆周运动是最简单的转动形式。

(1) 力矩

力可使物体移动，使其运动状态改变，力是产生加速度的原因。力矩可使物体作旋转运动(转动)，物体的转动不仅与力的方向、大小有关，还与力的作用点位置有关。力矩是产生角加速度的原因，表征力对物体产生转动的效应。

如图3-1所示，力$\boldsymbol{F}$对O点的力矩$\boldsymbol{M}$等于O点到力的作用点P的矢量$\boldsymbol{r}$与力的矢量$\boldsymbol{F}$的叉积，为矢量。表示为

$$\boldsymbol{M}=\boldsymbol{r}\times\boldsymbol{F}\quad\text{或}\quad \boldsymbol{M}=\boldsymbol{r}\times\frac{\mathrm{d}\boldsymbol{p}}{\mathrm{d}t}=\frac{\mathrm{d}}{\mathrm{d}t}(\boldsymbol{r}\times\boldsymbol{p})=\frac{\mathrm{d}\boldsymbol{L}}{\mathrm{d}t}$$

其大小等于力的大小与力臂的乘积，即$|\boldsymbol{M}|=|\boldsymbol{r}||\boldsymbol{F}|\sin\theta=Fd$(力臂$d=r\sin\theta$)，方向由右手螺旋定则确定，如图3-2所示。$\boldsymbol{L}=\boldsymbol{r}\times\boldsymbol{p}$称为该质点对$O$点的角动量。

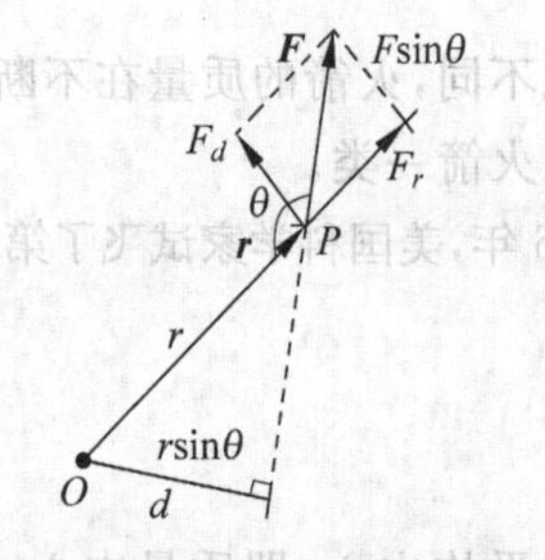

图3-1 力对作用点的力矩

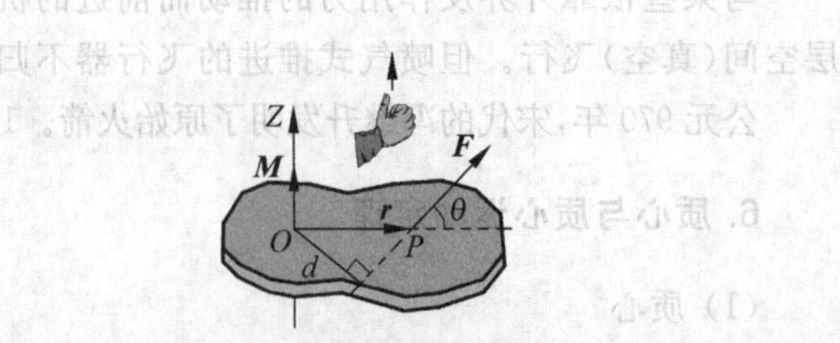

图3-2 力对定轴转动物体的力矩

力对轴的力矩有正负之分，对于定轴转动，当规定了转动正方向后，可用正、负表示力矩的方向。若质点和作用力均在同一平面(如直角坐标平面)内，或对于刚体绕定轴的转动，用类似标量计算方法较为方便。

顺便指出，力矩与功的单位都是 N·m，但两者不是同类物理量。

(2) 质点的角动量(动量矩)

角动量也称动量矩，是描述物体转动状态的物理量，为矢量。运动质点对某一定点的角动量表示为

$$\boldsymbol{L}=\boldsymbol{r}\times\boldsymbol{p}=\boldsymbol{r}\times m\boldsymbol{v}$$

其方向由右手螺旋定则确定，大小为$|\boldsymbol{L}|=rmv\sin\varphi=mvd$。

运动物体对某一定点的角动量等于组成该物体的各质点对该定点角动量的总和。

作圆周运动质点的角动量大小为 $L=rmv=rp=mr^2\omega$，方向由右手螺旋定则确定，垂直于轨道平面。如图 3-3 所示，质点绕 O 点转动，角动量方向垂直圆周平面向外。

图 3-3 质点的角动量

(3) 质点的角动量定理

角动量定理也称动量矩定理，用于描述物体在外力作用下转动状态发生变化的规律。

在惯性系中，质点绕固定点或固定轴的角动量(动量矩)在一段时间内的增量，等于作用于质点的合力对该点(或该轴)在同一时间内的冲量矩。即

$$\boldsymbol{G}=\int_{t_0}^{t}\boldsymbol{M}\mathrm{d}t=\Delta\boldsymbol{L}\quad\text{或}\quad G=\int_{t_0}^{t}M\mathrm{d}t=\Delta L\quad\text{(积分形式)}$$

$$\boldsymbol{M}=\frac{\mathrm{d}\boldsymbol{L}}{\mathrm{d}t}\quad\text{(微分形式)}$$

推广到质点组，可得：质点组绕固定点(或固定轴)的角动量在一段时间内的增量，等于作用于质点组的外力对该点(或该轴)在同一时间内的总冲量矩，而与内力的冲量矩无关。

(4) 质点的角动量守恒定律

角动量守恒定律也称动量矩守恒定律，表述为：任何物体系统在不受外力矩作用或所受外力矩之和为零时，总角动量保持不变。

若质点所受合外力矩 $\boldsymbol{M}=\mathbf{0}$，则 $\boldsymbol{L}=\boldsymbol{L}_0$(恒矢量)。

若质点所受外力矩之和不为零，但在某一方向上的分量之和为零时，总角动量在该方向的分量也保持不变。角动量守恒定律也是物理学中的重要定律之一。

8. 动量与角动量问题的求解方法

(1) 应用动量定理求解问题

对于力对时间累积作用的问题，若不关心作用过程的细节，只考虑某段时间的作用效果，则用动量定理比用牛顿定律求解更为简便。

① 研究对象通常为质点，仅适用于惯性系。对不同惯性系，应按速度合成进行变换。

② 只分析系统所受外力，明确系统合外力的冲量。一般情况下，需要考虑重力的作用，但当重力远小于其他外力时，可忽略不计。

③ 动量定理为矢量式，可通过选取合适的坐标系，将其分解为分量的标量式进行计算。还要根据各量的方向，正确标明分量式中的正负符号。

根据力的独立性和叠加性，动量定理的分量式表明，系统在某个方向上受到合外力的冲

量，只改变该方向上系统的总动量，并不影响与之垂直方向上系统的总动量。

在质点系中，所有内力均成对出现，它们分别为作用力、反作用力，二者等值、共线、反向，合内力为零，它们的冲量也满足相同的关系。内力的冲量不影响系统的总动量，但可以使得动量在系统内各质点之间等量传递，这与动能定理是不同的。

(2) 应用动量守恒定律求解问题

应用动量守恒定律，应注意区分外力和内力，分析守恒定律的适用条件。动量守恒定律只适用于惯性系，定律中的速度是针对同一惯性系而言的。

① 当合外力为零时，系统的动量守恒。系统的内力在物体间相互作用，动量仅在系统内各质点间等量传递，系统与外界无动量交换，系统的总动量守恒。

② 在极短时间内，若系统所受的外力远小于系统内相互作用的内力而可以忽略不计时，系统总动量仍然守恒。无论弹性碰撞还是非弹性碰撞，系统的动量都守恒。

③ 有时，虽然合外力不为零，但合力在某个方向的分量为零，此时系统总动量在该方向上的分量也满足动量守恒定律。

【典型例题】

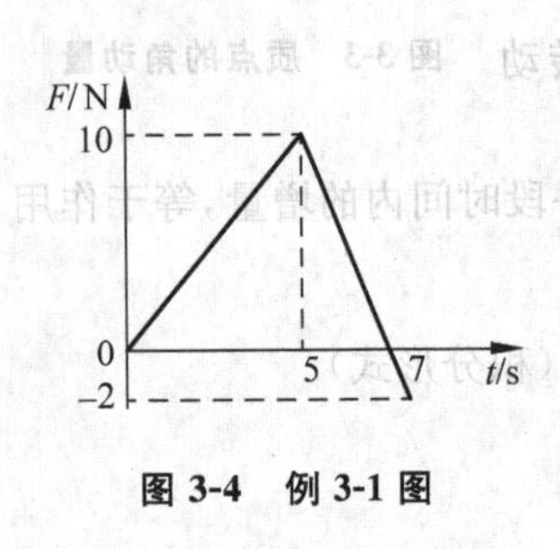

图 3-4 例 3-1 图

【例 3-1】 质量 $m=1$ kg 的物体沿 Ox 轴运动，所受力的规律如图 3-4 所示；在 $t=0$ 时，质点静止在坐标原点，求 $t=7$ s 时质点的速度。

【解法一】 用牛顿第二定律求解。

$$F=\begin{cases}2t & (0\leqslant t\leqslant 5)\\ -6t+40 & (5<t\leqslant 7)\end{cases}\quad \text{(SI)}$$

当 $0\leqslant t\leqslant 5$ 时，$m\dfrac{\mathrm{d}v}{\mathrm{d}t}=2t$，$m\displaystyle\int_0^{v_1}\mathrm{d}v=2\int_0^5 t\mathrm{d}t$，得

$$v_1=\frac{25}{m}=25\ \mathrm{m\cdot s^{-1}}$$

当 $5<t\leqslant 7$ 时，$m\dfrac{\mathrm{d}v}{\mathrm{d}t}=-6t+40$，$m\displaystyle\int_{v_1}^{v_2}\mathrm{d}v=\int_5^7(-6t+40)\mathrm{d}t$，得

$$v_2=33\ \mathrm{m\cdot s^{-1}}$$

【解法二】 用动量定理求解。

冲量为

$$I=\int_0^7 F\mathrm{d}t=\int_0^5 2t\mathrm{d}t+\int_5^7(-6t+40)\mathrm{d}t=(25-72+80)\ \mathrm{N\cdot s}=33\ \mathrm{N\cdot s}$$

根据动量定理得

$$I=mv_2-mv_1=mv_2,\quad v_2=33\ \mathrm{m\cdot s^{-1}}$$

注意，两种解法中 v_1 的意义不同，解法一为 $t=5$ s 时的速度，解法二为 $t=0$ 时的速度。

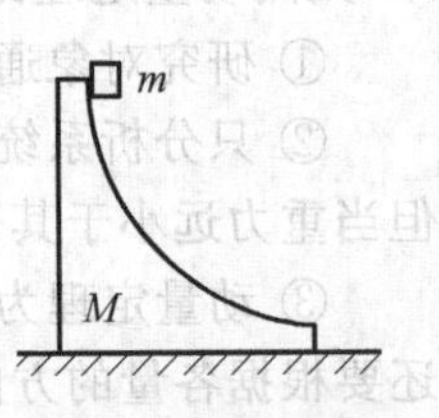

图 3-5 例 3-2 图

【例 3-2】 如图 3-5 所示，质量为 M 的木块具有半径为 R 的四分之一弧形槽，置于光滑水平面上，质量为 m 的方形物体从曲面的顶端自静止开始无摩擦自由下滑，求方形物体脱离木块时的速度。

【解】 方形物体 m 下滑过程中，机械能守恒。以物体 m、M 和地

球为系统，方形物体脱离木块处为重力势能零点，则

$$mgR = \frac{1}{2}mv^2 + \frac{1}{2}MV^2$$

以 m、M 为系统，下滑过程水平方向动量守恒；两者分离瞬间，方形物体脱离木块时的速度 v 方向水平向右，动量守恒定律在水平方向的分量式为

$$mv - MV = 0$$

$$v = \sqrt{\frac{2MgR}{m+M}}$$

【例 3-3】 匀质薄板形状为等腰三角形，其底边长 a，高为 h，求其质心位置。

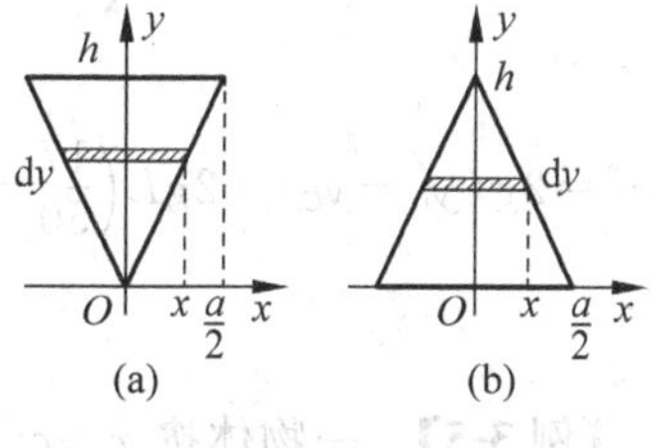

图 3-6 例 3-3 图

【解】 如图 3-6(a)所示，根据几何分布和质量分布的对称性，建立 Oxy 直角坐标系。由图可知，质心分布在 Oy 轴上。在薄板上 y 处取一条平行于 Ox 轴的面质量元，可求得其长度为 $\frac{a}{h}y$，则面积元为 $\mathrm{d}S=\frac{a}{h}y\mathrm{d}y$。

设三角形薄板的质量为 m，面密度为 σ，则面质量元为

$$\mathrm{d}m = \sigma\mathrm{d}S = \sigma\frac{a}{h}y\,\mathrm{d}y$$

薄板的质量为 $m=\sigma ah/2$，或用积分求得

$$m = \int_m \mathrm{d}m = \int_0^h \frac{\sigma a}{h}y\,\mathrm{d}y = \frac{\sigma}{2}ah$$

质心位置为

$$y_C = \frac{\int_0^h y\mathrm{d}m}{m} = \frac{\int_0^h \sigma\frac{a}{h}y^2\mathrm{d}y}{m} = \frac{2h}{3} \quad (x_C = 0)$$

等腰三角形的质心坐标为 $(0, 2h/3)$，即 $x=0$，在距离顶点 $2h/3$ 处。

讨论： 也可用正三角形建立坐标系，如图 3-6(b)所示，但面质量元表达式和计算过程稍微复杂一些。

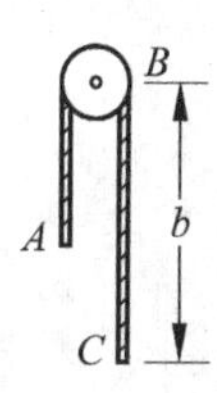

图 3-7 例 3-4 图

【例 3-4】 如图 3-7 所示，长度为 L 的质量均匀分布的软长绳挂在一半径很小的光滑钉子上。(1)求 $BC=b$ 时细绳的质心；(2)若开始时 $b=\frac{3}{5}L$，求当 $b=\frac{4}{5}L$ 时软绳的速率。

【解】 (1) 忽略钉子半径，两段绳子可看成在同一铅直方向上。设软绳的质量为 m，线密度为 $\lambda=m/L$。

以钉子为坐标原点，沿细绳方向垂直向下为 Oy 方向，建立一维坐标系。

根据质心的定义，当 $BC=b$ 时，软绳的质心为

$$y_C = \frac{m_{AB}y_1 + m_{BC}y_2}{m} = \frac{(L-b)\lambda\frac{L-b}{2} + b\lambda\frac{b}{2}}{m} = \frac{L^2 - 2Lb + 2b^2}{2L}$$

(2) 当 $BC=\frac{3}{5}L$，即 $b=\frac{3}{5}L$ 时，软绳质心为

$$y_C=\frac{13}{50}L$$

当 $BC=\frac{4}{5}L$，即 $b=\frac{4}{5}L$ 时，软绳质心改变为

$$y'_C=\frac{17}{50}L$$

软绳质心变化过程中，重力做的功等于物体动能的增量，则

$$mg(y'_C-y_C)=\frac{1}{2}mv^2$$

即 $v^2=2g(y'_C-y_C)=2gL\left(\frac{17}{50}-\frac{13}{50}\right)=\frac{4}{25}gL$，求得

$$v=\frac{2}{5}\sqrt{gL}$$

【例 3-5】 一物体按 $x=ct^2$ 规律沿 Ox 轴作直线运动，设媒质对物体的阻力正比于速度大小的平方，阻力系数为 k，求物体从 $x_0=0$ 运动到 $x=L$ 时，阻力所做的功。

【解】 质量 m 未知，根据要求，应建立阻力 f 与运动距离 x 的关系式。

由运动方程 $x=ct^2$，在任一时刻 t 物体的速度

$$v=\frac{\mathrm{d}x}{\mathrm{d}t}=2ct$$

物体所受阻力 $f=kv^2=4kc^2t^2$，则

$$f=4kcx$$

物体从 $x_0=0$ 运动到 $x=L$，阻力对物体所做的功为

$$A=\int_0^L \boldsymbol{f}\cdot\mathrm{d}\boldsymbol{x}=\int_0^L f\cos180^\circ\mathrm{d}x=-4kc\int_0^L x\mathrm{d}x=-2kcL^2$$

敏而好学，不耻下问。

——《论语·公冶长》

第4章 功和能

力的累积效应分为力的时间累积(冲量、动量)和力的空间累积(机械功)两类效应。力的累积作用将使质点或质点系的动量、动能或能量发生变化或转移。在一定条件下,质点系内的动量或能量将保持守恒。

功与能是描述物体运动过程的基本量。在机械运动中,物体的能量包括动能、势能,动能和势能之和称为机械能。能量是守恒的,表现为各种不同的形式,并能够相互转换。

【内容概要】

1. 功

当物体在力的作用下产生了移动,说明此作用力做了功。力对物体做功,物体获得能量,使物体状态(位移、加速度、温度、形状等)发生改变;反之,能量减少,物体状态也随之变化。功与能都是描述物理过程的基本量,也是量度能量转换的基本物理量。

功具有"工作"的概念。若作用力随时间和物体位置的变化而变化,在某一极短过程内,质点在变力 F 作用下发生的位移为 $\mathrm{d}r$,则力 F 对质点所做的元功为

$$\mathrm{d}A = \boldsymbol{F}\cdot\mathrm{d}\boldsymbol{r} = |\boldsymbol{F}|\,|\mathrm{d}\boldsymbol{r}|\cos\varphi = F\cos\varphi\mathrm{d}s = F_t\mathrm{d}s$$

式中,φ 表示在路径中某点作用力与位移的夹角。

功是过程量,一般与经过的路径有关。质点沿路径 A 到 B 的所有点,变力所做的功就是沿该路径的曲线积分,即

$$A = \int_{(A)}^{(B)}\boldsymbol{F}\cdot\mathrm{d}\boldsymbol{r} = \int_{(A)}^{(B)}F\cos\varphi\mathrm{d}s = \int_{(A)}^{(B)}F_t\mathrm{d}s$$

功是外加在物体上的作用力与位移的标积,是标量,单位为焦耳(焦,J),与能量的单位相同。

2. 动能与动能定理

(1) 动能

动能是物体由于作机械运动而具有的能量,单位为J。在一般条件下,质量为 m、速度为 v 的物体,其平动动能为

$$E_k = \frac{1}{2}mv^2$$

(2) 动能定理

物体在外力作用下,若机械运动发生改变,则其动能的增量(增加或减少)等于合外力对物体(或物体对外界)所做的机械功。即

$$A = E_{k2} - E_{k1} = \frac{1}{2}mv_2^2 - \frac{1}{2}mv_1^2$$

动能定理是描述物体动能的变化与力做功的关系的定理。

对质点系,动能定理指出,质点系的动能增量等于外力、内力对体系所做功的总和。内力可以改变系统的总动能,但不能改变系统的总动量。

$$A_{ext} + A_{int} = E_{k2} - E_{k1} = \frac{1}{2}mv_2^2 - \frac{1}{2}mv_1^2$$

在求解质点位置与速率关系的力学问题时，应用动能定理比应用牛顿运动定律方便。当质点只受保守力作用时，从该定理可导出质点机械能守恒定律。

3. 保守力和势能

(1) 保守力

保守力是指做功仅由其作用点的始、末位置决定，而与作用点所经具体路径无关的力。或者说，沿闭合路径 L 一周做功为零，即满足 $\oint_L \boldsymbol{F} \cdot \mathrm{d}\boldsymbol{r} = 0$。

重力、万有引力、弹簧的弹力和静电力等都是保守力。

(2) 势能

以保守力相互作用的物体系统具有势能。或者说，如果各物体之间(或物体内各部分之间)只存在保守力的相互作用，则该物体系统所具有的能量称为势能，也称位能。

在一定的相互作用下，系统的势能由各物体的相对位置决定，与物体的运动速度无关。

按作用性质，势能分为引力势能、弹性势能、电磁势能和核势能等。

保守力所做的功等于系统势能增量的负值。重力的势能差为

$$A_{AB} = -\Delta E_p = E_{pA} - E_{pB} = E_p(h) = mgh$$

若要定出各位置势能的确定值，应先规定标准零点。相对于某个参考零点或平面，重力势能为

$$E_p(h) = mgh$$

以弹簧自然长度为势能零点，弹簧的弹性势能为

$$E_p(x) = \frac{1}{2}kx^2$$

以两质点相距无限远时为势能零点，相距为 r 时的万有引力势能为

$$E_p(r) = -\frac{GMm}{r}$$

4. 机械能与功能原理

(1) 机械能

机械能是与机械运动相对应的能量，包括动能、势能(引力势能和弹性势能等)，合称为机械能。系统的机械能 E 等于其动能 E_k 和势能 E_p 之和，即

$$E = E_k + E_p$$

(2) 功能原理

物体在运动过程中，其所受的外力做的功 A_{ext} 与系统内非保守力做的功 $A_{int,n\text{-}cons}$ 的和等于机械能的增量。这是质点系动能定理的另一种表示形式，即

$$A_{ext} + A_{int,n\text{-}cons} = E_B - E_A = \Delta E$$

5. 能量守恒定律

能量是描述物体状态(如位置、运动状态、温度和形变等)特征的基本量，有时简称能，为标量。相对于不同形式的运动，能量有机械能、电能、分子内能、化学能和核能等。能量和质

量之间具有密切的关系。

在物理过程进行中，能量不会消失，而是守恒的，表现为各种不同形式，并可以相互转换。对于封闭系统，一切物理过程中各种不同形式的能量总和保持为恒量，这就是能量守恒定律。能量只能转化为不同形式，或在系统内的各部分之间进行交换。

在国际单位制中，能量与功、热量的单位相同，均为J。有时，也采用不同的单位，例如，N·m常用于力学(如做功)，J常用于热学(如热量、内能、功)，W·s常用于电学(如电能单位kW·h，俗称"度")，eV常用于原子物理和核物理(如计量微观粒子能量)等。能量单位之间可相互转换。

6. 机械能守恒定律

仅受保守力作用的力学体系，其机械能守恒。

当物体所受一切外力所做的功和系统内部的非保守力所做的功均为零时，系统内物体的动能和势能的总和保持不变，但它们可互相转变。即当 $\sum A_{\text{ext}} + \sum A_{\text{int, n-cons}} = 0$ 时，有

$$E = E_0 = \text{恒量}, \quad E = E_k + E_p, \quad E_0 = E_{k0} + E_{p0}$$

其中，E 表示质点系在末态具有的机械能；E_0 表示质点系在初态具有的机械能。机械能守恒定律是机械运动的重要规律之一，但只是普遍的能量守恒与转换定律的一个特例。

7. 碰撞

相对运动的物体相遇而相互作用，在极短时间内运动状态发生显著变化的过程称为碰撞。其特点是作用力强，作用时间短。碰撞分为弹性碰撞和非弹性碰撞两类。

(1) 弹性碰撞

碰撞体速度大小和方向均发生改变，但它们碰撞前后的内部状态不变。总动量守恒和总机械能守恒。

(2) 非弹性碰撞

碰撞体的内部状态发生变化，如物体变热、变形或破裂等。总动量守恒，但其中部分机械能转变为其他形式的能量，机械能将不守恒。

若物体相碰后不再分离，则称为完全非弹性碰撞，它属于非弹性碰撞的特殊情况。

各类碰撞都遵守动量守恒定律和能量守恒定律。

8. 理想流体的稳定运动

如果流动是不可压缩的，无黏滞，具有无旋性，则流体各部分均可自由稳定地流动，可看成理想流体。当流速较低时，流动的气体可近似看作不可压缩的。

(1) 连续性方程

管道中流体的流速与管道的横截面积成反比，这一关系称为连续性方程。即流量关系为

$$S_1 v_1 = S_2 v_2$$

它体现了质量守恒关系。管道截面积越小，管内流体的流速越快。

(2) 伯努利方程

伯努利方程说明单位质量流体的动能、势能和压力能之和在同一流线上为一定值。若流动是无旋的,则在整个流场中,静压强 p 与动压强之和为常量(保持恒定)。即有

$$p_1 + \frac{1}{2}\rho v_1^2 + \rho g h_1 = p_2 + \frac{1}{2}\rho v_2^2 + \rho g h_2 = C$$

式中第一项为静压强,第二项为动压强,第三项为重力引起的压强(随高度而改变)。或者说,在只受重力作用时,地面附近流体在同一流线上各点的压力头(压力高度)、流速头(流速高度)和位置头(位置高度)之和为一定值。

伯努利方程描述重力场中管道面积与压强之间的关系,在流体力学中应用广泛,是流体力学的基本定理之一,或看成机械能守恒定律在理想流体中的特殊形式,可用其推导。

9. 求解功与能问题的基本方法

本章通过分析力的空间累积效应,研究物体的运动规律。功与能问题归结为以下三类。

(1) 应用动能定理求解问题

对于质点位置与速率关系的力学问题,用动能定理求解比用牛顿运动定律更简便。求解方法如下。

① 应用隔离体法进行受力分析,物体所受外力包括重力、弹性力和万有引力等。

② 按功的定义求合外力做功的总和,等于物体动能的增量,但不应包含势能。合外力做功过程中,要明确物体运动的始末速度。

③ 按动能定理列方程进行求解。动能定理中各物理量均对同一物体和同一惯性参考系而言。对不同惯性参考系,外力做功和动能也各不相同,但动能定理仍然成立。

(2) 应用功能原理求解问题

应用功能原理可以求解机械能不守恒的问题,可求解非保守内力做的功。求解方法如下。

① 选定系统,进行受力分析。选择系统的原则为,把有保守力相互作用的物体选为一个系统。作受力分析,只讨论外力和非保守内力做的功。外力和非保守内力做的功等于系统的机械能增量。若系统不包括地球,则重力为外力,系统的机械能就不包含重力势能。

② 确定势能零点,以简便求解为原则。应用功能原理可以求解机械能不守恒的问题,便于求非保守内力做的功,有利于对机械能守恒定律所满足条件的理解。

对弹簧振子的弹性势能,其中的变量 x 是相对于弹簧自然伸长时的形变量,通常以弹簧自然长度(原长)为势能零点。

③ 确定运动初末状态的机械能。把待求量包含在其中一个状态,表示出质点系在始末状态的机械能——描述状态。

(3) 应用机械能守恒定律求解问题

当物体只受保守力作用时,用机械能守恒定律比直接用牛顿运动定律求解更为简便,可以避免牛顿运动定律解题过程中的积分运算。求解方法如下。

① 明确研究对象,为含有保守力相互作用的运动系统。

② 注意机械能守恒定律适用的条件,即在系统状态变化过程中,外力和非保守内力做功的总和等于零或不做功。

③ 应用机械能守恒定律求解问题与应用功能原理求解问题的步骤基本相同。

【典型例题】

【例 4-1】 在外力 $F=6+4x$(SI)作用下，质量 $m=2$ kg 的物体在 Ox 轴上作直线运动，自静止开始沿 Ox 轴运动了 3 m。若不计摩擦，求：(1)此力所做的功；(2)此时物体的速度；(3)此时物体的加速度。

【解】 (1) 外力做功为

$$A=\int_0^3 F\mathrm{d}x=\int_0^3(6+4x)\mathrm{d}x=36\ \mathrm{J}$$

(2) 由动能定理，有

$$A=\frac{1}{2}mv_2^2-\frac{1}{2}mv_1^2=\frac{1}{2}mv_2^2$$

求得

$$v_2=\sqrt{\frac{2A}{m}}=6\ \mathrm{m\cdot s^{-1}}$$

(3) 由牛顿定律，得

$$a=\frac{F}{m}=\frac{6+4\times3}{2}\ \mathrm{m\cdot s^{-2}}=9\ \mathrm{m\cdot s^{-2}}$$

【例 4-2】 一质量为 m 的子弹以速率 v_0 射入沙箱，射入一段距离 L 后停留在沙箱中。设子弹陷入沙箱后所受阻力与其射入深度成正比，据此可求出子弹的速度，求 v_0 的值。

【解】 设子弹陷入沙箱后所受阻力为 $f=-kx$，其中 k 为正的常数，x 为射入深度。对子弹应用动能定理，子弹动能的减少等于沙箱阻力对子弹所做的机械功。即

$$0-\frac{1}{2}mv_0^2=\int_0^L f\mathrm{d}x=-\frac{1}{2}kL^2$$

求得子弹速度大小为

$$v_0=\sqrt{\frac{k}{m}}L$$

【例 4-3】 如图 4-1 所示，劲度系数为 k 的轻质弹簧两端分别系有质量均为 M 的物体 A 和物体 B，静置在光滑的水平桌面上。现有一质量为 m 的子弹沿物体与弹簧的轴线方向以速度 v_0 射中物体 A，并嵌入其中。求此后弹簧的最大压缩长度。

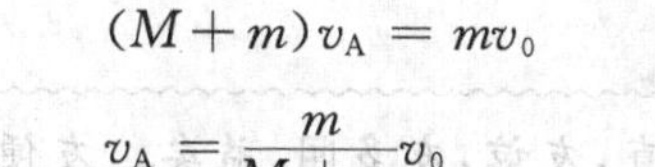

图 4-1 例 4-3 图

【解】 子弹射入物体 A 的时间极短，可认为物体 A 位置没有变化。设射入后物体 A 与子弹的速度为 v_A，由动量守恒定律，有

$$(M+m)v_A=mv_0$$

$$v_A=\frac{m}{M+m}v_0$$

物体 A 与子弹一起向右运动，直到与物体 B 在某一时刻有相同的速度，则此时弹簧具

有最大压缩长度。设两物体与子弹的共同速度为v,应用动量守恒定律,有

$$(M+m)v_{\mathrm{A}}=(2M+m)v$$

$$v=\frac{M+m}{2M+m}v_{\mathrm{A}}=\frac{m}{2M+m}v_0$$

设弹簧最大压缩长度为x,应用机械能守恒定律,有

$$\frac{1}{2}(M+m)v_{\mathrm{A}}^2=\frac{1}{2}(2M+m)v^2+\frac{1}{2}kx^2$$

$$x=mv_0\sqrt{\frac{M}{k(M+m)(2M+m)}}$$

益者三友,损者三友。友直,友谅,友多闻,益矣。友便辟,友善柔,友便佞,损矣。

——《论语·季氏》

第5章　刚体的定轴转动

最基本的旋转运动(转动)是刚体对固定轴的圆周运动。

刚体的运动可分为平动和转动。平动和转动是刚体最基本、最简单的运动形式,其他较复杂的运动均可看成是这两种运动的合成,或两种转动的叠加。

刚体运动是其他复杂运动的基础。刚体的定轴转动可以类比线性运动进行描述。

【内容概要】

1. 刚体与转动的概念

(1) 刚体

刚体是力学中的一个抽象概念,可看成各质点(质元)的间距都保持不变的特殊质点系。若物体大小和形状的变化对整个运动过程影响很小,则把物体看作刚体,可使问题大为简化。刚体也是在一定条件下从实物固体抽象出来的理想化模型。

质点(最简单的刚体)对固定点的圆周运动是最简单的转动;此时,可用角度代替坐标表示物体在某一时刻的位置。对于刚体,一些具有叠加性的物理量(如转动惯量、角动量)就可以通过质点的相应量求出。刚体可看成特殊的质点系。

(2) 转动与转动惯量

当物体绕一固定轴线转动时,为定轴转动,如门、车轮的运动等。

当物体绕一固定点转动时,为定点转动,如回转仪转子的运动等。有时,当一点以另一固定点为中心作圆周运动时,也称该点在绕中心点转动,如电子绕原子核的运动等。

转动惯量是物体转动时惯性的量度,表示当物体受到力矩作用时,物体将得到怎样的角加速度。转动惯量越大,转动状态越不易改变。

在转动运动中,转动惯量的作用与平动中质量的作用相当。对转动状态(角速度)的改变起作用的是转动惯量。

2. 描述刚体绕定轴转动的角量及运动学公式

为了描述刚体绕定轴转动的运动状态,可引入角量(角坐标、角位移、角速度、角加速度、角动量等)。

(1) 角坐标和角位移

角坐标 $\theta=\theta(t)$,即角量运动方程。其单位为弧度(rad)或度(°)。

角位移大小为 $\Delta\theta=\theta_2-\theta_1$,它是描述物体转动时位置变化的物理量。

(2) 角速度与角加速度

角速度$\boldsymbol{\omega}$是轴矢量,大小为 $\omega=\dfrac{d\theta}{dt}$,单位为 $rad\cdot s^{-1}$ 或 $(°)\cdot s^{-1}$;方向与转轴方向相同,指向由右手螺旋定则决定,遵循 $\boldsymbol{v}=\boldsymbol{\omega}\times\boldsymbol{r}$ 关系。若采用右手三指定则,则角速度、半径矢量、轨道速度(切线速度)的方向分别为沿着右手拇指、食指、中指的指向。

转速 n 是转动物体在单位时间内绕定轴转过的转数,用于衡量物体旋转的快慢程度,也是描述机器运转性能的重要参数之一，其单位为 $r \cdot min^{-1}$（转/分）或 $r \cdot s^{-1}$（转/秒），有时也用 $rad \cdot s^{-1}$（弧度/秒）或非国际单位制 rpm（转/分）表示，如硬盘转速 7200 rpm。若选用 $r \cdot s^{-1}$ 为单位，数值上与频率相等，换算关系为 $1\ rpm = 1\ r \cdot min^{-1} = (1/60) r \cdot s^{-1}$。

角加速度$\boldsymbol{\alpha}$也是轴矢量，大小为 $\alpha = \frac{d\omega}{dt} = \frac{d^2\theta}{dt^2}$，单位 $rad \cdot s^{-2}$ 或 $(°) \cdot s^{-2}$。若转动中转动轴保持不变，则其方向由角速度决定，否则，角加速度既要表示转速的改变，也要反映转轴的变化。

组成刚体的每一质点（质元）对同一转轴均有共同的角速度和角加速度。

(3) 圆周运动的加速度

圆周运动的加速度可分解为切向加速度 a_t 和法向加速度 a_n。切向加速度为加速度矢量在切线方向上的投影。法向加速度为加速度矢量在垂直切线方向的投影。

切向加速度 $a_t = \frac{dv}{dt} = r\alpha$，法向加速度 $a_n = \omega^2 r = \frac{v^2}{r}$，总加速度 $a = \sqrt{a_t^2 + a_n^2}$。

质点以半径 r 作圆周运动，质点的线量与角量关系为 $v = r\omega$（矢量式为 $\boldsymbol{v} = \boldsymbol{\omega} \times \boldsymbol{r}$），$a_t = r\alpha$，$a_n = r\omega^2$。

运动学公式（当 α 为常矢量时，为匀角加速度）为

$$\begin{cases} \omega = \omega_0 + \alpha t \\ \theta = \theta_0 + \omega_0 t + \frac{1}{2}\alpha t^2 \\ \omega^2 - \omega_0^2 = 2\alpha(\theta - \theta_0) \end{cases}$$

3. 距转轴 r 处(圆周半径为 r)的质点与角量的关系

一般关系式为 $\boldsymbol{v} = \boldsymbol{\omega} \times \boldsymbol{r}$，$\boldsymbol{v}$ 的方向由右手螺旋定则确定，如图 5-1 所示。

对平面圆周运动，$v = r\omega\sin\theta = r\omega(\theta = 90°)$，$a_t = r\alpha$，$a_n = r\omega^2$。

在图中，$\boldsymbol{C} = \boldsymbol{A} \times \boldsymbol{B}$ 为矢积（叉乘）关系，矢量 $\boldsymbol{C}$ 的方向由右手螺旋定则确定。伸开右手并使拇指与其余四指垂直，四指从 $\boldsymbol{A}$ 的方向经小于 π 的角度转向 $\boldsymbol{B}$，则此时拇指的指向就是矢量 $\boldsymbol{C}$ 的方向。

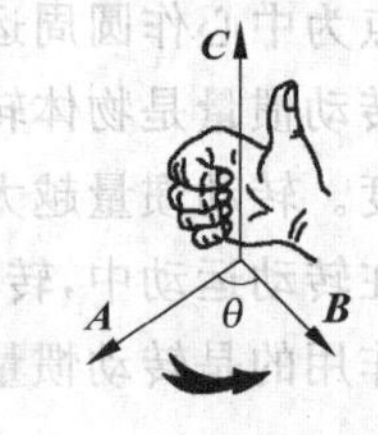

图 5-1 右手螺旋定则

4. 刚体的转动惯量及其计算 平行轴定理

(1) 刚体的转动惯量的计算

转动惯量不仅与整个物体的质量有关，而且与质量的分布及转轴的位置有关。转动惯量用 J 表示，为标量，单位为 $kg \cdot m^2$。

转动惯量都是物体针对某转轴而言的。它在数值上等于组成物体各质点的质量 m_i 分别与它们到转轴的垂直距离 r_i 的平方乘积的总和，即 $J = \sum_i m_i r_i^2$。

对于给定转轴的刚体的转动惯量，可按下列方法计算。

若系统为分立质点（质量不连续）组成的质点系，对同一转轴的 J 具有叠加性。即

$$J = \sum_i m_i r_i^2 = m_1 r_1^2 + m_2 r_2^2 + \cdots$$

若物体为质量连续分布的刚体，则上述求和应转换为积分求解。即

$$\mathrm{d}J = r^2\mathrm{d}m \quad 和 \quad J = \int_m r^2\mathrm{d}m$$

式中，$\mathrm{d}m$ 为 r 处相应质量元。

常见的匀质刚体的转动惯量如下。

① 质量连续分布的细棒，转动惯量表示为

$$J = \int_m r^2\mathrm{d}m = \int_L r^2\lambda\mathrm{d}l$$

式中，$\mathrm{d}l$ 为相应质量元 $\mathrm{d}m$ 的线元，λ 为线密度，$\mathrm{d}m=\lambda\mathrm{d}l$。

② 质量连续分布的盘面，转动惯量表示为

$$J = \int_m r^2\mathrm{d}m = \int_S r^2\sigma\mathrm{d}S$$

式中，$\mathrm{d}S$ 为相应质量元 $\mathrm{d}m$ 的面积元，σ 为质量面密度，$\mathrm{d}m=\sigma\mathrm{d}S$。

上式为二重积分，一般可通过 $\mathrm{d}S$ 与 r 的关系转换为一维积分。质量体分布情况相似。

③ 质量连续分布的刚体，转动惯量表示为

$$J = \int_m r^2\mathrm{d}m = \int_V r^2\rho\mathrm{d}V$$

式中，$\mathrm{d}V$ 为相应质量元 $\mathrm{d}m$ 的体积元，ρ 为体密度，$\mathrm{d}m=\rho\mathrm{d}V$。

(2) 平行轴定理

某刚体相对于任意轴 x(此轴与质心 C 的最短距离为 d)的转动惯量为

$$J_x = J_C + md^2$$

J_x 可以分解为两部分，一部分是以平行于 x 轴并穿过质心的线为轴的转动惯量 J_C，另一部分是假设全部质量集中于质心并绕 x 轴的转动惯量 md^2。

5. 刚体绕定轴转动的转动定律

刚体绕定轴转动的角加速度$\boldsymbol{\alpha}$与其所受的合外力矩 $\boldsymbol{M}$ 成正比，与刚体的转动惯量 J 成反比，这就是刚体绕定轴转动的转动定律。表示为

$$\boldsymbol{M} = J\boldsymbol{\alpha} = J\frac{\mathrm{d}\boldsymbol{\omega}}{\mathrm{d}t} = \frac{\mathrm{d}\boldsymbol{L}}{\mathrm{d}t}$$

力矩是使刚体转动状态改变的原因。与质点运动中的牛顿第二定律类似，力矩 M 对应力 F，转动惯量 J 对应质量 m，角加速度 α 对应加速度 a，角动量 L 对应动量 p。

隔离体分析法对定轴转动的刚体仍适用。通过正确分析力矩和受力，分别对转动和平动建立运动方程。列方程时，还要注意角量和线量之间的关系($v=r\omega, a_\mathrm{t}=r\alpha, a_\mathrm{n}=r\omega^2$)，必要时可作为方程组的辅助方程求解。

值得注意的是，方程中的转动惯量、力矩、角动量都是相对于同一转轴而言，类似于牛顿定律中对同一坐标系建立平动方程。

6. 刚体的转动动能定理

(1) 刚体绕某固定轴的转动动能

刚体绕某固定轴的转动动能正比于角速度 ω 的平方。即

$$E_k = \frac{1}{2}J\omega^2$$

若质量为 m 的质点绕固定点作半径 r 的圆周运动，则质点的转动动能为

$$E_k = \frac{1}{2}mv^2 = \frac{1}{2}mr^2\omega^2 = \frac{1}{2}J\omega^2$$

其中，$J=mr^2$ 为质点的转动惯量。

刚体转动动能就是刚体中所有质量元 Δm 转动动能的总和。即

$$E_k = \sum_i \frac{1}{2}J_i\omega^2 = \sum_i \frac{1}{2}\Delta m_i r_i^2\omega^2 = \frac{1}{2}J\omega^2$$

(2) 力矩的功

力矩的元功为 $\mathrm{d}A=M\mathrm{d}\theta$，对有限过程，力矩所做的功为

$$A = \int \mathrm{d}A = \int_{\theta_1}^{\theta_2} M\mathrm{d}\theta$$

(3) 刚体的转动动能定理

合外力矩对定轴转动刚体所做的功等于刚体转动动能的增量。

由 $\int M\mathrm{d}\theta = E_k - E_{k0} = \frac{1}{2}J\omega^2 - \frac{1}{2}J\omega_0^2$，$A = E_k - E_{k0} = \frac{1}{2}J\omega^2 - \frac{1}{2}J\omega_0^2$，可得

$$\int M\mathrm{d}\theta = \frac{1}{2}J\omega^2 - \frac{1}{2}J\omega_0^2 \quad 或 \quad \int_{\theta_1}^{\theta_2} M\mathrm{d}\theta = \frac{1}{2}J\omega^2 - \frac{1}{2}J\omega_0^2$$

7. 刚体的机械能守恒定律

刚体转动动能为 $E_k=\frac{1}{2}J\omega^2$，重力势能为 $E_p=mgh_C$（h_C 为刚体的质心高度）。

只有重力做功时，刚体的转动动能与其势能之和为常量。即

$$\frac{1}{2}J\omega^2 + mgh_C = 恒量$$

式中，h_C 为刚体质心距离零势能点的高度。

8. 刚体的角动量

角动量也称动量矩，是描述物体转动状态的物理量，为状态量，用矢量 $\boldsymbol{L}$ 表示，其方向与角速度相同，单位为 $\mathrm{kg \cdot m^2 \cdot s^{-1}}$。

在牛顿力学中，运动质点对某一定点的角动量 $\boldsymbol{L}$ 为位置矢量与动量的叉乘。即

$$\boldsymbol{L} = \boldsymbol{r} \times \boldsymbol{p} = \boldsymbol{r} \times m\boldsymbol{v}$$

其大小等于动量 p 乘以该点到动量方向的垂直距离 r，$L=mvr\sin\theta$，θ 为 $\boldsymbol{r}$ 与 $\boldsymbol{v}$ 之间的夹角；方向沿 $\boldsymbol{r}\times\boldsymbol{p}$ 方向，即垂直于动量和该点到动量所引垂线所构成的平面，由右手螺旋定则决定。

对质点系，运动物体对某一定点的角动量是组成该物体的各质点对该定点角动量的总和。

角动量也用来描述微观粒子的转动状态，如电子绕原子核运动的轨道角动量、粒子本身的自旋角动量等。

9. 刚体绕定轴转动的角动量定理

角动量定理也称动量矩定理，用于描述物体在外力作用下转动状态变化的规律。刚体绕定轴转动的角动量 $\boldsymbol{L}$ 随时间的变化率等于刚体受到的对该轴的合外力矩。即

$$\boldsymbol{M}=\frac{\mathrm{d}\boldsymbol{L}}{\mathrm{d}t}\quad（微分形式）$$

质点绕固定点或固定轴的角动量在一段时间内的增量，等于作用于质点的合力对该点（或该转轴）在同一时间内的冲量矩。推广到质点系时，它与内力的冲量矩无关。用公式表示为

$$\boldsymbol{G}=\int_{t_0}^{t}\boldsymbol{M}\mathrm{d}t=\Delta\boldsymbol{L}\quad（积分形式）$$

式中，冲量矩 G 表示作用在物体上的外力矩和作用时间的乘积，为矢量，大小为 $M\Delta t$，方向与力矩相同。它的作用是使物体的角动量（动量矩）发生变化，而且物体所受的冲量矩等于其角动量的改变。

对于若干个刚体组成的系统绕同一定轴转动，该式同样成立：

$$\mathrm{d}\boldsymbol{L}=\boldsymbol{M}\mathrm{d}t\quad 或\quad \Delta\boldsymbol{L}=\boldsymbol{M}\Delta t$$

10. 角动量守恒定律(动量矩守恒定律)

角动量与动量一样，也具有叠加性质。若外力不形成力矩，则角动量的大小和方向将保持不变。

任何物体系统在不受外力矩作用或所受外力矩之和为零时，总角动量保持不变。即

$$L=J\omega=恒量\quad 或\quad J_1\omega_1=J_2\omega_2$$

这称为角动量守恒定律，也称动量矩守恒定律，是物理学中的重要定律之一。

在所受外力矩之和不为零，但在某一方向上的分量为零时，总角动量在该方向的分量保持不变，即该分量方向的角动量守恒。

这里所说的任何物体系统均是指对固定于同一惯性系中的同一轴线而言的。

11. 刚体定轴转动问题的求解

刚体定轴转动的转动定律类似于质点运动中的牛顿第二定律，二者既有联系又有区别。

(1) 刚体定轴转动问题简化为标量处理

① 刚体定轴转动中的主要物理量都是针对同一转轴而言的，相关公式为矢量式。在转轴所在直线方向上，采用标量法处理定轴转动问题可简化计算。这些主要物理量包括转动惯量、力矩、角速度、角加速度和角动量等。其中，转动惯量为标量。

② 定轴转动的力矩方向与转动轴相同。先用右手螺旋定则确定转动正方向，则可用正或负表示上述物理量的方向，若该物理量指向与正方向相同，则取正号，否则取负号。这与牛顿运动定律中对同一坐标系建立平动方程的方法相同。

③ 一般的刚体运动为质心的平移和以质心为轴的转动的叠加。

隔离体分析法对刚体定轴转动仍然适用。通过分析力矩和受力，分别对转动和平动建立相应的运动方程。对平动物体列出质点平动力学方程；对转动物体列出刚体转动力学方程。

总动能可以分解为质心的平动动能 E_k 和转动的动能 E_{rot}。即

$$E_{all}=E_k+E_{rot}=\frac{1}{2}mv_C^2+\frac{1}{2}J_C\omega^2$$

对于摩擦作用可忽略不计的情况，若将转动动能包括在内，机械能守恒定律仍然成立。即平动动能、转动动能和势能之和为恒量，$E_k+E_{rot}+E_p=$恒量。

④ 有时需要用到角量与线量的关系式 $v=\omega r$ 以及 $a=r\alpha$，它们是建立物体平动与转动关系的“桥梁”。

(2) 刚体定轴转动与质点直线运动的比较

表 5-1 所示为质点一维运动与刚体绕定轴转动的对比表，表 5-2 所示为常见刚体绕定轴的转动惯量。转动与平动的联系，用类比法趣称：头上长“角”，尾部添“矩”。

8 个主要物理量，包括角坐标(角位置)、角位移、角速度、角加速度、转动惯量、力矩、转动动能、角动量。

2 个物理定理，包括动能定理、角动量定理。

3 个守恒定律，包括动量守恒定律、角动量守恒定律、机械能守恒定律。

表 5-1　质点一维运动与刚体绕定轴转动对比表

质点一维运动	刚体绕定轴转动
质量 m	转动惯量 $J=\sum_i mr_i^2$ 或 $J=\int r^2\mathrm{d}m$
位置 x，位置矢量 $\boldsymbol{r}$	角位置 θ
位移 $\Delta\boldsymbol{r}=\boldsymbol{r}_2-\boldsymbol{r}_1$	角位移 $\Delta\theta=\theta_2-\theta_1$(无限小角位移为矢量)
速度 $v=\frac{\mathrm{d}x}{\mathrm{d}t}$ 或 $\boldsymbol{v}=\frac{\mathrm{d}\boldsymbol{r}}{\mathrm{d}t}$	角速度 $\omega=\frac{\mathrm{d}\theta}{\mathrm{d}t}$
加速度 $\boldsymbol{a}=\frac{\mathrm{d}\boldsymbol{v}}{\mathrm{d}t}$或$\boldsymbol{a}=\frac{\mathrm{d}^2\boldsymbol{r}}{\mathrm{d}t^2}$，$a=\frac{\mathrm{d}^2x}{\mathrm{d}t^2}$	角加速度 $\alpha=\frac{\mathrm{d}\omega}{\mathrm{d}t}=\frac{\mathrm{d}^2\theta}{\mathrm{d}t^2}$
力 $\boldsymbol{F}=\frac{\mathrm{d}\boldsymbol{p}}{\mathrm{d}t}$	力矩 $\boldsymbol{M}=\boldsymbol{r}\times\boldsymbol{F}=\frac{\mathrm{d}\boldsymbol{L}}{\mathrm{d}t}$
牛顿定律 $\boldsymbol{F}=m\boldsymbol{a}=\frac{\mathrm{d}\boldsymbol{p}}{\mathrm{d}t}$	转动定律 $\boldsymbol{M}=J\boldsymbol{\alpha}=\frac{\mathrm{d}\boldsymbol{L}}{\mathrm{d}t}$ 或 $M=J\alpha$
动量 $\boldsymbol{p}=m\boldsymbol{v}$ 或 $p=mv$	角动量 $\boldsymbol{L}=J\boldsymbol{\omega}$，$\boldsymbol{L}=\boldsymbol{r}\times m\boldsymbol{v}$ 或 $L=J\omega$
力的冲量 $\boldsymbol{I}=\int_{t_0}^{t}\boldsymbol{F}\mathrm{d}t=\Delta\boldsymbol{p}$	冲量矩 $\boldsymbol{G}=\int_{t_0}^{t}\boldsymbol{M}\mathrm{d}t=\Delta\boldsymbol{L}$
动量定理 $\int_{t_1}^{t_2}\boldsymbol{F}\mathrm{d}t=\int_{p_1}^{p_2}\mathrm{d}\boldsymbol{p}=\boldsymbol{p}_2-\boldsymbol{p}_1$	角动量定理 $M=\frac{\mathrm{d}L}{\mathrm{d}t}=\frac{\mathrm{d}(J\omega)}{\mathrm{d}t}$，$\int M\mathrm{d}t=J\omega-J_0\omega_0$
动量守恒 $m_1v_{10}+m_2v_{20}=m_1v_1+m_2v_2$ $\boldsymbol{F}=\boldsymbol{0}$，$\sum_i m_iv_i=$恒量	角动量守恒 $J_1\omega_1=J_2\omega_2$ $\boldsymbol{M}=\boldsymbol{0}$，$\sum_i J_i\omega_i=$恒量
力的功 $A=\int\boldsymbol{F}\cdot\mathrm{d}\boldsymbol{r}$，$\mathrm{d}A=\boldsymbol{F}\cdot\mathrm{d}\boldsymbol{s}$	力矩的功 $A=\int\mathrm{d}A=\int_{\theta_1}^{\theta_2}M\mathrm{d}\theta$，$\mathrm{d}A=M\mathrm{d}\theta$
平动动能 $E_k=\frac{1}{2}mv^2$	转动动能 $E_k=\frac{1}{2}J\omega^2$
动能定理 $A_{ab}=E_{kb}-E_{ka}=\Delta E_k$	转动动能定理 $\int M\mathrm{d}\theta=E_k-E_{k0}=\frac{1}{2}J\omega^2-\frac{1}{2}J\omega_0^2$
重力势能 $E_p=mgh$	重力势能 $E_p=mgh_C$
对封闭的保守系统，只有保守力做功时，系统机械能守恒，$E=E_k+E_p=$恒量	

表 5-2 常见刚体绕定轴的转动惯量

刚　　体	轴的位置	转动惯量
长为 l 的匀质细棒	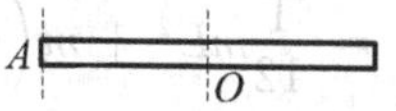	$J_O=\frac{1}{12}ml^2,J_A=\frac{1}{3}ml^2$
半径为 R 的匀质圆盘	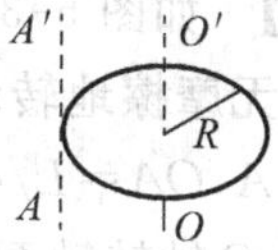	$J_{OO'}=\frac{1}{2}mR^2,J_{AA'}=\frac{3}{2}mR^2$
	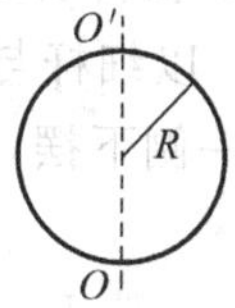	$J_{OO'}=\frac{1}{4}mR^2$
半径为 R 的匀质圆环	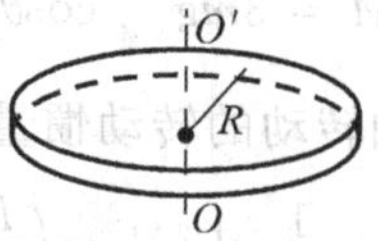	$J_{OO'}=mR^2$
	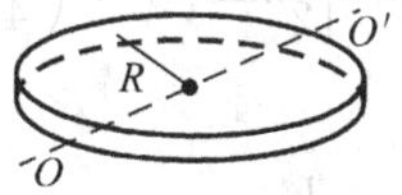	$J_{OO'}=\frac{1}{2}mR^2$
半径为 R 的匀质实心球体	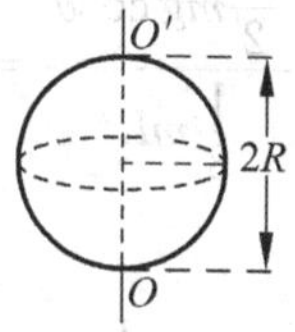	$J_{OO'}=\frac{2}{5}mR^2$

【典型例题】

【例 5-1】 一根长为 L、质量为 m 的均匀细杆，O 点位于距离其一端 $\frac{L}{4}$ 处，细杆可绕通过 O 点的水平轴在竖直平面内转动。当杆自由悬挂时，为使杆恰能持续转动而不摆动，求所需的起始角速度 ω_0。

【解】 如图 5-2 所示，均匀细杆对通过 O 点水平轴的转动惯量可看成由两段组成，由 $J=\frac{ml^2}{3}$，则

$$J=J_1+J_2=\frac{1}{3}\cdot\frac{m}{4}\left(\frac{L}{4}\right)^2+\frac{1}{3}\cdot\frac{3m}{4}\left(\frac{3L}{4}\right)^2=\frac{7}{48}mL^2$$

杆恰能持续转动而不摆动，即刚好达到最高处，且最高处 $\omega=0$，此时其势能改变了 $mg\frac{L}{2}$。由机械能守恒，有

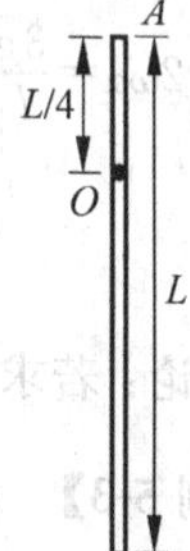

图 5-2　例 5-1 图

$$\frac{1}{2}J\omega_0^2+0=\frac{1}{2}J\omega^2+mg\frac{L}{2}$$

解得

$$\omega_0=4\sqrt{\frac{3g}{7L}}$$

讨论：转动惯量可采用上述方法或对质量连续分布刚体进行积分的方法求解，也可以利用平行轴定理求得，即

$$J_O = J_C + md^2 = \frac{1}{12}mL^2 + m\left(\frac{L}{4}\right)^2 = \frac{7}{48}mL^2$$

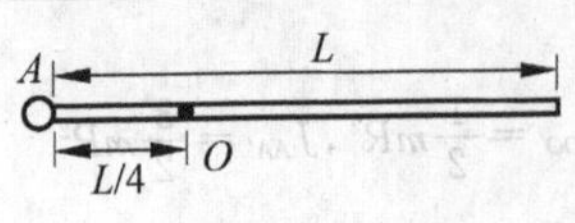

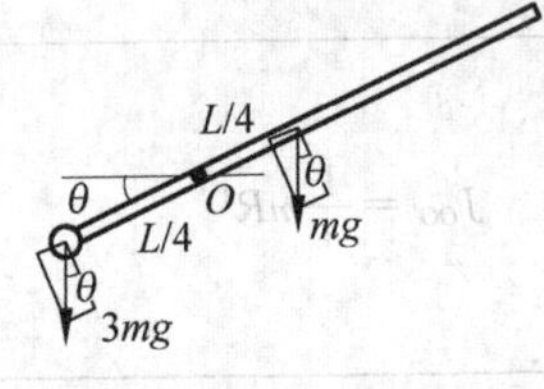

图 5-3 例 5-2 图

【例 5-2】 如图 5-3 所示，质量为 m、长为 L 的均匀细杆可绕水平轴 O 无摩擦地转动，杆的一端固定一质量为 $3m$、体积可忽略的钢球 A，$OA=L/4$。开始时，杆处于水平位置，求系统由静止释放后绕 O 轴转动至与水平位置成 θ 角时的角加速度。

【解法一】 以细杆与钢球为研究对象。杆的质心距离 O 点 $L/4$，杆向钢球一侧下摆，当转动到与水平方向成 θ 角时，重力的力矩为

$$M = 3mg\frac{L}{4}\cos\theta - mg\frac{L}{4}\cos\theta = \frac{L}{2}mg\cos\theta$$

系统绕 O 轴转动的转动惯量为

$$J = 3m\left(\frac{L}{4}\right)^2 + \frac{1}{12}mL^2 + m\left(\frac{L}{4}\right)^2 = \frac{1}{3}mL^2$$

根据转动定律，$M=J\alpha$，解得

$$\alpha = \frac{M}{J} = \frac{\frac{L}{2}mg\cos\theta}{\frac{1}{3}mL^2} = \frac{3g}{2L}\cos\theta$$

【解法二】 根据机械能守恒，有

$$3mg\frac{L}{4}\sin\theta - mg\frac{L}{4}\sin\theta = \frac{1}{2}J\omega^2$$

将前面求得的 $J=\frac{1}{3}mL^2$ 代入上式，得

$$\omega^2 = \frac{3g}{L}\sin\theta$$

求导得 $2\omega\alpha=\frac{3g}{l}\cos\theta\cdot\frac{\mathrm{d}\theta}{\mathrm{d}t}$，$\frac{\mathrm{d}\theta}{\mathrm{d}t}=\omega$（$\theta$ 增大，ω 随之增大），故

$$\alpha = \frac{3g}{2L}\cos\theta$$

讨论：若求角速度 ω，可利用 $\alpha=\frac{\mathrm{d}\omega}{\mathrm{d}t}$ 和 $\frac{\mathrm{d}\theta}{\mathrm{d}t}=\omega$，以及 $\alpha=\frac{\mathrm{d}\omega}{\mathrm{d}\theta}\cdot\frac{\mathrm{d}\theta}{\mathrm{d}t}=\omega\frac{\mathrm{d}\omega}{\mathrm{d}\theta}$ 的关系求解。

【例 5-3】 水平面上有一可绕中心转轴自由旋转的圆盘，盘边沿站一质量为 m 的人。设圆盘半径为 R，转动惯量为 J，以初始角速度 ω_0 旋转，若此人由盘边沿走到盘心，求圆盘角速度的变化以及此系统动能的变化。

【解】 人与圆盘组成的系统角动量守恒，设人按质点处理，当此人走到盘心时系统角速度为 ω，则

$$J\omega_0 + mR^2\omega_0 = J\omega$$

解得

$$\omega = \left(1+\frac{mR^2}{J}\right)\omega_0$$

角速度的变化为

$$\Delta\omega = \omega - \omega_0 = \frac{mR^2}{J}\omega_0$$

系统动能的变化为

$$\Delta E_k = \frac{1}{2}J\omega^2 - \frac{1}{2}(J+mR^2)\omega_0^2$$

即

$$\Delta E_k = \frac{1}{2}m\left(\frac{mR^2}{J}+1\right)R^2\omega_0^2$$

【例 5-4】 水平桌面上放置一根长 $L=1$ m,质量 $m=1$ kg 的匀质细杆,可绕通过端点 O 的垂直轴 OO' 转动,开始时杆静止。现有一质量 $m'=20$ g 的子弹以 $\theta=30°$ 的入射角射中中点,如图 5-4 所示。已知杆与桌面的动摩擦因数 $\mu=0.2$,子弹射入前速度 $v=400\ \mathrm{m\cdot s^{-1}}$,速度降为一半后射出。求:(1)细杆开始转动时的角速度;(2)细杆转动时受到的摩擦力矩和角加速度;(3)细杆转过多大角度后停下来。

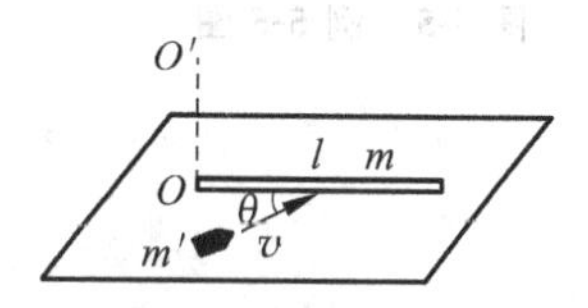

图 5-4 例 5-4 图

【解】 (1) 子弹射入前后,在水平桌面与杆垂直方向上,系统对 OO' 轴角动量守恒,有

$$\frac{1}{2}Lm'v\sin30° = \frac{1}{2}Lm'\frac{v}{2}\sin30° + J\omega$$

细杆对 OO' 轴的转动惯量为 $J=\frac{1}{3}ML^2$,代入得

$$\omega = \frac{\frac{1}{4}Lm'v\sin30°}{J} = \frac{\frac{1}{8}Lm'v}{\frac{1}{3}mL^2} = \frac{3m'v}{8mL} = \frac{3\times0.02\times400}{8\times1\times1}\ \mathrm{rad\cdot s^{-1}} = 3\ \mathrm{rad\cdot s^{-1}}$$

(2) 设杆的线密度为 λ,即 $\lambda=m/L$。在杆上取线元 $\mathrm{d}r$,则质量元为 $\mathrm{d}m=\lambda\mathrm{d}r=\frac{m}{L}\mathrm{d}r$,对应的摩擦力为 $\mathrm{d}f=\mu g\mathrm{d}m$,有

$$\mathrm{d}M = -r\mathrm{d}f = -r\mu g\,\mathrm{d}m = -\mu\lambda gr\,\mathrm{d}r$$

摩擦力矩为

$$M = -\int_0^L \mu g\lambda r\,\mathrm{d}r = -\frac{1}{2}\mu g\lambda L^2 = -\frac{1}{2}\mu mgL$$

角加速度为

$$\alpha = \frac{M}{J} = -\frac{\frac{1}{2}\mu mgL}{\frac{1}{3}mL^2} = -\frac{3\mu g}{2L} = -\frac{3\times0.2\times9.8}{2\times1}\ \mathrm{rad/s^2} = -2.94\ \mathrm{rad\cdot s^{-2}}$$

(3) 由转动动量定理,$\int_{\theta_1}^{\theta_2}M\mathrm{d}\theta = \frac{1}{2}J\omega^2 - \frac{1}{2}J\omega_0^2$,得

$$-\int_\theta^0 \frac{1}{2}\mu mgL\,\mathrm{d}\theta = \frac{1}{2}J\omega^2$$

$$\theta=\frac{J\omega^2}{\mu mgL}=\frac{mL^2\omega^2}{3\mu mgL}=\frac{L\omega^2}{3\mu g}=\frac{1\times 3^2}{3\times 0.2\times 9.8}\text{ rad}=1.53\text{ rad}$$

或者利用变量转换 $\alpha=\frac{d\omega}{dt}=\frac{d\omega}{d\theta}\cdot\frac{d\theta}{dt}=\omega\frac{d\omega}{d\theta}$，$\alpha d\theta=\omega d\omega$，则 $\int_0^\theta \alpha d\theta=\int_\omega^0\omega d\omega$，积分得

$$\theta=-\frac{\omega^2}{2\alpha}=\frac{3^2}{2\times 2.94}\text{ rad}=1.53\text{ rad}$$

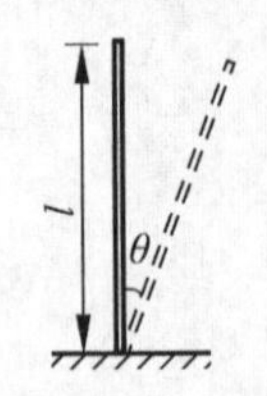

图 5-5　例 5-5 图

【例 5-5】　如图 5-5 所示，长为 l、质量为 m 的匀质细杆竖直放置，因受到扰动而倒下。设细杆下端不滑动，当细杆转到与竖直线成 θ 角时，求其角速度和角加速度的大小。

【解】　由转动定律，$M=J\alpha$，得

$$mg\frac{L}{2}\sin\theta=J\alpha,\quad J=\frac{1}{3}mL^2$$

$$\alpha=\frac{M}{J}=\frac{mg\frac{L}{2}\sin\theta}{\frac{1}{3}mL^2}=\frac{3g}{2L}\sin\theta$$

作变量转换，有 $\alpha=\frac{d\omega}{dt}=\omega\frac{d\omega}{d\theta}$，则

$$\int_0^\theta\alpha d\theta=\int_0^\omega\omega d\omega,\quad\int_0^\theta\frac{3g}{2L}\sin\theta d\theta=\int_0^\omega\omega d\omega$$

$$\omega=\sqrt{\frac{3g}{L}(1-\cos\theta)}$$

讨论：由机械能守恒，$mg\frac{L}{2}(1-\cos\theta)=\frac{1}{2}J\omega^2$，也可求得 ω。再由 $\alpha=\omega\frac{d\omega}{d\theta}$ 求 α。

博学之，审问之，慎思之，明辨之，笃行之。

——《礼记·中庸·博学》

第6章 狭义相对论

相对论是关于物质运动与时间-空间关系的理论。相对论和量子论的建立是20世纪物理学的两场革命,标志着现代物理学的诞生。它们都是现代物理学的重要理论基础。

1887年迈克耳孙-莫雷实验否定了以太的存在,确证了光速不变原理。

1905年爱因斯坦在总结实验事实基础上创立了狭义相对论,将牛顿力学修正后成功地应用于高速运动的情形,抛弃了"以太"学说。

1916年爱因斯坦创立广义相对论,将任意加速的参考系也包含进相对论原理中,成功地预言了一些效应,并得到了验证,构成了相对论宇宙学的基础,开创了当代科学对于宇宙起源与演化的探究。

【内容概要】

1. 牛顿绝对时空观

牛顿绝对时空观是经典时空观的主要理论,集中表现为伽利略坐标变换。

伽利略坐标变换式:$x'=x-ut, y'=y, z'=z, t'=t$

伽利略速度变换式:$v_x'=v_x-u, v_y'=v_y, v_z'=v_z$

经典时空观指出,长度与时间的测量与参考系无关,且两者相互独立。用此理论解释光的传播等问题时产生了一系列尖锐的矛盾。

2. 狭义相对论基本假设

狭义相对论针对牛顿绝对时空观存在的问题,建立了物理学中新的时空观和(可与光速比拟的)高速物体的运动规律,成为20世纪之后物理学的理论基础之一。

(1) 相对性原理

物理定律对所有惯性系都是等价的。

(2) 光速不变原理

在所有惯性系中,光在真空中的速率恒为c。

从一个惯性系变换到另一个惯性系时,时间和空间各量不满足伽利略变换,应该满足洛伦兹变换。

任何物体的速度都不能超过光速c,牛顿力学是相对论力学在低速情况下的近似。

根据上述假设,可以导出狭义相对论的一些重要结论。这些结论与大量实验事实相符合,但只有在高速运动时相对论效应才显著。

3. 洛伦兹变换

坐标变换式:$x'=\dfrac{x-ut}{\sqrt{1-\left(\dfrac{u}{c}\right)^2}}, y'=y, z'=z, t'=\dfrac{t-\dfrac{u}{c^2}x}{\sqrt{1-\left(\dfrac{u}{c}\right)^2}}$

速度变换式：$v'_x=\dfrac{v_x-u}{1-\dfrac{uv_x}{c^2}}$，$v'_y=\dfrac{v_y}{1-\dfrac{uv_x}{c^2}}\sqrt{1-\left(\dfrac{u}{c}\right)^2}$，$v'_z=\dfrac{v_z}{1-\dfrac{uv_x}{c^2}}\sqrt{1-\left(\dfrac{u}{c}\right)^2}$

4. 同时的相对性

(1) 两事件发生的先后或是否“同时”，在不同参考系看来是不同的(但因果律仍成立)。

(2) 量度物体长度时，将测得运动的物体在其运动方向上的长度要比静止时缩短。

长度收缩：

$$l=l'\sqrt{1-\left(\frac{u}{c}\right)^2}\quad(l'\text{ 为固有长度})$$

(3) 量度时间进程时，将看到运动的时钟要比静止的时钟行进得慢。

时间延缓：

$$\Delta t=\frac{\Delta t'}{\sqrt{1-\left(\frac{u}{c}\right)^2}}\quad(\Delta t'\text{ 为固有时或原时})$$

5. 相对论质量与相对论动量

物体质量 m 随运动速度 v 的增加而变大。相对论质量和动量分别为

$$m=\frac{m_0}{\sqrt{1-\left(\frac{v}{c}\right)^2}},\quad \boldsymbol{p}=m\boldsymbol{v}=\frac{m_0\boldsymbol{v}}{\sqrt{1-\left(\frac{v}{c}\right)^2}}$$

式中，m_0 为静止质量(静质量)。

6. 相对论能量(质能关系)

质能关系式又称爱因斯坦质能方程。物体的质量 m 与能量 E 之间满足质能关系式：

$$E=mc^2=\frac{1}{\sqrt{1-\left(\frac{v}{c}\right)^2}}m_0c^2$$

上式表明，一切能量都有质量，有质量就有能量。能量也有惯性。当一物体的质量发生改变时，其能量按此关系相应地发生变化，反之亦然。例如，光子有能量，所以也具有质量。

在利用此式解释原子核的质量亏损现象时，发现了其核内蕴藏着巨大的能量，看到了利用原子能的可能性和重要性。任何物质均具有静质能，据此关系可知，1 g 质量约相当于 9×10^{13} J 的能量。

质量亏损是指原子核所含各核子单独存在时的总质量与原子核质量的差值。动能为

$$E_k=mc^2-m_0c^2=(m-m_0)c^2$$

能量和动量关系为

$$E^2=p^2c^2+m_0^2c^4$$

若 $v \ll c$，由泰勒级数展开可知 $\dfrac{1}{\sqrt{1-\left(\dfrac{v}{c}\right)^2}} \approx 1+\dfrac{1}{2}\left(\dfrac{v}{c}\right)^2$，此时，相对论中的动能与牛顿力学中的动能等效，$E_k = mc^2 - m_0c^2 = m_0c^2 \cdot \dfrac{1}{2}\left(\dfrac{v}{c}\right)^2 = \dfrac{1}{2}m_0v^2$，式中 m_0c^2 为静质能。其他情况也有类似结论。

上述关系中，质量与能量相差一个因子 c^2，因此，对于相对论中的相互作用过程，系统的能量守恒与质量守恒可以统一为一个定律，习惯上仍称为能量守恒定律。对于非相对论过程，不再是静质量守恒。

*7. 广义相对论简介

广义相对论基于广义相对性原理和等效原理这两个基本假设。

(1) 广义相对性原理

自然定律在任何参考系中都具有相同的数学形式。

(2) 等效原理

在一个小体积范围内的万有引力和某一加速系统中的惯性力相互等效。

由此可以导出三个重要结论。

① 水星近日点的旋进规律。

② 光线在引力场中发生弯曲。

③ 较强的引力场中时钟较慢(或引力场中光谱线向红端移动)。

这些结论和后来的观测结果基本相符。

狭义相对论是广义相对论在引力场很弱时的特殊情况。

广义相对论发展了牛顿的万有引力理论，形成了系统的引力场理论。引力场可用爱因斯坦引力场方程描述，万有引力是由于物质的存在及其分布状况使时空性质产生不均匀(所谓时空弯曲)变化引起的；而在弱引力场中，简化为牛顿的万有引力定律。

爱因斯坦预言了引力波的存在。引力波是作加速运动的物质发出的、以光速传递的引力辐射，像一种“时空涟漪”，类似于石头投入水中产生的波纹。黑洞合并、中子星等天体在碰撞过程中有可能产生引力波。美国激光干涉引力天文台(LIGO)和欧洲“处女座”引力探测器(VIRGO)多次获得引力波探测结果，为完整地验证广义相对论作出了贡献。LIGO探测器和引力波探测团队起决定性贡献的三名科学家获得了2017年诺贝尔物理学奖。探测结果表明，引力波的确会在时空中传播，也验证了引力波和实验室的光和物质的相互作用。科学家发现一种新的“光”，可以用全新的方法观测宇宙，这也是人类文明发展最好的见证。

8. 采用狭义相对论分析问题

采用狭义相对论分析问题时，应先理清概念，分清坐标系，切勿随意套用公式。

掌握洛伦兹变换公式，时间膨胀、长度收缩等公式都可由洛伦兹公式得到。

牛顿力学中的动量 $p=m_0v$ 和动能 $E_k=\dfrac{1}{2}mv^2$ 是在低速时的近似形式，在相对论的讨论中不再成立。

(1) 相对论中质量的表达式为

$$m=\frac{m_0}{\sqrt{1-\left(\frac{v}{c}\right)^2}}$$

(2) 相对论中动量的表达式为

$$p=mv=\frac{m_0 v}{\sqrt{1-\left(\frac{v}{c}\right)^2}}$$

式中，$p\neq m_0 v$。

(3) 相对论中动能的表达式为

$$E_k=mc^2-m_0c^2$$

而不是 $E_k=\frac{1}{2}m_0v^2$ 或 $E_k=\frac{1}{2}mv^2$。

【典型例题】

【例 6-1】 若粒子的动能等于其静质能，求该粒子应具有的运动速度。

【解】 设粒子的动能等于其静质能，则

$$E_k=mc^2-m_0c^2=\frac{m_0}{\sqrt{1-\left(\frac{v}{c}\right)^2}}c^2-m_0c^2=m_0c^2$$

可得$\sqrt{1-\left(\frac{v}{c}\right)^2}=\frac{1}{2}$，故

$$v=\frac{\sqrt{3}}{2}c=0.866c$$

即当粒子的运动速度达到 $0.866c$ 时，粒子的动能与其静质能相等。

【例 6-2】 设电子的静止质量为 m_0，当其质量为静止质量的 1.5 倍时，求这一时刻电子的速度大小、动量大小和动能。

【解】 由相对论质量公式 $m=\frac{m_0}{\sqrt{1-\left(\frac{v}{c}\right)^2}}$（$m_0$ 为静止质量），则有

$$\frac{m}{m_0}=\frac{1}{\sqrt{1-\left(\frac{v}{c}\right)^2}}=1.5$$

解得

$$v=\frac{\sqrt{5}}{3}c$$

动量为

$$p=mv=1.5m_0\frac{\sqrt{5}}{3}c=\frac{\sqrt{5}}{2}m_0c \quad \left(\text{而不是 } m_0v=m_0\frac{\sqrt{5}}{3}c\right)$$

动能为

$$E_k = mc^2 - m_0 c^2$$

即

$$E_k = (m - m_0)c^2 = 0.5m_0 c^2 = 0.5 \times 9.1 \times 10^{-31} \times (3 \times 10^8)^2 \text{ J} = 4.1 \times 10^{-14} \text{ J}$$

$\left(这里动能不是\frac{1}{2}m_0 v^2 = \frac{5}{18}m_0 c^2，也不是\frac{1}{2}mv^2 = \frac{5}{18} \times 1.5m_0 c^2 = \frac{5}{12}m_0 c^2\right)$

善学者，师逸而双倍，又从而庸之；不善学者，师勤而功半，又从而怨之。

——《礼记·学记》

第2篇　热　学

热学是研究热现象的规律及其应用的学科，它是物理学的一个分支学科。其主要内容包括温度和热量的概念及其测量方法，有关热现象的气体动理论，热力学第一定律和热力学第二定律的基本内容及其应用等。

从18世纪到19世纪初，蒸汽机已得到广泛应用，但直到19世纪中叶后，热力学才真正发展起来。可见，热力学与电磁学不同，是先有工业化的应用，而后才有系统的理论。

第7章　温度和气体动理论

气体动理论，以前也称气体分子运动论，它以气体中大量分子作无规则运动的观点为基础，根据力学定律和大量分子运动所表现出来的统计规律来阐明气体的性质，建立微观量与宏观量之间的关系，并揭示热现象的本质，阐明热现象的规律。

气体动理论仅适用于分子之间相互作用十分微弱，其运动几乎彼此独立的系统，是统计物理学的初级理论。统计物理学深入热现象本质，使热力学理论具有更深刻的意义。

【内容概要】

1. 热力学第零定律与温度　温标

(1) 平衡态是指系统在不受外界影响的条件下，宏观性质不随时间改变的状态。处于平衡态的系统，其状态可用少数几个宏观状态参量描述，如温度、压强等。在热平衡状态，组成热力学系统的各部分之间无热量交换。

(2) 热力学第零定律指出，如果两个热力学系统A、B分别与第三个系统C处于热平衡，则A、B彼此也必然处于热平衡。这是关于热平衡的基本经验事实。

(3) 互为热平衡的所有系统具有同样数值的一个状态参量，这个状态参量就是温度。温度的数值与温标的选择有关，它是衡量物体冷热程度的物理量。

(4) 温标是为量度物体温度高低而对温度零点和分度方法所作的规定，为温度的数值表示法。目前，最常用的温标有热力学温标、摄氏温标、华氏温标和国际温标(ITS-90)等。在工业和科学研究中，ITS-90是目前国际上规定采用的实用温标。

美国等少数国家沿用华氏温标，其单位为华氏度，用℉表示。

热力学温标(旧称开氏温标、绝对温标)是最基本的理想温标。热力学温度的符号为T，单位为开尔文(开，K)，并规定水的三相点为273.16 K，对应摄氏温标为0.01℃，即0℃＝

273.15 K。热力学温标的零点，称为绝对零度，即 $-273.15℃$。

开(K)是热力学温度的国际单位，也是国际单位制中的 7 个基本单位之一。

摄氏温标 t_C(℃)与热力学温标 T(K)的关系为

$$t_C = T - 273.15$$

摄氏温标 t_C(℃)与华氏温标 t_F(℉)的关系为

$$t_F = \frac{9}{5}t_C + 32$$

2. 热力学第三定律

热力学零度(热力学温标的零度，即绝对零度，为摄氏温标的 $-273.15℃$)是不可能达到的。或者说，不可能得到一个严格的 $T=0$ K 的系统，否则，一切原子、分子的运动都将被冻结，不再有激发能。在有限温度下，任何固体都具有与相应的热量相当的内部激发能(如晶格中的振动)。这也是热力学的基本定律之一。

绝对零度是热力学理论所断言的自然界中最低的极限温度，在实验上不可能达到，但可以设法尽量接近。目前，在实验室用激光冷却法可得到 2×10^{-11} K 的低温。

3. 理想气体状态方程

理想气体的基本特征是，将气体粒子看成无任何相互作用的经典力学“点粒子”。

体积 V、压强 p 和温度 T 是描述气体的状态参量。在任一平衡态下，理想气体各宏观参量之间满足关系式

$$pV = \nu RT = \frac{m}{M}RT$$

此式称为克拉珀龙方程。其中，m 为气体的质量；M 为气体的摩尔质量；$\nu=m/M$ 为气体物质的量；$R=8.314\ \mathrm{J\cdot mol^{-1}\cdot K^{-1}}$，为摩尔气体常量。

若以 N 表示体积 V 中的气体分子总数，$n=N/V$ 为单位体积内气体分子的个数，也称为气体分子数密度，由 $pV=NkT$，$\nu=N/N_A$，则

$$p = nkT$$

$N_A=6.022\times10^{23}\ \mathrm{mol^{-1}}$，为阿伏伽德罗常量；$k=R/N_A=1.380\,65\times10^{-23}\ \mathrm{J\cdot K^{-1}}$，为玻耳兹曼常量，通常以 kT 的形式出现。

4. 气体分子热运动的统计规律性

当气体处于平衡态(热动平衡)时，个别分子的运动状态具有偶然性，而大量分子的整体表现都是有规律的，这种规律性来自大量偶然事件的集合，即由大量粒子组成的系统，其整体服从统计规律性。平衡时，系统的整体速度分布是不变的。

宏观量是相应的微观量的统计平均值。宏观系统的气体分子总数 N 非常大，$N=\nu N_A$，阿伏伽德罗常量就是物质此宏观量的量度。1 mol 物质约含有 6.022×10^{23} 个粒子(如原子或分子)。

5. 气体分子的无规则运动

气体分子平均碰撞频率 $\bar{z}$(平均碰撞次数)指气体分子单位时间内被碰撞次数的平均值：

$$\bar{z} = \sqrt{2}\pi d^2 \bar{v} n$$

气体分子平均自由程 $\bar{\lambda}$ 指气体分子无规则运动中各段自由路程的平均值，即

$$\bar{\lambda} = \frac{\bar{v}}{\bar{z}} = \frac{1}{\sqrt{2}\pi d^2 n} = \frac{kT}{\sqrt{2}\pi d^2 p}$$

6. 理想气体的压强公式

理想气体的基本特征是，将气体粒子看作无任何相互作用的经典力学质点。这也是真实气体的简单模型，粒子之间只有极其微弱的相互作用。气体越稀薄，近似性越好。例如，在标准条件下，空气、氢气、稀有气体等都可以用理想气体很好地加以描述。

理想气体的压强公式(微观形式)为

$$p = \frac{1}{3}nm\overline{v^2} = \frac{2}{3}n\bar{\varepsilon}_t$$

其中，$\bar{\varepsilon}_t = \frac{1}{2}m\overline{v^2}$ 为分子的平均平动动能。在微观统计上，理想气体的温度公式为

$$\bar{\varepsilon}_t = \frac{3}{2}kT$$

此式说明了温度的微观意义。从微观来看，物体的温度与分子热运动动能密切相关，是分子热运动平均动能的量度。温度越高，分子的平均功能越大，反之亦然。

上述公式把宏观量与微观量的统计平均值 n 和 $\bar{\varepsilon}_t$ 或 $\overline{v^2}$ 联系起来。宏观量压强 p 具有统计的性质，对大量分子才有确切的意义。

7. 能量均分定理　理想气体的内能

(1) 能量均分定理

粒子的自由度表示其取得能量并转化至某种运动(平动，转动，振动)的可能性。

物质系统处于热动平衡时，物质分子在每个自由度上的平均动能相同，均为 $\frac{1}{2}kT$。

若分子有 i 个总自由度，如表 7-1 所示，$i=t+r(s=0)$，则一个分子的总平均能量为

$$\bar{\varepsilon}_k = \frac{i}{2}kT$$

能量均分定理表示系统中各自由度对获取能量具有相同的重要性，它是经典统计物理学中关于热运动能量按分子各个运动自由度平均分配的定理。也就是说，一般的能量转移总是在分子之间从一个自由度转移到另一个自由度。由于其以经典概念和能量连续变化为基础，因此其应用范围受到限制。当温度较低时，不再适用，必须考虑量子特性。

表 7-1　气体分子的自由度(刚性分子振动自由度 $s=0$)

气体类型	平动自由度 t	转动自由度 r	总自由度 $i=t+r$
单原子分子	3	0	3
刚性双原子分子	3	2	5
刚性多原子分子	3	3	6

(2) 理想气体的内能

$$E=\frac{i}{2}\nu RT=\frac{i}{2}\cdot\frac{m}{M}RT$$

内能只包含气体分子作无规则运动的动能。内能是状态量，与热力学过程无关。

8. 分子速率分布函数

分子速率分布的概率密度

$$f(v)=\frac{\mathrm{d}N_v}{N\mathrm{d}v}$$

其物理意义为气体速率处在 v 附近、单位速率区间间隔内的分子数占总分子数的百分比。满足的归一化条件为

$$\int_0^{\infty}f(v)\mathrm{d}v=1$$

其几何意义即速率分布曲线下的总面积为1，表示速率处在整个速率区间(0,+∞)内的分子数占总分子数的百分比为100%，也就是一个分子的速率处在整个速率区间(0,+∞)内的概率是100%。当 $v=0$ 或 $v\to\infty$ 时，$f(v)=0$。

可见，速度分布只是速度大小(速率)的函数，与分子的速度方向无关。

9. 麦克斯韦速率分布律

在平衡态下，分子质量为 m 的理想气体，速率处在 $v\sim v+\mathrm{d}v$ 区间内的分子数占总分子数的比率为

$$\frac{\mathrm{d}N_v}{N}=4\pi\frac{m}{2\pi kT}\mathrm{e}^{-\frac{mv^2}{2kT}}v^2\mathrm{d}v=f(v)\mathrm{d}v$$

麦克斯韦速率分布函数 $f(v)$，即分子速率分布的概率密度为

$$f(v)=4\pi\left(\frac{m}{2\pi kT}\right)^{\frac{3}{2}}v^2\mathrm{e}^{-\frac{mv^2}{2kT}}$$

可见，速度分布只是速度大小(速率)的函数，与分子的速度方向无关。

10. 分子的三种特征速率

最概然速率 v_{p} 由 $\frac{\mathrm{d}f(v)}{\mathrm{d}v}=0$ 求得

$$v_{\mathrm{p}}=\sqrt{\frac{2kT}{m}}=\sqrt{\frac{2RT}{M_{\mathrm{mol}}}}\approx1.41\sqrt{\frac{RT}{M_{\mathrm{mol}}}}$$

(算术) 平均速率 $\bar{v}$ 由 $\bar{v}=\frac{\int_0^{\infty}v\mathrm{d}N}{N}=\int_0^{\infty}vf(v)\mathrm{d}v$ 求得

$$\bar{v}=\sqrt{\frac{8kT}{\pi m}}=\sqrt{\frac{8RT}{\pi M_{\mathrm{mol}}}}\approx1.60\sqrt{\frac{RT}{M_{\mathrm{mol}}}}$$

方均根速率(均方根速率) $\bar{v}_{\mathrm{rms}}$ 由 $\overline{v^2}=\frac{\int_0^{\infty}v^2\mathrm{d}N}{N}=\int_0^{\infty}v^2f(v)\mathrm{d}v$ 开根号求得

$$v_{\mathrm{rms}}=\sqrt{\overline{v^2}}=\sqrt{\frac{3kT}{m}}=\sqrt{\frac{3RT}{M_{\mathrm{mol}}}}\approx1.73\sqrt{\frac{RT}{M_{\mathrm{mol}}}}$$

三者的大小关系为 $v_p < \bar{v} < v_{rms}$。

如图 7-1 所示为 N_2 气体的麦克斯韦速率分布曲线。

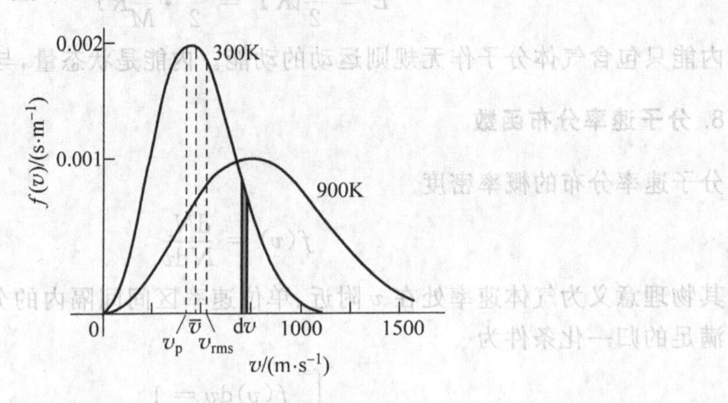

图 7-1 N_2 的麦克斯韦速率分布

其中，v_p 用于讨论速率的分布，$\bar{v}$用于讨论碰撞和输运过程的统计规律，v_{rms}用于讨论分子的平均平动动能、温度和压强的统计规律。

11. 实际气体的等温线

蒸气是液态物质汽化或固态物质升华而形成的气态物质。

与同种物质的液态(或固态)处于平衡(气液共存)状态的蒸气称为饱和蒸气，其温度、压强分别称为饱和温度、饱和蒸气压。

物质处于临界状态时的温度称为临界温度。当气体温度高于临界温度时，无论加多大压强也不会使气体液化，即不可能有气液共存的平衡态出现。或者说，此时只靠压缩不能使气体液化。这一温度也是物质能以液态形式出现的最高温度。不同的物质有不同的临界温度。

蒸气是处于临界温度以下的气体，故可在温度保持不变的情况下，通过压缩体积使它变为液态(液化)或固态(凝华)。

12. 有关分子动理论的问题

有关气体分子动理论，主要有三个方面的问题。

(1) 理想气体状态方程、气体分子之间碰撞等公式的应用。

(2) 理想气体的压强、温度的微观统计意义及其公式的应用。

(3) 能量均分定理，分子速率分布函数，分子的三种特征速率。

【典型例题】

【*例 7-1】 目前，少数国家或地区，如美国仍沿用华氏温标作为温度计量单位。(1)若华氏温标和摄氏温标给出的温度读数相同，求此温度值；(2)若华氏温标和热力学温标给出的温度读数相同，求此温度的大致值。(请先阅读本章有关“温标”的内容)

【解】 (1) 华氏温标 t_F 的单位为℉，摄氏温标 t_C 的单位为℃，其换算关系为

$$t_F(℉) = 32 + \frac{9}{5}t_C(℃)$$

若读数相同，$t_F = t_C$，解得 $t_F = t_C = -40$，即 $t_F = -40$ ℉或 $t_C = -40$℃。

(2) 热力学温标 T 的单位为 K，热力学温标 T 与摄氏温标 t_C 的换算关系为

$$t_C(℃) = -273.15 + T(K)$$

华氏温标 t_F 和热力学温标 T 的关系为

$$(t_F - 32) \times 5 = 9 \times (T - 273.15)$$

若读数相同，$t_F=T$，解得 $t_F=T=575$，即 $t_F=575$ ℉或 $T=575$ K。

讨论：爱吹牛的甲、乙两人都因生病发烧了，还比体温高低。甲说，我发高烧 40 度，比常人高；乙说，我发高烧 103 度，比你高。若他们所说的数值是靠谱的，请从温标的选择加以讨论，并比较其温度高低。他们说的温度有什么问题？

拓展讨论：讨论美国采用英式度量衡制与国际单位制不接轨的问题。

【例 7-2】 一容器内储有氧气，其压强 $p=1$ atm，温度 $t=27℃$，求：(1)单位体积内的分子数；(2)氧气的密度；(3)氧气分子的质量；(4)分子的平均平动动能。

【解】 (1) 单位体积内的分子数

$$n = \frac{p}{kT} = \frac{1 \times 1.013 \times 10^5}{1.38 \times 10^{-23} \times 300}\ \mathrm{m^{-3}} = 2.45 \times 10^{25}\ \mathrm{m^{-3}}$$

(2) 氧气的密度

$$\rho = \frac{m}{V} = \frac{pM_{mol}}{RT} = \frac{1 \times 1.013 \times 10^5 \times 32 \times 10^{-3}}{8.31 \times 300}\ \mathrm{kg \cdot m^{-3}}$$

$$= 1.3\ \mathrm{kg \cdot m^{-3}} = 1.3\ \mathrm{g \cdot L^{-1}}$$

(3) 氧气分子的质量

$$m = \frac{\rho}{n} = \frac{M_{mol}}{N_A} = \frac{32 \times 10^{-3}}{6.022 \times 10^{23}}\ \mathrm{kg} = 5.3 \times 10^{-26}\ \mathrm{kg}$$

(4) 分子的平均平动动能

$$\varepsilon_t = \frac{3}{2}kT = \frac{3}{2} \times 1.38 \times 10^{-23} \times 300\ \mathrm{J} = 6.21 \times 10^{-21}\ \mathrm{J}$$

【例 7-3】 在温度为 27℃时，1 mol 氢气的平动动能、转动动能和内能各为多少？

【解】 理想气体分子的能量

$$E = \frac{i}{2}\nu RT$$

式中，总自由度 $i=t+r+s$，其中 t、r、s 分别为平动自由度、转动自由度和刚性分子的振动自由度。

氢气为双原子分子，$i=5$，其中 $t=3$，$r=2$，$s=0$，则

平动动能：$t=3$，$E_t = \frac{3}{2} \times 8.31 \times 300\ \mathrm{J} = 3\,739.5\ \mathrm{J}$

转动动能：$r=2$，$E_r = \frac{2}{2} \times 8.31 \times 300\ \mathrm{J} = 2\,493\ \mathrm{J}$

内能：$i=5$，$E_i = \frac{5}{2} \times 8.31 \times 300\ \mathrm{J} = 6\,232.5\ \mathrm{J}$

【例 7-4】 已知空气分子的有效直径约为 $d=3.5 \times 10^{-10}$ m，求在标准状况下的平均碰撞频率和平均自由程。

【解】 在标准状况下，空气分子的平均速率为

$$\bar{v} = \sqrt{\frac{8RT}{\pi M_{mol}}} = \sqrt{\frac{8 \times 8.31 \times 273}{3.14 \times 29 \times 10^{-3}}}\ \mathrm{m \cdot s^{-1}} = 446\ \mathrm{m \cdot s^{-1}}$$

平均碰撞频率为

$$\bar{z}=\sqrt{2}\pi d^2\bar{v}n=\sqrt{2}\pi d^2\bar{v}\times\frac{p}{kT}$$

$$=\sqrt{2}\times 3.14\times(3.5\times 10^{-10})^2\times 446\times\frac{1.01\times 10^5}{1.38\times 10^{-23}\times 273}\ \mathrm{s^{-1}}=6.5\times 10^9\ \mathrm{s^{-1}}$$

平均自由程为

$$\bar{\lambda}=\frac{\bar{v}}{\bar{z}}=\frac{446}{6.5\times 10^9}\ \mathrm{m}=6.9\times 10^{-8}\ \mathrm{m}$$

可见，由于分子之间频繁的碰撞，分子的平均自由程非常短；对空气而言，仅约为分子直径的 200 倍。

【例 7-5】 已知 $f(v)$是分子速率分布函数，请说明以下各量所反映的速率分布的物理意义：$f(v)\mathrm{d}v$、$Nf(v)v\mathrm{d}v$、$\int_{v_1}^{v_2}Nf(v)v\mathrm{d}v$ 和 $\dfrac{\int_{v_1}^{v_2}f(v)v\mathrm{d}v}{\int_{v_1}^{v_2}f(v)\mathrm{d}v}$。

【解】 $f(v)\mathrm{d}v=\dfrac{\mathrm{d}N}{N}$表示分子速率介于 $v\sim v+\mathrm{d}v$ 区间的概率，或分子速率介于 $v\sim v+\mathrm{d}v$ 区间的分子数 $\mathrm{d}N$ 占总分子数 N 的百分比。

$Nf(v)v\mathrm{d}v$ 表示速率介于 $v\sim v+\mathrm{d}v$ 区间的分子的速率之和。

$\int_{v_1}^{v_2}Nf(v)v\mathrm{d}v$ 表示速率介于 $v_1\sim v_2$ 区间的所有分子的速率之和。

$\dfrac{\int_{v_1}^{v_2}f(v)v\mathrm{d}v}{\int_{v_1}^{v_2}f(v)\mathrm{d}v}$ 表示速率介于 $v_1\sim v_2$ 区间的所有分子的平均速率。

【例 7-6】 1 mol 氧气从初态出发，经过等容升压过程，压强增大为原来的 2 倍，又经过等温膨胀过程，体积增大为原来的 2 倍，求末态与初态的气体分子方均根速率之比。

【解】 方均根速率公式为

$$\sqrt{\overline{v^2}}=1.73\sqrt{\frac{RT}{M_{\mathrm{mol}}}}$$

设三种状态分别为：初态 A(p_1,V_1)，中间态 B(p_2,V_2)，末态 C(p_3,V_3)，根据状态方程可作以下分析。

A→B 为等容过程，$V_1=V_2$，$p_2=2p_1$。由$\dfrac{p_1}{T_1}=\dfrac{p_2}{T_2}$，则得 $T_2=2T_1$。

B→C 为等温过程，$T_2=T_3$，$V_3=2V_2$。由 $p_2V_2=p_3V_3$，则 $V_3=2V_1=2V_2$，$p_2=2p_3$，$p_3=p_1$，可得

$$\frac{\sqrt{\overline{v^2_{初}}}}{\sqrt{\overline{v^2_{末}}}}=\sqrt{\frac{T_1}{T_2}}=\sqrt{\frac{p_1}{p_2}}=\frac{1}{\sqrt{2}}$$

君子博学而日参省乎己，则知明而行无过矣。

——《荀子·劝学》

第8章 热力学第一定律

热力学是研究热现象中物态转变和能量转换规律的学科。在大量实验事实基础上,基于严密的逻辑推理,热力学建立了系统宏观量之间的关系,具有很好的普遍性和可靠性,能正确说明宏观热现象,也可用于解决液体和固体等其他热力学系统的相关问题。

热力学第一定律是热力学的基本定律之一,是能量守恒定律在热力学问题中的形式。热能可以与其他形式的能量(如机械能、电磁能等)互相转换。

恩格斯在《自然辩证法》中把基于热力学第一定律的能量守恒与转换定律、细胞学说和达尔文进化论并称为19世纪自然科学三大发现。

【内容概要】

1. 功的微观本质与准静态过程

在具有温度差的物体之间,热量总是由高温物体向低温物体传递。

(1) 功的微观本质

外界对系统做功而发生能量交换过程。交换能量有两种方式:做功和热传递。

在热力学中,做功可通过宏观的机械作用、电磁作用或化学作用实现能量转移。

(2) 准静态过程

过程进行中的每一时刻,系统的状态都无限接近于平衡态,它是一种理想化过程。热力学过程是指热力学系统从一个平衡态到另一个平衡态的变化过程。

在准静态过程(无摩擦)中,系统对外所做的体积功为

$$dA = p dV \quad 或 \quad A = \int_{V_1}^{V_2} p dV$$

可以用 p-V 状态图 $V_1 \sim V_2$ 范围曲线下所包围的面积表示。可见,做功不仅与始末状态有关,还与路径有关。功是过程量。

2. 热力学第一定律

外界传递给一个工作物质(工质)系统的热量,一部分变成系统内能增量,另一部分转化为系统对外所做的功。系统总能量是守恒的,能量是可以相互转换的,但只能在系统间相互转换。热力学第一定律表示为

$$Q = E_2 - E_1 + A = \Delta E + A$$

式中,各量的国际单位均为J。Q、ΔE 和 A 的意义及正负号的规定如下。

Q 是系统吸收的热量,$Q>0$,系统吸热;$Q<0$,系统放热。热量也是过程量。

A 是系统对外所做的功,$A>0$,系统对外做功;$A<0$,外界对系统做功。

ΔE 是系统内能的增量,$\Delta E>0$,内能增加;$\Delta E<0$,内能减少。内能 ΔE 为状态函数,其改变只与初始状态有关,与路径(过程)无关。

对一个始末状态无限接近的微小过程,热力学第一定律可写成如下形式:

$$đQ = dE + đA$$

由于热量和功的改变量均与过程有关，不是状态函数，因此，上式中把热量和功的微分用不同符号đ表示，以示区别。热力学第一定律只适用于非敞开系统，即封闭系统。

热力学第一定律是热力学的基本定律之一，也是能量守恒(与转换)定律在热力学问题中的形式。也可表述为，第一类永动机是不可能制成的(因为违背了能量守恒定律)。

第一类永动机是指不通过与外界交换能量(不消耗任何形式的能量)而能够不断做功的机器。

顺便指出，有时能量也采用不同的单位表示，例如，N·m 常用于力学，J 常用于热学，W·s 常用于电学，eV 常用于原子物理和核物理等。能量单位之间可相互转换，是等价的。

以前，热量单位曾使用卡路里(卡，cal)，现在为非法定单位。1 cal≈4.186 J。

3. 热容　绝热指数

(1) 热容

热容是指在不发生相变化和化学变化、不做非膨胀功的条件下，某一物体温度升高 1 K 所需的热量。用公式表示为

$$C=\frac{đQ}{\mathrm{d}T}$$

热容 C 的单位为 $\mathrm{J\cdot K^{-1}}$。1 摩尔物质的热容，称为摩尔热容。

相变时有放热或吸热，但温度却不变，此时热容趋于无穷大，上述定义不再适用。

摩尔等压(定压)热容

$$C_{p,\mathrm{m}}=\frac{1}{\nu}\left(\frac{đQ}{\mathrm{d}T}\right)_p\text{，单位为 J·mol}^{-1}\text{·K}^{-1}$$

摩尔等容(等体，定体，定容)热容

$$C_{V,\mathrm{m}}=\frac{1}{\nu}\left(\frac{đQ}{\mathrm{d}T}\right)_V\text{，单位为 J·mol}^{-1}\text{·K}^{-1}$$

理想气体的两个摩尔热容

$$C_{V,\mathrm{m}}=\frac{i}{2}R,\quad C_{p,\mathrm{m}}=\frac{i+2}{2}R\quad(i\text{ 为理想气体的自由度})$$

理想气体的摩尔热容关系，符合迈耶公式

$$C_{p,\mathrm{m}}-C_{V,\mathrm{m}}=R$$

(2) 绝热指数(泊松比)

绝热指数表示为

$$\gamma=\frac{C_{p,\mathrm{m}}}{C_{V,\mathrm{m}}}=\frac{i+2}{i}$$

$$C_{V,\mathrm{m}}=\frac{i}{2}R=\frac{R}{\gamma-1},\quad C_{p,\mathrm{m}}=\frac{R}{\gamma-1}+R=\frac{\gamma}{\gamma-1}R$$

对单原子分子气体，$i=3$，$\gamma=5/3=1.67$，$C_{V,\mathrm{m}}=1.5R$；对刚性双原子分子气体，$i=5$，$\gamma=7/5=1.40$，$C_{V,\mathrm{m}}=2.5R$；对刚性多原子分子气体，$i=6$，$\gamma=4/3=1.33$，$C_{V,\mathrm{m}}=3R$。

4. 绝热(等熵)过程

绝热过程指物质系统在与外界没有热交换(即绝热系统)的情况下，所进行的各种物理

或化学过程。如封闭系统(杜瓦瓶)中的反应,内燃机气缸内气体的膨胀过程可近似地视为绝热过程。在气象学中,当地面上一团空气升降时,由于体积和压强变化很快,它和四周空气来不及充分交换热量,因此大气中空气的升降过程也可近似地视为绝热过程。

对绝热过程,做功为

$$A = E_1 - E_2 = -\Delta E \quad (Q = 0)$$

对理想气体的准静态绝热过程,有

$$pV^\gamma = \text{常量} \quad \text{(泊松公式,泊松方程)}$$

绝热过程的功为

$$A = \frac{1}{\gamma - 1}(p_1 V_1 - p_2 V_2) \quad \text{或} \quad A = \int_{V_1}^{V_2} p\mathrm{d}V = \int_{V_1}^{V_2} \frac{p_1 V_1^\gamma}{V^\gamma}\mathrm{d}V = \frac{p_1 V_1}{\gamma - 1}\left[1 - \left(\frac{V_2}{V_1}\right)^{\gamma - 1}\right]$$

式中,γ 为绝热指数。在 p-V 状态图上,绝热线比等温线陡,因为 p 的变化还与 T 有关。

对于绝热自由膨胀,理想气体内能不变,温度复原。两条绝热线不可能相交。

为了便于热力学中的分析和计算,还引入了"绝热系统",这是一种理想化模型。实际上,现实中并不存在真正的绝热系统,例如孤立系统。孤立系统与周围环境没有相互作用,必然是绝热系统,因此其总能量守恒。

5. 热力学第一定律在等值过程和绝热过程中的应用

基本的热力过程包括等容过程、等温过程、等压过程和绝热过程。四种过程的比较见表 8-1。

表 8-1 理想气体的四种热力学过程

过 程	等 容	等 压	等 温	绝 热
特征	V=常量	p=常量	T=常量	$Q=0$
过程方程	$\frac{p}{T}$=常量	$\frac{V}{T}$=常量	pV=常量	pV^γ=常量 $TV^{\gamma-1}$=常量 $p^{\gamma-1}T^{-\gamma}$=常量
内能增量 ΔE	$\frac{m}{M}C_{V,\mathrm{m}}(T_2-T_1)$	$\frac{m}{M}C_{V,\mathrm{m}}(T_2-T_1)$	0	$\frac{m}{M}C_{V,\mathrm{m}}(T_2-T_1)$
系统做功 A	0	$p(V_2-V_1)$ 或 $\frac{m}{M}R(T_2-T_1)$	$\frac{m}{M}RT\ln\frac{V_2}{V_1}$ 或 $\frac{m}{M}RT\ln\frac{p_1}{p_2}$	$\frac{m}{M}C_{V,\mathrm{m}}(T_1-T_2)$ 或 $\frac{p_1V_1-p_2V_2}{\gamma-1}$
吸收热量 Q	$\frac{m}{M}C_{V,\mathrm{m}}(T_2-T_1)$	$\frac{m}{M}C_{p,\mathrm{m}}(T_2-T_1)$	$\frac{m}{M}RT\ln\frac{V_2}{V_1}$ 或 $\frac{m}{M}RT\ln\frac{p_1}{p_2}$	0
摩尔热容 C_m	$C_{V,\mathrm{m}}=\frac{i}{2}R$	$C_{p,\mathrm{m}}=C_{V,\mathrm{m}}+R$	∞	0

6. 循环过程

循环过程指物质系统从某一状态出发,经过一系列变化过程又回复到初始状态的全部过程。也就是说,系统经历了一个周期过程——循环过程,简称循环。

(1) 循环的类型

按循环是否全部由可逆过程所组成,可分为可逆循环、不可逆循环两类。按照循环效果的不同,可分为"正循环"(如热机中的循环,热循环)和"逆循环"(如制冷机中的循环,制冷循环;制冷也称致冷)两类。

(2) 循环过程的特点

系统完成一个循环,$\Delta E=0$,其净热量等于净功,即 $Q=A$。

热机中的循环为正循环(顺时针),在 p-V 图上循环过程曲线所包围的面积表示一个循环中系统对外所做的净功。

制冷机中的循环为逆循环(逆时针),在 p-V 图上循环过程曲线所包围的面积表示一个循环中外界对系统所做的净功。

(3) 热机效率与制冷机的制冷系数

热机从高温热库吸热,通过热交换对外做功,向低温热库放热。其效率为

$$\eta=\frac{A}{Q_1}=\frac{Q_1-Q_2}{Q_1}=1-\frac{Q_2}{Q_1}\quad 或 \quad \eta=1-\left|\frac{Q_2}{Q_1}\right|$$

式中,Q_1、Q_2 和 A 均取正值。A 表示循环过程中系统对外所做的净功,Q_1 表示循环过程中系统从外界吸热的总和,Q_2 表示循环过程中系统向外界放热总和的绝对值。

制冷机(也称冷冻机)通过接受外界做功,从低温热库吸热,向高温热库放热。制冷系数为

$$\omega=\frac{Q_2}{A_{\text{ext}}}=\frac{Q_2}{Q_1-Q_2}$$

式中,Q_2 为系统在循环中从低温热源中吸收的热量;A_{ext} 为外界对系统所做的净功;$Q_1=A_{\text{ext}}+Q_2$,为向高温热源释放的总热量。

7. 卡诺循环与效率

卡诺循环以理想气体为做功介质(工作物质,简称工质),由四个准静态过程组成:①等温加热,工质的体积膨胀;②绝热膨胀,工质的温度降低;③等温放热,工质的体积压缩;④绝热压缩,工质的温度升高,并回到开始时的状态,完成一个循环。卡诺循环仅与两个恒温热库(T_1,T_2)进行热交换,为理想的热力循环。

正循环效率为

$$\eta_{\text{C}}=\frac{A}{Q_1}=\frac{Q_1-Q_2}{Q_1}=1-\frac{T_2}{T_1}$$

上式指出了一切热机提高热效率的方向。在热力学理论中,卡诺循环可以在技术上近似地实现。

如果热机只是从高温热库吸热,而不向低温热库放热($Q_2=0$),则 $\eta=100\%$。理论和实验表明,这种只从单一热库吸热,全部转换为做功的热机是不存在的。

逆循环的制冷系数为

$$\omega=\frac{Q_2}{A_{\text{ext}}}=\frac{Q_2}{Q_1-Q_2}=\frac{T_2}{T_1-T_2}$$

制冷系数越大，制冷效果越好。家用电冰箱就是一种制冷机。在低温技术中，主要利用低沸点液体(制冷剂)蒸发时吸收热量的原理以获得低温(低于环境温度)。

前面介绍的热力学温标，就是建立在卡诺定理热交换基础上的。

8. 热力学第一定律的应用

(1) 热力学第一定律的表达式为 $Q=E_2-E_1+A=\Delta E+A$。其中，$Q>0$ 为系统吸热，$Q<0$ 为系统从外界放热；$A>0$ 为系统对外做功，$A<0$ 为外界对系统做功；系统完成一个循环，$\Delta E=0$。

(2) 内能。内能的一般形式为 $E=\frac{i}{2}\nu RT=\frac{i}{2}\cdot\frac{m}{M}RT$，$\Delta E=\nu C_{V,\mathrm{m}}(T_2-T_1)=\frac{i}{2}\nu R\Delta T$。等体过程，$\Delta E=Q$；等温过程，内能无变化，$\Delta E=0$。

(3) 做功。对不同的准静态过程，做功的计算公式也各不相同，但大都与体积有关。等容过程，$A=p\Delta V=0$；等压过程，$A=p(V_2-V_1)=p\Delta V$；等温过程，$A=\nu RT\ln\frac{V_2}{V_1}$；绝热过程，$A=-\frac{1}{\gamma-1}(p_2V_2-p_1V_1)$；必要时，可用理想气体状态方程 $pV=\nu RT$ 进行变量变换。

(4) 传热。可利用摩尔热容计算不同准静态过程的热量。绝热过程，$Q=0$；等压过程，$Q=\nu C_{p,\mathrm{m}}(T_2-T_1)=\nu C_{p,\mathrm{m}}\Delta T$；等容过程，$Q=\nu C_{V,\mathrm{m}}(T_2-T_1)=\nu C_{V,\mathrm{m}}\Delta T$。

(5) 理想气体的摩尔热容

$$C_{V,\mathrm{m}}=\frac{i}{2}R,\quad C_{p,\mathrm{m}}=\frac{i+2}{2}R$$

绝热指数

$$\gamma=\frac{C_{p,\mathrm{m}}}{C_{V,\mathrm{m}}}=\frac{i+2}{i}$$

气体分子自由度 i 与气体种类有关(单原子分子，$i=3$；刚性双原子分子，$i=5$；刚性多原子分子，$i=6$)。

【典型例题】

【例 8-1】 在准静态状态下，1 mol 气体由体积 V_1 等温膨胀为体积 V_2，若其物态方程为 $p(V-b)=RT$(R、b 均为常量)，求这一过程中系统对外界所做的功。

【解】 系统对外界所做的功为

$$A=\int_{V_1}^{V_2}p\mathrm{d}V=\int_{V_1}^{V_2}\frac{RT}{V-b}\mathrm{d}V=RT\ln\frac{V_2-b}{V_1-b}$$

因为 $V_2>V_1$，所以 $A>0$，系统对外界做功，压强降低。

【例 8-2】 质量为 20 g 的氦气为理想气体，由温度 17℃上升到 27℃，气体升温变化时，对下列不同过程进行求解。

(1) 体积保持不变，求气体内能的改变以及吸收的热量；

(2) 压强保持不变，求气体内能的改变，吸收的热量以及气体对外做的功；

(3) 绝热过程,求气体内能的改变以及气体对外做的功。

【解】 温度升高,系统吸收热量。氦为单原子分子,自由度 $i=3$。

(1) 体积保持不变,做功 $A=0$,根据热力学第一定律,有

$$\Delta E = Q = \nu C_{V,\mathrm{m}}(T_2 - T_1) = \frac{m}{M_{\mathrm{mol}}} \cdot \frac{i}{2} R \Delta T = \frac{20}{4} \times \frac{3}{2} \times 8.31 \times 10\ \mathrm{J} = 623\ \mathrm{J}$$

内能增加,吸热。

(2) 压强保持不变,则吸收的热量为

$$Q = \nu C_{p,\mathrm{m}}(T_2 - T_1) = \frac{m}{M_{\mathrm{mol}}} \frac{i+2}{2} R \Delta T = \frac{20}{4} \times \frac{5}{2} \times 8.31 \times 10\ \mathrm{J} = 1.04 \times 10^3\ \mathrm{J}$$

由于内能为 $\Delta E=623$ J,则做功为 $A=Q-\Delta E=417$ J,气体对外界做功。

(3) 绝热过程 $Q=0$,则 $\Delta E=A=623$ J,内能增加,外界对气体做功。

【例 8-3】 如图 8-1 所示,一定量的理想气体经历两个等压和两个绝热过程,完成一个循环。已知 B 点和 C 点温度分别为 T_2 和 T_3,求循环效率。这种循环是否为卡诺循环?

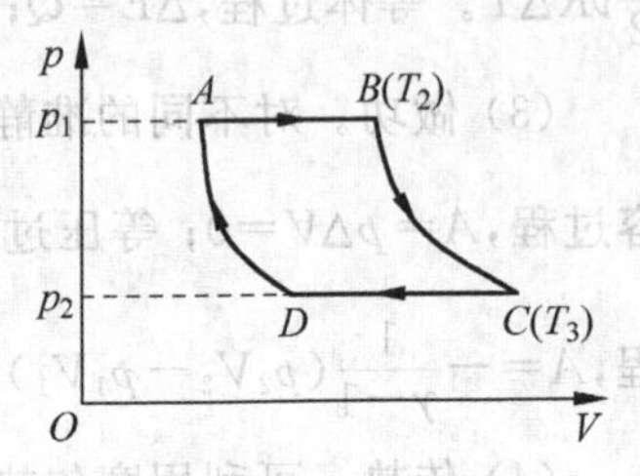

图 8-1 例 8-3 图

【解】 $A \to B$ 为等压膨胀过程,温度升高,吸收热量为

$$Q_1 = \nu C_{p,\mathrm{m}}(T_2 - T_A)$$

$C \to D$ 为等压压缩过程,温度降低,放出热量为

$$Q_2 = \nu C_{p,\mathrm{m}}(T_D - T_3)$$

$B \to C$ 和 $D \to A$ 为绝热过程,热量变化为零。循环效率为

$$\eta = 1 - \left|\frac{Q_2}{Q_1}\right| = 1 - \frac{\nu C_{p,\mathrm{m}}(T_3 - T_D)}{\nu C_{p,\mathrm{m}}(T_2 - T_A)} = 1 - \frac{T_3 - T_D}{T_2 - T_A}$$

式中的 T_D、T_A 为未知量,还需进一步转换。

$B \to C$ 绝热过程,状态方程为

$$p_1^{\gamma-1} T_2^{-\gamma} = p_2^{\gamma-1} T_3^{-\gamma}$$

得

$$\left(\frac{p_2}{p_1}\right)^{\gamma-1} = \left(\frac{T_2}{T_3}\right)^{-\gamma}$$

$D \to A$ 绝热过程,状态方程为

$$p_2^{\gamma-1} T_D^{-\gamma} = p_1^{\gamma-1} T_A^{-\gamma},$$

得

$$\left(\frac{p_2}{p_1}\right)^{\gamma-1} = \left(\frac{T_A}{T_D}\right)^{-\gamma}$$

因而有

$$\frac{T_2}{T_3} = \frac{T_A}{T_D} \quad 或 \quad \frac{T_D}{T_3} = \frac{T_A}{T_2}$$

故

$$\eta = 1 - \frac{T_3 - T_D}{T_2 - T_A} = 1 - \frac{T_3\left(1 - \dfrac{T_D}{T_3}\right)}{T_2\left(1 - \dfrac{T_A}{T_2}\right)} = 1 - \frac{T_3}{T_2}$$

可见，循环效率只与温度有关，但这不是卡诺循环。卡诺循环是由两个绝热过程和两个等温过程构成的。

【例 8-4】 如图 8-2 所示为 1 mol 理想气体的 T-V 状态图，ab 为直线，且其延长线通过原点 O，求 ab 过程气体对外所做的功。

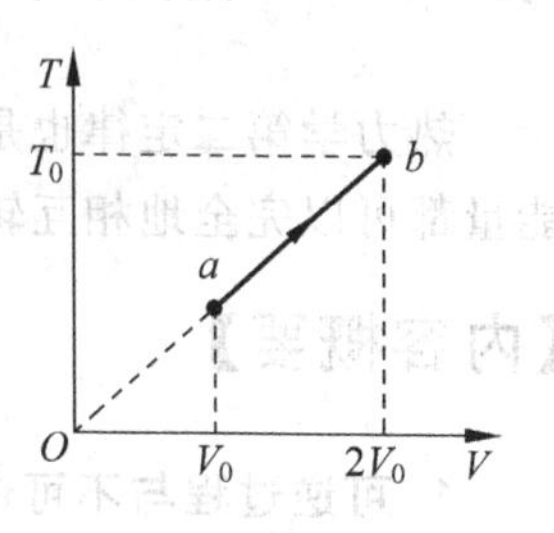

图 8-2 例 8-4 图

【解】 由图可求得 T-V 关系为

$$T=\frac{T_0}{2V_0}V$$

由理想气体的状态方程得

$$p=\frac{\nu RT}{V}$$

则 ab 过程气体对外做功为

$$A=\int_{V_1}^{V_2}p\mathrm{d}V=\int_{V_0}^{2V_0}\frac{\nu R}{V}\cdot\frac{T_0}{2V_0}V\mathrm{d}V=\int_{V_0}^{2V_0}\frac{\nu RT_0}{2V_0}\mathrm{d}V=\frac{\nu RT_0}{2}=\frac{RT_0}{2}$$

善学者尽其理，善行者究其难。

——《荀子·大略》

第9章 热力学第二定律

热力学第二定律也是热力学的基本定律之一。总能量是守恒的，但并不是所有形式的能量都可以完全地相互转换。第二类永动机也是不可能制成的。

【内容概要】

1. 可逆过程与不可逆过程

物质系统从状态A到状态B，再从状态B到状态A往返，系统与外界同时恢复原状而不留下任何变化痕迹，则原过程称为“可逆过程”，否则称为“不可逆过程”。

可逆过程是物理学中的一个重要的理想化模型。自然界不存在严格的可逆过程，但在一些问题中，为便于分析或计算，可把某些实际过程近似当作可逆过程处理。

在可逆过程中，不存在因摩擦使机械能转变为热的损失，也不存在热量从高温物体直接传入低温物体时所引起的做功能力的损失。若不考虑摩擦损失，准静态过程就是可逆过程，为理想模型。

非静态过程是不可逆过程。各种自然的宏观过程都是不可逆的。功热转换、热传导和气体绝热自由膨胀是三个不可逆过程的实例。

2. 热力学第二定律的表述

总能量是守恒的，但并不是所有形式的能量都可以完全地相互转换。

热力学第二定律也是热力学的基本定律之一，是关于实际宏观过程进行的方向和条件的定律。有以下几种不同的表述。

(1) 克劳修斯表述(1850年)

不可能使热量自发地从低温物体传到高温物体而不引起其他变化。或等价表述为，热量不可能自动地从低温物体向高温物体传递。

(2) 开尔文表述(1851年)

任何热力循环发动机不可能将所接受的热量全部转变为机械功；也可以说，不可能制造出第二类永动机。或等价表述为，热能不能完全地转换成机械能或电能；但机械能或电能完全地转换成热能却是可能的。

第二类永动机是指能够从某一热库吸热，在循环中不断对外做功而不产生其他变化的机器，也就是能够把热量完全转换为功的机器。可见，效率100%的热机(第二类永动机)并不违背热力学第一定律，但违背了热力学第二定律，所以是不存在的。

热力学第二定律的两种表述是等价的，若其中一个表述成立，另一个表述也一定成立。反之亦然。有了热力学第二定律，便可判断热力学过程的“可能性”，即可以判断过程的方向，这类问题一般采用反证法解决。例如，两条绝热线是不可能相交的。

热力学第一定律和第二定律是人类在长期大量的实验事实的基础上总结和概括出的规律，不能从其他更基本的定律推导出来。

(3) 熵增加原理表述

孤立系统内实际发生的过程总是使系统的熵增加(即熵增加原理)。

热力学第二定律的实质是,一切与热现象有关的实际宏观过程都是不可逆的。其统计意义是,孤立系统内的自发过程总是从概率小的宏观态向概率大的宏观态进行。

(4) 微观意义

自然过程总是沿着使分子运动更加无序的方向进行。

3. 卡诺定理

在所有工作于两个给定温度之间的循环热机中,可逆卡诺机的效率为最高,只与两热库温度有关,与热机的工作物质无关。由此得出推论,建立卡诺定理:

(1) 所有工作于两个给定温度之间的可逆机,其效率相等,$\eta=1-\dfrac{T_2}{T_1}$。

(2) 工作在相同的高温热库和低温热库之间的一切不可逆热机,其效率一定小于可逆热机的效率。

设 η 和 η' 分别代表可逆热机和不可逆热机的效率,则

$$\eta'=\frac{A'}{Q}\leqslant 1-\frac{T_2}{T_1}$$

式中,Q、A' 分别为系统吸收的热量及其对外做的功;“$=$”适用于可逆热机,“$<$”适用于不可逆热机。η 值一切实际过程热机效率的上限。

卡诺定理是关于热机效率的定理,是热力学第二定律的必然结果。提高热机效率是提高能量品质(品位)的一种有效手段;可资利用的能量越多,表示该能量品质越好。

卡诺循环和卡诺定理为热力学第二定律的熵增加原理及热力学温标的建立起到重要的作用。热力学温标就是建立在卡诺定理有关热交换基础上的。

4. 热力学概率

Ω 表示随机事件 A 发生可能性大小的量,称为此事件的概率,常记为 $P(A)$,其值介于 0 和 1 之间。概率旧称为或然率、机率、几率。

热力学概率是与同一宏观状态对应的可能微观状态数。自然过程沿着向 Ω 增加的方向进行。

平衡态对应于一定宏观条件下 Ω 最大的状态。

*5. 熵和熵增加原理

(1) 熵

为了描述热力学系统状态,判断孤立系统中过程进行的方向,引入熵这一物理量。用 S 表示,单位为 $\mathrm{J\cdot K^{-1}}$。在某些情况下,它的变化确定了过程进行的方向。

一个系统熵的增量 $\mathrm{d}S$ 定义为该系统吸收的热量 $\text{đ}Q$ 与热力学温度 T 的商。即

$$\mathrm{d}S=\frac{\text{đ}Q}{T}$$

孤立系统必然是绝热系统,趋向于以熵最大为特征的平衡态。熵增加是一切物理和化学过程能否实现的判据。

由统计物理学可以证明,熵的大小是状态自发实现可能性的量度,熵越大的状态,实现的可能性越大。例如,将氮、氧两种气体封闭于同一容器中,则氮、氧分开的可能性小,而均匀混合的可能性大;所以,前者的熵小,后者的熵大。

从气体动理论的观点来看,由于分子的热运动,物质系统的分子要从有序趋向混乱。熵变大,即表示分子运动的混乱程度增加。

熵在物理学、化学、冶金学以及生命科学等领域中都有广泛的应用。

(2) 玻耳兹曼熵公式

$$S = k \ln\Omega$$

式中,比例系数 k 为玻耳兹曼常量;Ω 为该宏观态的热力学概率,即该宏观态所对应的微观状态数。

(3) 熵增加原理

热力学系统经一绝热过程,其熵不减少;且当过程可逆时,其熵不变,即 $\Delta S=0$;当过程不可逆时,其熵增加,即 $\Delta S>0$。

或者说,孤立系统内部一切自发过程总是向着熵增加的方向进行,即 $\Delta S>0$。孤立系统必然是绝热系统,所以熵增加原理又可表述为,孤立系统的熵永不减少。

$$\Delta S \geqslant 0 \quad \text{(孤立系统,等号用于可逆过程)}$$

熵增加原理是热力学第二定律的定量表述。按照这一原理,任何使系统的熵减少的过程(如热能转化为机械能,热自低温传向高温)是不能自发实现的。要使这类过程成为可能,必须相应地同时进行一种使外界的熵增加的过程,且熵的增加应在数量上足以补偿其减少的值,从而使总系统(系统与外界)的熵仍然趋向于增大,或至少不变。

根据这一原理,一孤立系统达到平衡态时,其熵取极大值。

(4) 克劳修斯熵公式

熵是系统的平衡态的态函数,表示为

$$\mathrm{d}S = \frac{đQ}{T} \quad \text{(可逆过程)}$$

$$S_2 - S_1 = {}_{\mathrm{rev}}\int_1^2 \frac{\mathrm{d}Q}{T}$$

下标 rev 表示过程是可逆的。

对于不可逆过程,克劳修斯不等式为

$$\mathrm{d}S > \frac{đQ}{T}$$

熵增加原理不只解释了热力学第二定律,更揭示了自然演化的不可逆性,从而使物理学研究进入到了演化物理学的领域。熵概念的提出使人们在认识观念上有了重要变化,形成了一种世界观。目前,熵的概念已被拓展应用于信息论、宇宙论、天体物理及生命科学等领域。

学以治之,思以精之,朋友以磨之,名誉以崇之,不倦以终之,可谓好学也已矣。

——(汉)扬雄《法言·学行》

第3篇 电磁学

电磁学主要研究电磁现象的规律及其应用，研究内容包括静电现象、磁现象、电流现象、电磁场和电磁波(电磁辐射)等。电现象与磁现象总是密不可分的。变化的磁场能激发电场，变化的电场也能激发磁场。

电磁学研究采用归纳法，从几个基本实验规律出发，通过建立模型，定义物理量，数学外推与理论假设，理论预言与实验观察相结合，进行归纳和总结，得出一般规律，形成了完整的理论体系。电磁学是电工学和无线电电子学等的基础。

如果说牛顿把天上、地上的运动规律统一起来，实现了物理学的第一次大综合，那么麦克斯韦则把电、磁和光统一起来，实现了物理学的第二次大综合。麦克斯韦和牛顿把经典物理学理论推至巅峰。

第10章 静电场

观察者相对电荷静止时所观察到的电场称为静电场。相对于静磁现象，静电现象的研究要困难得多，直到第一台摩擦起电机发明后，对静电的研究才迅速开展起来。

静电学是研究静电场性质、实物和静电场的相互作用，以及有关现象和应用等的学科。静电学是电磁学的基础。

【内容概要】

1. 电荷与电荷守恒定律

(1) 电荷量及其量子化

电荷量以前称电量，是物体荷电多少的量度，单位为库仑(库，C)。电子的电荷 e 是电荷量的基本单位，称元电荷；元电荷 $e=1.602\times10^{-19}$ C。习惯上，把带电体简称电荷，如运动电荷、自由电荷等。

自然界有正、负两种电荷，物理学上把玻璃棒与丝绸摩擦后所带的电荷规定为正电荷。

在数值上，带电体的电荷量 q 只能是离散、不连续的，体现了电荷的量子性。即

$$q = ne \quad (n\text{ 为整数})$$

电荷的电荷量与其运动状态无关，体现了相对论不变性。

(2) 电荷守恒定律

在一个与外界不发生电荷交换的孤立系统中，所有正负电荷的代数和保持不变。例如，两个中性物体互相摩擦而一个物体带正电时，另一个物体必然带等量的负电。

电荷守恒定律在宏观现象和微观现象中均成立，对任何惯性参考系都正确，是自然科学中的基本定律之一。

2. 电场线与电场强度

(1) 电场

电场是电荷周围空间的一种特性，传递电荷与电荷之间相互作用的物理场。电荷周围总有电场存在，同时电场对场中其他电荷产生作用力。

(2) 电场线

电场线以前也称为电力线，是用来描述电场分布情况的假想曲线。曲线上各点的切线方向与该点的电场方向一致，曲线的密集程度与该处的电场强度成正比。

在静电场中，电场线不闭合，也不中断，而是由正电荷出发，终止于负电荷，即静电场为有源场(无旋场)。这种场中可引进电势概念，是一种"有势场"(下一章介绍)。

由于电场中每一点只有一个电场方向，所以任何两条电场线都不能相交。

静止电荷周围空间存在着静电场。电荷和观察者有相对运动时，则不仅有电场，还有磁场出现。除电荷可产生电场外，变化的磁场也可产生电场(电磁感应)。

(3) 电场强度

电场强度是表示电场的大小和方向的物理量。某一点的电场方向可用试探电荷(正电荷)在该点所受电场力的方向来确定；电场强度的大小可用这个力和电荷的比值确定：

$$\boldsymbol{E} = \frac{\boldsymbol{F}}{q_0}$$

试探电荷相当于 $q_0 \approx 0$ 的点电荷(体积和电荷量很小)。引入试探电荷可精确地描述空间各点的电场，而对原有电场分布不产生任何影响。点电荷 q 的电场强度为

$$\boldsymbol{E} = \frac{q}{4\pi\varepsilon_0 r^2}\boldsymbol{e}_r$$

式中，ε_0 为真空电容率(也称真空介电常量)，$\boldsymbol{e}_r$ 为位矢方向的单位矢量。电场强度 $\boldsymbol{E}$ 是矢量，单位为 $\mathrm{V \cdot m^{-1}}$，与电压相关，有时也用 $\mathrm{N \cdot C^{-1}}$ 作单位，两者等效。无线电技术中，电磁波的电场强度是交变的，常用有效值表示，因此也以 $\mathrm{mV \cdot m^{-1}}$ 或 $\mu\mathrm{V \cdot m^{-1}}$ 为单位。

(4) 电场强度叠加原理

空间任一点处的总场强等于不同场源单独存在时在该点的场强的矢量和。

对点电荷系，其场强可表示为

$$\boldsymbol{E} = \sum_{i=1}^{n}\boldsymbol{E}_i = \sum_{i=1}^{n}\frac{q_i}{4\pi\varepsilon_0 r_i^2}\boldsymbol{e}_{r_i} = \sum_{i=1}^{n}\frac{q_i}{4\pi\varepsilon_0 r_i^3}\boldsymbol{r}_i$$

式中，r_i 为电荷 q_i 到场中某点的矢径的大小，$\boldsymbol{E}=E\boldsymbol{e}_r$，$\boldsymbol{r}=r\boldsymbol{e}_r$，$\boldsymbol{e}_r$ 为 r 方向上的单位矢量。

对连续分布的带电体，认为其电荷由许多电荷元 $\mathrm{d}q$ 组成，$\mathrm{d}q$ 可看作点电荷，则

$$\boldsymbol{E} = \int \mathrm{d}\boldsymbol{E} = \int \frac{\mathrm{d}q}{4\pi\varepsilon_0 r_i^2}\boldsymbol{e}_r$$

其中，对于均匀分布的连续带电体，线分布、面分布和体分布的电荷元分别为 $\mathrm{d}q=\lambda\mathrm{d}l$，$\mathrm{d}q=\sigma\mathrm{d}S$ 和 $\mathrm{d}q=\rho\mathrm{d}V$，式中，$\lambda$、$\sigma$ 和 ρ 分别为电荷的线密度、面密度和体密度。

电场强度叠加原理也是电磁学中的一个基本原理。

3. 库仑定律

库仑发明了扭秤，基于类比法，用扭秤实验确立了库仑定律。库仑定律是关于两静止点电荷之间相互作用力的定律。其意义是两静止点电荷 q_1、q_2 之间的作用力 F（称为库仑力，也称静电力）与它们电荷量的乘积成正比，与它们之间距离 r 的平方成反比。即

$$\boldsymbol{F}=\frac{1}{4\pi\varepsilon_0}\cdot\frac{q_1 q_2}{r^2}\boldsymbol{e}_r=\frac{1}{4\pi\varepsilon_0}\cdot\frac{q_1 q_2}{r^3}\boldsymbol{r}$$

力的方向沿着电荷的连线，电荷同号时为斥力，异号时为引力。库仑力满足牛顿第三定律。

库仑定律只适用于真空中的点电荷情况，在一定范围内极其精确。对点电荷系或连续带电体，应采用叠加原理或积分法求解。带电体之间的库仑力远远大于其万有引力。

4. 电通量（电场强度通量）

电通量是表征真空（或电介质）中电场分布情况的物理量。通过电场中任一面积元的电通量 $\mathrm{d}\Phi_e$ 等于电场强度 E 在该面积元 $\mathrm{d}S$ 法线方向上的分量与该面积元的乘积：

$$\mathrm{d}\Phi_e=\boldsymbol{E}\cdot\mathrm{d}\boldsymbol{S}=E\cos\theta\mathrm{d}S$$

相当于净穿过电场中该面积元的电场线的条数。式中，θ 为 $\boldsymbol{E}$ 与 $\mathrm{d}\boldsymbol{S}$ 法线方向的夹角。

遍及整个曲面 S 的面积分，即

$$\Phi_e=\iint_S\boldsymbol{E}\cdot\boldsymbol{S}=\iint_S E\cos\theta\mathrm{d}S$$

5. 高斯定理

在真空静电场中，通过任意闭合面的电通量，等于该闭合面所包围电荷的代数和的 $1/\varepsilon_0$ 倍。即

$$\Phi_e=\oint_S\boldsymbol{E}\cdot\mathrm{d}\boldsymbol{S}=\frac{1}{\varepsilon_0}\sum_i q_i^{\mathrm{in}}$$

闭合面内的电荷对总电通量才有贡献。高斯定理表明，静电场为有源场。

高斯定理把库仑定律推广到连续分布的电荷所产生的场，比库仑定律更具一般性。

对电场分布具有某种对称性的静电场，可方便地计算场强。例如：

均匀带电球面：球内 $\boldsymbol{E}=0$，球外 $\boldsymbol{E}=\dfrac{q}{4\pi\varepsilon_0 r^2}\boldsymbol{e}_r$

均匀带电球体：球内 $\boldsymbol{E}=\dfrac{qr}{4\pi\varepsilon_0 R^3}\boldsymbol{e}_r=\dfrac{\rho r}{3\varepsilon_0}\boldsymbol{e}_r$，球外 $\boldsymbol{E}=\dfrac{q}{4\pi\varepsilon_0 r^2}\boldsymbol{e}_r$

无限长均匀直线带电体：$E=\dfrac{\lambda}{2\pi\varepsilon_0 r}$，方向与带电导线垂直

无限大均匀带电平面体：$E=\dfrac{\sigma}{2\varepsilon_0}$，方向与带电体平面垂直

6. 导体的静电平衡与静电屏蔽

(1) 静电感应

导体因受附近带电体的影响，而在其表面的不同部分出现可移动的正负电荷的现象称为静电感应。

一般地，在导体附近带电体的电场作用下，导体中的自由电子进行重新分布，使导体内的电场随之变化，其强度减小直至零为止，导致靠近带电体的一端出现与它异号的电荷，另一端出现与它同号的电荷。如果导体原来不带电，则两端带电的数量相等；否则，两端电荷量的代数和应与导体原带电荷量相同。如法拉第冰桶实验。

导体中存在可自由运动的电荷——传导电子。等离子体也是导体，可移动的电荷为电子和带正电的离子。电解质也是导体，可移动的电荷为正负离子。对非导体，原子或分子中电荷分离而形成电偶极子的现象，称为极化(参见第12章)。

(2) 静电平衡

如果一带电体系的电荷静止不动，其电场分布就不随时间变化，则该带电体系达到静电平衡。导体上的电荷与电场之间相互作用，也会相互制约而达到平衡。

静电场中的导体静电平衡条件：内部电场 $\boldsymbol{E}_{\text{in}}=\mathbf{0}$(内部电荷 $q_{\text{in}}=0$)，表面电场 $\boldsymbol{E}_{\text{sur}}$ 垂直于导体表面；或者说，导体是一个等势体。这是带电体系所处的一种状态。

静电场中的导体静电平衡性质：电荷只分布在导体表面，导体内部无净电荷；导体表面电荷分布为 $\sigma=\varepsilon_0 E_{\text{sur}}$，在曲率大的地方，$\sigma$ 大。即导体表面的电场强度 E_{sur} 为

$$E_{\text{sur}}=\frac{\sigma}{\varepsilon_0}$$

(3) 静电屏蔽

为了避免外界静电场和电设备之间的相互影响，或者静电场对非电设备的影响，把这些设备放在接地的封闭或近乎封闭的金属罩(金属壳或金属丝网)内的措施，称为静电屏蔽。这样的金属罩称为"静电屏"。

或者说，导体空腔内部电场不受腔外电荷产生的静电场影响；导体空腔内的静电场对外界也不产生影响。其中，这里的空腔相当于接地的封闭或近乎封闭的导体罩。

7. 电场对电荷的作用力

电场 $\boldsymbol{E}$ 对电荷 q(带电粒子)有力的作用，其作用力就是电场力，即 $\boldsymbol{F}=q\boldsymbol{E}$。

在已知电场分布的情况下，带电粒子所受的作用力与带电粒子的速率无关。

8. 静电场中求电场强度的方法

静电场问题主要为电场强度的计算。求电场强度通常有以下几种方法。

(1) 利用叠加原理求电场强度

求电荷系在空间上某点的电场强度，一般采用叠加原理。由于电场强度为矢量，计算时，应注意其矢量性，并指明其方向。

求连续带电体在空间中某点的电场强度，其基本步骤如下。

① 建立合适的坐标系，在带电体上选取恰当的电荷元 $\mathrm{d}q$；对线分布、面分布和体分布情况，电荷元分别为 $\mathrm{d}q=\lambda\mathrm{d}l$，$\mathrm{d}q=\sigma\mathrm{d}S$ 和 $\mathrm{d}q=\rho\mathrm{d}V$。

② 明确 $\mathrm{d}q$ 产生的电场强度的方向，写出 $\mathrm{d}q$ 贡献的电场强度表达式 $\boldsymbol{E}=\int\mathrm{d}\boldsymbol{E}=\int\frac{\mathrm{d}q}{4\pi\varepsilon_0 r_i^2}\boldsymbol{e}_r$，通常分别写成分量式，用标量计算。

③ 对上述分量式，明确积分上下限范围，进行积分计算，最后求出该点的合场强大小和

方向。对某些具有对称性的均匀带电体,利用对称性有利于简化计算过程。

(2) 利用高斯定理求电场强度

对某些具有对称性的均匀带电体,用高斯定理求电场强度较为简便。步骤如下。

① 分析带电体的几何对称性。

② 在待求点选取合适的闭合面(高斯面),以便于积分计算,作为选取原则。

③ 计算高斯面上的电通量,以及高斯面所包围电荷的代数和,应用高斯定理求解电场强度,并指出其方向。

(3) 利用电场强度与电势梯度的关系求电场强度

下一章介绍(略)。

【典型例题】

【例 10-1】 如图 10-1 所示,长为 L 的直细棒带有一定的电荷量,其电荷线密度 λ 与长度 x 成正比,即 $\lambda=bx$(b 为正常量,O 为 x 轴的起点),求直细棒延长线外(沿 λ 增大方向)距离棒一端为 d 的 P 点的电场强度。

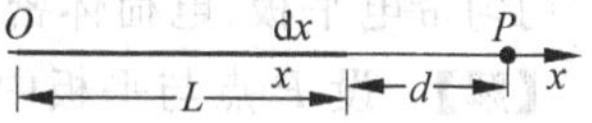

图 10-1 例 10-1 图

【解】 以直细棒一端的端点为坐标原点 O,直细棒为 x 轴,建立 Ox 坐标系。

取距离 O 点 x 处线元 $\mathrm{d}x$,其电荷量 $\mathrm{d}q=\lambda\mathrm{d}x=bx\mathrm{d}x$,在 P 点产生的电场强度为

$$\mathrm{d}E_P=\frac{1}{4\pi\varepsilon_0}\cdot\frac{\mathrm{d}q}{(L+d-x)^2}=\frac{1}{4\pi\varepsilon_0}\cdot\frac{bx\,\mathrm{d}x}{(L+d-x)^2}$$

积分得

$$E_P=\int_L\mathrm{d}E_P=\frac{b}{4\pi\varepsilon_0}\int_0^L\frac{x\mathrm{d}x}{(L+d-x)^2}$$

$$=\frac{b}{4\pi\varepsilon_0}\int_0^L\left[\frac{L+d}{(L+d-x)^2}-\frac{1}{L+d-x}\right]\mathrm{d}x=\frac{b}{4\pi\varepsilon_0}\left(\frac{L}{d}+\ln\frac{d}{L+d}\right)$$

方向沿 Ox 轴正方向。

讨论:①当 $L\to 0$ 时,$\lambda\to 0$,则 $E_P=0$;而 $\ln\dfrac{d}{L+d}\approx-\dfrac{L}{d}$,因此 $E_P=0$,与结果相符。②若 λ 与 x 无关,直细棒为均匀带电体,可自行求 E_P,选取 P 为坐标原点计算较为简单。

【例 10-2】 如图 10-2 所示,半径为 R 的半圆周形细棒分为相互绝缘的上下等量两段,上半段均匀带电荷量 $+q$,下半段均匀带电荷量 $-q$,求该半圆带电体在圆心处产生的电场强度。

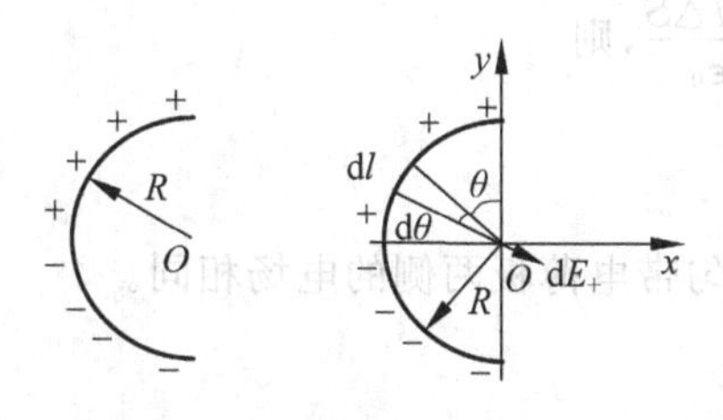

图 10-2 例 10-2 图

【解】 以圆心为原点,建立 Oxy 直角坐标系,如图所示。

由对称性可知,$+q$ 和 $-q$ 在 O 点的电场强度沿 x 轴的分量之和为零。在上半段圆弧上取线元 $\mathrm{d}l$,对应于圆心的扇形角度为 $\mathrm{d}\theta$,其所带电荷元为

$$\mathrm{d}q=\lambda\mathrm{d}l=\frac{q}{\frac{1}{2}\pi R}\mathrm{d}l=\frac{2q}{\pi R}R\,\mathrm{d}\theta=\frac{2q}{\pi}\mathrm{d}\theta$$

$\mathrm{d}q$ 在圆心产生的电场强度为 $\mathrm{d}E_+=\dfrac{1}{4\pi\varepsilon_0}\cdot\dfrac{\mathrm{d}q}{R^2}$，方向如图所示。在 y 方向的分量为

$$\mathrm{d}E_{+y}=-\frac{1}{4\pi\varepsilon_0}\cdot\frac{\mathrm{d}q}{R^2}\cos\theta=-\frac{q\mathrm{d}\theta}{2\pi^2\varepsilon_0 R^2}\cos\theta$$

积分得

$$E_{+y}=-\frac{q}{2\pi^2\varepsilon_0 R^2}\int_0^{\frac{\pi}{2}}\cos\theta\mathrm{d}\theta=-\frac{q}{2\pi^2\varepsilon_0 R^2}$$

由对称性可知，半圆圆心处电场强度大小为

$$E=E_{+y}+E_{-y}=2E_{+y}=-\frac{q}{\pi^2\varepsilon_0 R^2}$$

负号表示 E 的方向与 Oy 相反，或写成 $\boldsymbol{E}=-E\boldsymbol{j}$ 形式。

讨论：若半圆周形细棒所带电荷为 $2q$（上下两段均带同号等量电荷），情况又如何？

【例 10-3】 如图 10-3 所示，在纸面上有一厚度为 d 的“无限大”均匀带电平板，电荷体密度为 ρ，求平板内外 P 点的电场分布。

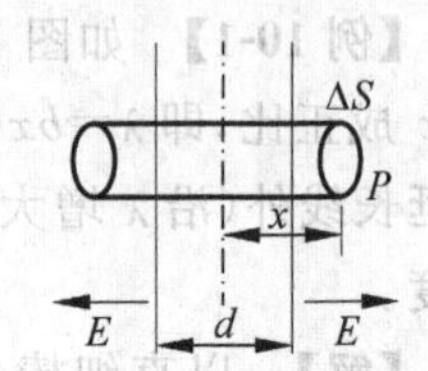

图 10-3 例 10-3 图

【解】 设 P 点与平板中线的垂直距离为 x，选取一个其轴垂直于带电平板的圆筒式对称封闭面作为高斯面，待求电场强度的 P 点位于圆筒一个底面上，如图所示。

设圆筒底面积为 ΔS，根据对称性，高斯面侧面与平板平面垂直，即侧面的电通量为零。根据高斯定理，只要计算通过两底面的电通量即可。

平板内 $x<\dfrac{d}{2}$，$\Phi_{e1}=\oint_S \boldsymbol{E}_1\cdot\mathrm{d}\boldsymbol{S}=2E\Delta S$，高斯面内电荷

$$\sum q_{in}=\rho\Delta V=2\rho x\Delta S$$

根据高斯定理，$\oint_S \boldsymbol{E}\cdot\mathrm{d}\boldsymbol{S}=\dfrac{1}{\varepsilon_0}\sum q_{in}$，有 $2E_1\Delta S=2\times\dfrac{\rho x\Delta S}{\varepsilon_0}$，则

$$E_1=\frac{\rho}{\varepsilon_0}x$$

平板外 $x>\dfrac{d}{2}$，$\Phi_{e2}=\oint_S \boldsymbol{E}_2\cdot\mathrm{d}\boldsymbol{S}=2E_2\Delta S$，高斯面内电荷

$$\sum q_{in}=\rho\Delta V=\rho d\Delta S$$

根据高斯定理，$\oint_S \boldsymbol{E}\cdot\mathrm{d}\boldsymbol{S}=\dfrac{1}{\varepsilon_0}\sum q_{in}$，有 $2E_2\Delta S=\dfrac{\rho d\Delta S}{\varepsilon_0}$，则

$$E_2=\frac{\rho d}{2\varepsilon_0}$$

讨论：若 $d\to 0$，则 $\rho d=\sigma$（电荷面密度），与无限大均匀带电薄板两侧的电场相同。

少壮不努力，老大徒伤悲。

——《汉乐府·长歌行》

第 11 章　电势

电荷所产生的电场中,电场线由正电荷出发,终止于负电荷,为不闭合的曲线,这种场中可引进电势概念,是一种"有势场"。或者说,静电力是保守力,以保守力相互作用的物体系具有势能。

【内容概要】

1. 静电场的保守场特征

(1) 静电场力做功的特点

电荷 q_0 在 q 产生的静电场中,从 P_1 点沿任意路径移到 P_2 点,电场对 q_0 做功为

$$A = q_0\int_{(P_1)}^{(P_2)} \boldsymbol{E} \cdot \mathrm{d}\boldsymbol{r} = q_0\int_{r_1}^{r_2} \frac{q}{4\pi\varepsilon_0 r^2}\mathrm{d}r = \frac{q_0 q}{4\pi\varepsilon_0}\left(\frac{1}{r_1} - \frac{1}{r_2}\right)$$

上式表明,静电场力所做的功与路径无关,只与路径的始末位置有关。这说明静电场力为保守力,即静电场是保守力场。

(2) 静电场的环路定理

在静电场中,电场强度沿任意闭合路径的线积分等于零。即

$$\oint_L \boldsymbol{E} \cdot \mathrm{d}\boldsymbol{r} = 0$$

这也是静电场的保守场特征的另一种表达式,揭示了静电场是无旋场(保守力场)。

2. 电势差与电势

根据静电场做功的特点,可知静电场是一种"有势场",可引入"电势"或"势"的概念。

电势也称电位,是描述电场的另一个物理量,为标量,单位为伏特(伏,V)。电势差也称电位差,在直流电路中又称电压。

(1) 电势差(电位差)

电势差是指静电场中或直流电路中两点间电势的差值,等于电场力使单位正电荷从一点移动到另一点时所做的功。

设 U_M、U_N(有时也用 φ_M、φ_N)分别表示 M、N 点电势,根据电荷 q 产生的静电场对 q_0 做功的关系,定义 M、N 两点的电势差 U_{MN}(也用 φ_{MN})为

$$U_{MN} = U_M - U_N = \frac{A}{q_0} = \int_{(M)}^{(N)} \boldsymbol{E} \cdot \mathrm{d}\boldsymbol{r}$$

$$U_{MN} = U_M - U_N = \int_{r_M}^{r_N} \frac{q}{4\pi\varepsilon_0 r^2}\mathrm{d}r = \frac{q}{4\pi\varepsilon_0}\left(\frac{1}{r_M} - \frac{1}{r_N}\right)$$

(2) 电势(电位)

电势是描述电场的另一个物理量,是位置的标量函数。在静电场中,某点的电势 U_P(或 φ_P)等于单位正电荷 q 在该点时所具有的势能 qU_P(或 $q\varphi_P$)。

设 P_0 点的电势为零(即电势零点),则 P 点电势 U_P(或 φ_P)定义为

$$U_P = \frac{A_P}{q_0} = \int_{(P)}^{(P_0)} \boldsymbol{E} \cdot \mathrm{d}\boldsymbol{r} \quad (P_0 \text{ 为电势零点})$$

电势零点的选取是任意的。对有限带电体，一般选无限远为电势零点($U_\infty=0$)，则

$$U_P=\int_r^\infty \boldsymbol{E}\cdot\mathrm{d}\boldsymbol{r}$$

实际中，常取地球表面大地、仪器外壳等为电势零点。故某点的电势在数值上也等于单位正电荷从该点移到无限远(或地面)时电场力对它做的功。若为负功，电势取负值。

对无限大均匀分布带电体，通常在有限的范围内选取某点为电势的零点，以方便计算。

(3) 电势叠加原理

静电场做功与所经路径无关，所以电场中各点的电势各有一定的数值。空间中的电势满足叠加原理。即

$$U=\sum_i U_i \quad 或 \quad U=\int \mathrm{d}U=\int\frac{\mathrm{d}q}{4\pi\varepsilon_0 r}$$

(4) 电势能(电位能)

在静电场的保守力场中，物质系统由于各物体之间(或物体内各部分之间)存在保守力的相互作用而具有的能量称为电势能，也称电位能。空间中各点的电势能为

$$A_P=qU_P=q\int_{(P)}^{(P_0)}\boldsymbol{E}\cdot\mathrm{d}\boldsymbol{r}\quad(P_0\text{ 为电势零点},A_{P_0}=0)$$

不同点处的势能是相对于势能零点而言的。若要定出各点势能的绝对值，应先规定标准的势能零点。

(5) 电场力的功

$$A_{ab}=q(U_a-U_b)=A_1-A_2=q\int_{(a)}^{(b)}\boldsymbol{E}\cdot\mathrm{d}\boldsymbol{r}$$

3. 点电荷的电势

设电势零点默认为无穷远，则有

点电荷的电势

$$U=\frac{q}{4\pi\varepsilon_0 r}$$

点电荷系的电势

$$U=\sum_i\frac{1}{4\pi\varepsilon_0}\cdot\frac{q_i}{r_i}$$

电荷连续分布带电体的电势

$$U=\int\frac{\mathrm{d}q}{4\pi\varepsilon_0 r}\quad(\text{电荷元 }\mathrm{d}q=\lambda\mathrm{d}l,\text{或 }\mathrm{d}q=\sigma\mathrm{d}S,\text{或 }\mathrm{d}q=\rho\mathrm{d}V)$$

4. 电场强度与电势关系　电势的计算

(1) 电场强度与电势的关系

$$\boldsymbol{E}=-\operatorname{grad}U=-\nabla U=-\left(\frac{\partial U}{\partial x}\boldsymbol{i}+\frac{\partial U}{\partial y}\boldsymbol{j}+\frac{\partial U}{\partial z}\boldsymbol{k}\right)\quad(\text{微分关系})$$

$$U=\int_{(P)}^{(P_0)}\boldsymbol{E}\cdot\mathrm{d}\boldsymbol{r}\quad(\text{积分关系},P_0\text{ 为电势零点})$$

(2) 利用电势的定义式求电势

先求出 E 的表达式，再选取合适的积分路径计算积分。

$$U = U_P - U_{P0} = \int_{(P)}^{(P_0)} \boldsymbol{E} \cdot \mathrm{d}\boldsymbol{r}$$

对有限大的均匀带电体，选无限远为电势零点。对无限大的带电体，根据需要进行选择。

(3) 利用点电荷电势的叠加原理求电荷连续体的电势

$$U = \frac{1}{4\pi\varepsilon_0}\int \frac{\mathrm{d}q}{r}$$

由电荷连续体选取电荷元 $\mathrm{d}q$（线分布 $\mathrm{d}q=\lambda \mathrm{d}l$，面分布 $\mathrm{d}q=\sigma \mathrm{d}l$，体分布 $\mathrm{d}q=\rho \mathrm{d}l$），写出积分一般式，再进行计算。

5. 等势面(等位面)

在静电场中，电势相等的各点连成的面就是等势面。通常每隔一定值的电势画一等势面，利用等势面可直观地描述电场分布情况。场强较大的地方等势面较密集，场强较小的地方等势面较长稀疏。

静电场中任何导体(包括地球在内)的表面都是等势面；导体内部不存在电场，同时也是一个等势体。电荷沿等势面移动时，电场对它不做功，电场方向与等势面始终互相垂直，并指向电势降低方向。

6. 静电场的能量

为了描述电场所具有的能量，引入电场能量密度，即单位体积所具有的电场能量。

电场中各点的电场能量密度 w_e 正比于该点电场强度的平方，即

$$w_e = \frac{1}{2}\varepsilon_0 E^2$$

电场的总能量为

$$W_e = \int_V w_e \mathrm{d}V$$

7. 电势的计算方法和例子

已知场源(电荷)分布，求空间的电势分布，有两种常见的计算方法：电势定义法(电场强度线积分法)和叠加法。

(1) 电势定义法(电场强度线积分法)

$$U_P = \int_{(P)}^{(P_0)} \boldsymbol{E} \cdot \mathrm{d}\boldsymbol{r} \quad (\text{积分关系}, P_0 \text{ 为电势零点})$$

若无限远为电势零点，则 P 点的电势为

$$U_P = \int_{(P)}^{\infty} \boldsymbol{E} \cdot \mathrm{d}\boldsymbol{r}$$

(2) 叠加法

点电荷系

$$U = \sum_i U_i = \sum_i \frac{1}{4\pi\varepsilon_0} \cdot \frac{q_i}{r_i}$$

连续带电体的电势

$$U = \int \mathrm{d}U = \int \frac{\mathrm{d}q}{4\pi\varepsilon_0 r}$$

通常建立适当的坐标系，取电荷元 dq，写出 dU，再由叠加原理计算积分。

电势是标量，若已求出电势表达式，由电场强度与电势的梯度关系计算电场强度可简化计算。表 11-1 所示为求 E、U 方法小结以及典型电场。

表 11-1 求 E、U 方法小结与典型电场

计算场强方法	计算电势方法
点电荷场的电场强度及叠加原理 $\boldsymbol{E}=\sum_i \frac{Q_i\boldsymbol{r}}{4\pi\varepsilon_0 r_i^3}$ （分立，电荷系） $\boldsymbol{E}=\int_Q \frac{\boldsymbol{r}\mathrm{d}Q}{4\pi\varepsilon_0 r^3}$ （连续带电体）	点电荷场的电势及叠加原理 $U=\sum_i \frac{Q_i}{4\pi\varepsilon_0 r_i}$ （分立） $U=\int_Q \frac{\mathrm{d}Q}{4\pi\varepsilon_0 r}$ （连续带电体）
根据 U 与 E 的关系，由 U 求 E： $-\nabla U=\boldsymbol{E},-\frac{\partial U}{\partial x}=E_x$	根据电势的定义，由 E 求 U： $U_P=\int_{(P)}^{(P_0)} \boldsymbol{E}\cdot \mathrm{d}\boldsymbol{r}$ （$U_{P0}=0$）
典型电场的场强	**典型电场的电势**
均匀带电球面（高斯定理适合于场具有对称性情况） $\boldsymbol{E}=0$ （$r<R$，球面内） $\boldsymbol{E}=\frac{q\boldsymbol{r}}{4\pi\varepsilon_0 r^3}$ （$r>R$，球面外） $\boldsymbol{E}=\frac{q}{8\pi\varepsilon_0 R^2}\boldsymbol{e}_r$ （$r=R$）	均匀带电球面 $U=\frac{q}{4\pi\varepsilon_0 R}$ （$U_\infty=0$） $U=\frac{q}{4\pi\varepsilon_0 r}$ （$U_\infty=0$）
无限长直线均匀带电体 $E=\frac{\lambda}{2\pi\varepsilon_0 r}$，方向垂直于直线	无限长直线均匀带电体 $U=\frac{\lambda\ln\frac{a}{r}}{2\pi\varepsilon_0}$ （$U_B=0$）
无限大平面均匀带电体 $E=\frac{\sigma}{2\varepsilon_0}$， 方向垂直于平面	无限大平面均匀带电体 $U=Ed=\frac{\sigma}{2\varepsilon_0}d$ （$U_B=0$）
静电场是无旋场（保守力场）、有源场	

【典型例题】

【例 11-1】 两块无限大的均匀带电平面薄板的电荷面密度分别为 $+\sigma$ 和 $-\sigma$，薄板相距 $2a$，且平行放置，如图 11-1 所示。设两薄板间中点 O 处电势为零，求空间的电势分布。

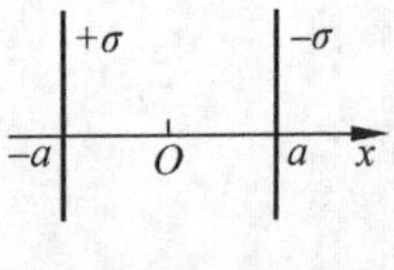

$+\sigma$ $-\sigma$ $-a$ O a x

图 11-1 例 11-1 图

【解】 以两薄板中间 O 为原点，与薄板平面垂直线为 x 轴，建立 Ox 坐标系，则两薄板与 x 轴分别相交于 $x_1=-a$ 和 $x_2=a$。空间的电场强度分布为

$$\begin{cases}\boldsymbol{E}_1=\boldsymbol{0} & (x<-a)\\ \boldsymbol{E}_2=\frac{\sigma}{\varepsilon_0}\boldsymbol{i} & (a>x>-a)\\ \boldsymbol{E}_3=\boldsymbol{0} & (x>a)\end{cases}$$

选取 x 轴上距离 O 点为 x 的点 P（设 $x=0$ 处 $U=0$），则空间的电势分布如下。

当 $x<-a$ 时：

$$U_1 = \int_{(P)}^{(U=0)} \boldsymbol{E} \cdot \mathrm{d}\boldsymbol{r} = \int_x^0 \boldsymbol{E} \cdot \mathrm{d}\boldsymbol{r} = \int_x^{-a} \boldsymbol{E}_1 \cdot \mathrm{d}\boldsymbol{r} + \int_{-a}^0 \boldsymbol{E}_2 \cdot \mathrm{d}\boldsymbol{r} = \frac{\sigma}{\varepsilon_0} a$$

当 $-a<x<a$ 时：

$$U_2 = \int_{(P)}^{(U=0)} \boldsymbol{E} \cdot \mathrm{d}\boldsymbol{r} = \int_x^0 \boldsymbol{E}_2 \cdot \mathrm{d}\boldsymbol{r} = \int_x^0 \frac{\sigma}{\varepsilon_0} \mathrm{d}r = -\frac{\sigma}{\varepsilon_0} x$$

当 $x>a$ 时：

$$U_3 = \int_{(P)}^{(U=0)} \boldsymbol{E} \cdot \mathrm{d}\boldsymbol{r} = \int_x^0 \boldsymbol{E} \cdot \mathrm{d}\boldsymbol{r} = \int_x^a \boldsymbol{E}_3 \cdot \mathrm{d}\boldsymbol{r} + \int_a^0 \boldsymbol{E}_2 \cdot \mathrm{d}\boldsymbol{r} = \int_a^0 \frac{\sigma}{\varepsilon_0} \mathrm{d}r = -\frac{\sigma}{\varepsilon_0} a$$

讨论：若平板两个电极的电荷面密度分别为 $+2\sigma$ 和 $-\sigma$，如何求解？

【例 11-2】 如图 11-2 所示，电荷线密度为 λ 的均匀带电细棒弯折成两段，其中 abc 为半径为 R 的半圆周，cd 为直线段，且 $cd=R$，求：(1)半圆周上电荷在半圆圆心 O 处产生的电势；(2)直细棒 cd 在半圆圆心 O 处产生的电势；(3)O 处的总电势。

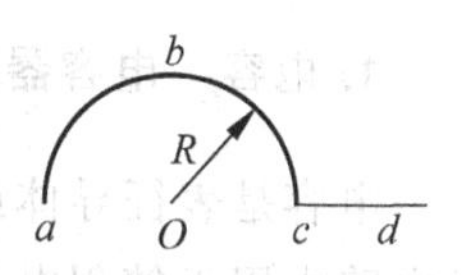

图 11-2 例 11-2 图

【解】 (1) 在半圆周上取线元 $\mathrm{d}l$，电荷元为 $\mathrm{d}q=\lambda \mathrm{d}l=\lambda R \mathrm{d}\theta$，则半圆周上电荷在 O 处产生的电势为

$$U_1 = \int \frac{\mathrm{d}q}{4\pi\varepsilon_0 R} = \int_0^{\pi} \frac{\lambda R\,\mathrm{d}\theta}{4\pi\varepsilon_0 R} = \frac{\lambda}{4\varepsilon_0}$$

(2) 在 cd 上距 O 点为 r 处取线元 $\mathrm{d}l$，得 $\mathrm{d}q=\lambda \mathrm{d}l$，$cd$ 棒上电荷在 O 处产生的电势为

$$U_2 = \int \frac{\mathrm{d}q}{4\pi\varepsilon_0 r} = \int \frac{\lambda \mathrm{d}r}{4\pi\varepsilon_0 r} = \int_R^{2R} \frac{\lambda \mathrm{d}r}{4\pi\varepsilon_0 r} = \frac{\lambda}{4\pi\varepsilon_0} \ln 2$$

(3) 根据电势叠加原理，总电势为

$$U_0 = U_1 + U_2 = \frac{\lambda}{4\pi\varepsilon_0}(\pi + \ln 2)$$

【例 11-3】 求无限长的均匀带电直导线外任意一点 P 处的电势（设电荷线密度为 λ）。

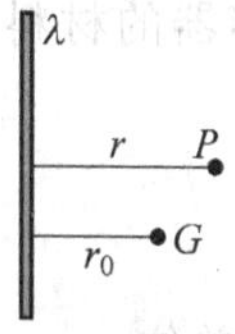

【解】 由于带电导体为无限长，故不能选择无限远为零电势点。

如图 11-3 所示，取场中任一点 G（距导线为 r_0）为电势零点，$U_{G(r=r_0)}=0$，则任一点 P 的电势为

图 11-3 例 11-3 图

$$U_P = \int_r^{r_G} \boldsymbol{E} \cdot \mathrm{d}\boldsymbol{r} \quad (r<r_0 \text{ 或 } r>r_0)$$

由高斯定理，无限长均匀带电直导线外任一点场强为 $E=\dfrac{\lambda}{2\pi\varepsilon_0 r}$，则 P 点电势为

$$U_P = \int_r^{r_0} \boldsymbol{E} \cdot \mathrm{d}\boldsymbol{r} = \int_r^{r_0} \frac{\lambda}{2\pi\varepsilon_0 r} \mathrm{d}r = \frac{\lambda}{2\pi\varepsilon_0} \ln r \Big|_r^{r_0} = \frac{\lambda}{2\pi\varepsilon_0}(\ln r_0 - \ln r)$$

当选择 $r_0=1\ \mathrm{m}$ 时，P 点电势有较简形式，即

$$U_P = -\frac{\lambda}{2\pi\varepsilon_0} \ln r$$

讨论：电势零点不同，电势表达式也不同。任意两点的电势之差与电势零点选择无关；选择合适的电势零点，可使电势表达式具有较简形式。

良药苦口利于病，忠言逆耳利于行。

——(汉)司马迁《史记·留侯世家》

第12章 电容器和电介质

一些不导电物质和某些半导体都是很好的电介质。电介质可用作电容器的介质、特殊的电介质器件(如压电晶体),以及电气绝缘材料等。电介质中的电场用电位移矢量表示,可方便描述问题和简化计算。

【内容概要】

1. 电容 电容器及其连接

电容是表征导体或导体系由于带电而引起本身电势改变的物理量。电容器简称电容,是电路中用于储积电荷的基本电子元件,由用电介质隔开的两组金属箔或金属膜电极片组成。电容器的电容定义为

$$C=\frac{q}{U_{AB}}$$

平行板电容器的电容为

$$C=\frac{\varepsilon_0\varepsilon_r S}{d}$$

式中,d 为两组金属电极片的间距;$\varepsilon=\varepsilon_0\varepsilon_r$,为电介质电容率(或介电常量);$\varepsilon_r$ 为电介质的相对电容率(也称相对介电常数),为大于1的数。对于空气,$\varepsilon_r\approx1$;其他电介质,$\varepsilon_r>1$。

电介质是引入电场中的绝缘体。相对电容率大小通常随温度和介质中传播的电磁波的频率不同而变化。选用相对电容率较大的电介质,如陶瓷等,作为制造电容器的材料,有利于减小电容器的体积和质量。

串联电容组合,$\frac{1}{C}=\sum\limits_i\frac{1}{C_i}$;并联电容组合,$C=\sum\limits_i C_i$。

电容的单位为法拉(法,F),F是非常大的单位,一般常以 μF、nF、pF 为单位。

当电容器通过高频交流电压时,其效果相当于短路,即交流短路。

莱顿瓶是一种旧式电容器,其构造为一圆柱形玻璃瓶,内外各贴有金属箔作为板极。因最先在荷兰莱顿试用,故名。

2. 电容器的能量

$$W_e=\frac{1}{2}\cdot\frac{Q^2}{C}=\frac{1}{2}CU^2=\frac{1}{2}QU$$

3. 电介质及其对电场的影响

(1) 静电场中的电介质

电介质基于束缚电荷极化来显示、传递电作用,而并不依靠自由电子传导。一些不导电物质和某些半导体都是很好的电介质。

（2）电介质极化（电极化）

在外电场作用下，电介质表面或存在束缚于分子内部的电荷将作微观位移而产生极化电荷形成偶极子的现象，称为电介质极化。介质会因发生电极化而产生束缚电荷，使电场受到影响，形成具有一定取向的电偶极矩。

例如，把电介质放入电容器板极之间，即使电容器的电压是固定的，板极上的电荷也会变化，使电容量发生变化。因为插入的电介质被极化了，电容量与板极间的电场变化有关。

电偶极子是由两个相距极近、等量而异号的点电荷所组成的系统。两个点电荷称为极。电偶极子的偶极矩简称电矩，等于一个电荷的电荷量 q 和两电荷之间距离的乘积，即

$$\boldsymbol{p} = q\boldsymbol{l}$$

它为矢量，其方向由负电荷指向正电荷。单位为 C·m。在均匀电场中，电偶极子受到力矩作用，使之沿电场方向取向。在较远处，电偶极子表现为电中性。

（3）介质内部的场强

对均匀电介质充满电场的空间，介质内部的场强为

$$E = \frac{E_0}{\varepsilon_r}$$

对于非均匀电介质，除了出现束缚面电荷外，其内部还出现束缚体电荷。

当外电场的场强超过某极限值时，电介质中局限于分子线度中的正负电荷将会挣脱束缚，成为自由电荷，介电性能遭到破坏，这时电介质被击穿（电介质击穿）而成为导体。

（4）充满电介质的电容

$$C = \frac{Q}{U} = \varepsilon_r C_0 = \frac{\varepsilon_0 \varepsilon_r S}{d}$$

可见，电容的大小取决于极板的形状、大小、相对位置及极板间电介质的相对电容率。电介质使电容量显著增大了。

4. 电位移矢量及其高斯定理

（1）电位移矢量（电位移）

电位移矢量是为了描述电介质中的电场而人为引入的辅助物理量，用 $\boldsymbol{D}$ 表示。

在充满各向同性均匀电介质的静电场中，电位移矢量表示单独由自由电荷产生的电场（不考虑极化电荷的影响），电场强度 $\boldsymbol{E}$ 则表示自由电荷和极化电荷产生的合电场。

电位移矢量与电场强度之间的关系为

$$\boldsymbol{D} = \varepsilon_0 \varepsilon_r \boldsymbol{E} = \varepsilon \boldsymbol{E}$$

说明 $\boldsymbol{D}$ 不是单纯地描述电场，也不是单纯地描述电介质的极化，而是同时描述电场和电介质的一个辅助量。它没有具体的物理意义。

上述定义式也同样适用于各向异性介质。

（2）电位移矢量的高斯定理——有介质时的高斯定理

$$\oint_S \boldsymbol{D} \cdot \mathrm{d}\boldsymbol{S} = \sum_i q_{0,\mathrm{in}}$$

式中，$\sum q_{0,\mathrm{in}}$ 表示封闭曲面内自由电荷的代数和。

5. 电介质中电场的能量密度

$$w_e = \frac{1}{2}\varepsilon E^2 = \frac{1}{2}\varepsilon_0\varepsilon_r E^2 = \frac{1}{2}DE$$

6. 电容器电容的计算方法

根据电容器的定义式计算电容，基本步骤如下：

(1) 设电容器的板极分别带有等量异号电荷 q，计算板极之间的电场分布；

(2) 由电势差定义式(参见第 11 章)，求电容器极板之间的电势差 U_{AB}；

(3) 根据电容器的定义式 $C=q/U_{AB}$，计算电容器电容。

【典型例题】

【例 12-1】 平行板电容器的极板面积为 S，极板间距为 d，极板间分别用相对电容率为 ε_{r1} 和 ε_{r2} 的两种电介质各充满一半，如图 12-1 所示。求：(1)此电容器带电后，两种电介质所对应的极板上自由电荷面密度的比值；(2)此时两介质内的电位移大小 D 是否相等；(3)此结构电容器的电容。

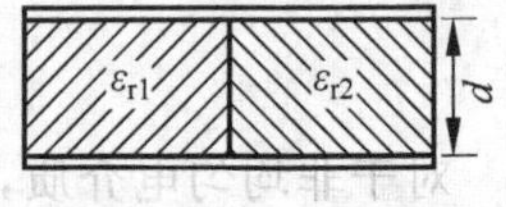

图 12-1 例 12-1 图

【解】 (1) 设左右两侧极板的上下极板的电荷面密度分别为 σ_1 和 σ_2。

由于极板上电势差相等，则 $U=E_1d=E_2d$，即 $E=E_1=E_2$，有

$$E = \frac{\sigma_1}{\varepsilon_0\varepsilon_{r1}} = \frac{\sigma_2}{\varepsilon_0\varepsilon_{r2}}$$

$$\frac{\sigma_1}{\sigma_2} = \frac{\varepsilon_{r1}}{\varepsilon_{r2}}$$

(2) 对平行板，$D=\sigma$，即 $D_1=\sigma_1$，$D_2=\sigma_2$，由 $\sigma_1\neq\sigma_2$ 可知

$$D_1 \neq D_2$$

(3) 左右两侧两种不同介质的电容分别为

$$C_1 = \frac{\varepsilon_0\varepsilon_{r1}}{d}\cdot\frac{S}{2} = \frac{\varepsilon_0\varepsilon_{r1}S}{2d},\quad C_2 = \frac{\varepsilon_0\varepsilon_{r2}}{d}\cdot\frac{S}{2} = \frac{\varepsilon_0\varepsilon_{r2}S}{2d}$$

两种不同介质的电容并联，平行板电容器的电容量为

$$C = C_1 + C_2 = \frac{\varepsilon_0 S}{2d}(\varepsilon_{r1} + \varepsilon_{r2})$$

力能胜贫，谨能胜祸。

——(北魏)贾思勰《齐民要术·序》

第13章 电流和磁场

1820年,丹麦物理学家奥斯特通过实验发现,电流周围存在着磁场。奥斯特实验揭示了电流的磁效应,揭开了研究电与磁内在联系的序幕。

【内容概要】

1. 电流及其连续性方程

(1) 电流

电流表示电荷的流动。例如,金属中自由电子的流动。通过有限区域截面的电流等于通过其各面元的电流的代数和,即电流密度矢量对该面的通量。表示为

$$I=\int_S \boldsymbol{J}\cdot \mathrm{d}\boldsymbol{S}$$

式中,$\boldsymbol{J}$ 为面积元 $\mathrm{d}\boldsymbol{S}$ 处的电流密度矢量,大小为 $J=nqv$; v 为载流子平均速度,即漂移速度。

(2) 电流的连续性方程

根据电荷守恒定律,通过封闭面流出的电荷量等于封闭面内电荷 q_{in} 的减少。即

$$I=\oint_S \boldsymbol{J}\cdot \mathrm{d}\boldsymbol{S}=-\frac{\mathrm{d}q_{in}}{\mathrm{d}t}$$

2. 金属中电流的经典微观图像

(1) 欧姆定律

欧姆定律的微分形式为

$$\boldsymbol{J}=\sigma \boldsymbol{E}$$

其中,电导率 σ 是电阻率 ρ 的倒数。此式对非恒定电流也成立。

(2) 电动势

电动势是指引起电流在电路中流动的电压。在电源内部,非静电力克服静电力的阻碍作用,使电荷持续流动形成闭合的循环。因此,电动势定义为把单位正电荷从负极经电源内部 L 移到正极(或在闭合回路 C 中绕行一周)过程中非静电力所做的功。由于外电路只存在静电场,则对闭合回路 C,电动势表示为

$$\varepsilon=\frac{A}{q}=\oint_C \boldsymbol{E}_{ne}\cdot \mathrm{d}\boldsymbol{l}=\int_L \boldsymbol{E}_{ne}\cdot \mathrm{d}\boldsymbol{l}$$

$$\varepsilon=\int_L \boldsymbol{E}_{ne}\cdot \mathrm{d}\boldsymbol{r}$$

式中,$\boldsymbol{E}_{ne}$ 为电源内部 L 非静电力的电场强度,电动势单位为伏特(伏,V),其大小只决定于电源本身的性质,与外电路无关。电动势与电流一样,都是有方向的标量,方向由负极经电源内部指向正极。

当外电路断开时,电源的电动势等于电源两极间的电势差大小(即路端电压)。

3. 磁感应线、磁感应强度与洛伦兹力

磁场由运动电荷或电流产生,同时对场中其他运动电荷或电流发生力的作用。这种相

互作用通过磁场传递,因此,磁场是传递运动电荷、电流之间相互作用的一种物理场。

(1) 磁感应线

磁感应线也称磁感线,以前称磁力线。它是用于直观地描述磁场分布情况的曲线,类似于电场中的电场线。

磁感应线在曲线上某点的切线与该点的磁场方向一致。曲线密集程度反映磁场的强弱。磁感应线永远是闭合的曲线,且不存在磁荷(单极子)。

永磁体磁场的磁感应线,在磁铁体外,可认为是起始于北极(N 极)终止于南极(S 极)。实际上,永磁体的磁性源于电子和原子核的运动,与电流的磁场无本质上的区别,磁极只是一种抽象概念,在研究永磁体内部的磁场时磁感应线仍然是闭合的。

(2) 磁感应强度

磁感应强度是用于描述磁场强弱的矢量。由于磁场是电流或运动电荷引起的,磁感应强度决定了电流或运动电荷在磁场中所受的力(洛伦兹力 F)。或者说,在磁场中,任一点都存在一个特殊的方向和确定的比值 $F_{\max}/qv$,反映了磁场在该点的方向与强弱特征。

定义磁感应强度 $\boldsymbol{B}$,规定其大小为

$$B=\frac{F_{\max}}{qv}$$

磁感应强度的方向为放在研究点的小磁针平衡时 N 极的指向,单位为特斯拉(特,T)。

磁场对运动的电荷有作用力——洛伦兹力 $\boldsymbol{F}$,它与电荷的运动速度 $\boldsymbol{v}$、电荷量 q、磁感应强度 $\boldsymbol{B}$ 以及 $\boldsymbol{v}$ 与 $\boldsymbol{B}$ 之间的夹角 α 成正比。洛伦兹力公式为

$$\boldsymbol{F}=q\boldsymbol{v}\times\boldsymbol{B}$$

$\boldsymbol{F}$ 的方向由右手螺旋定则(右手定则,矢积关系)确定:伸平右手手掌,四指与竖起的拇指垂直,让四指指向第一个矢量 $\boldsymbol{v}$,经小于 π 的夹角转向第二个矢量 $\boldsymbol{B}$,则竖起的拇指方向就是洛伦兹力 $\boldsymbol{F}$ 的方向,如图 13-1 所示。

(3) 磁场(磁感应线)方向的判定——安培定则

安培定则可用于判定磁场方向,如图 13-2 所示,它适用于恒定电流。

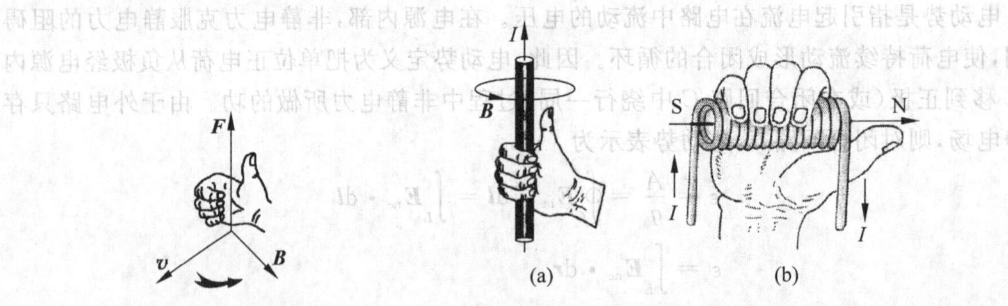

图 13-1 矢积关系　　图 13-2 安培定则判定磁场方向

① 直线电流的磁场方向判定。假设用右手握住导线,拇指指向电流方向,则与拇指垂直的其余四指所指的方向就是磁感应线方向,它们为一簇簇环绕该直线的同心圆。

② 螺线管(或螺绕环)电流的磁场。假想用右手握住螺线管,四指指向电流方向,则与四指垂直的拇指所指的方向就是螺线管内部磁场的方向。例如,由两个亥姆霍兹线圈串接而成的电流在轴线上可获得近似的匀强磁场或零磁场。

安培定则表示电流及其所引起的磁场之间的方向关系，是右手螺旋定则在电流磁场方面的一个特殊应用。

(4) 洛伦兹力

洛伦兹力是运动电荷在电磁场中所受的力。习惯上，把运动的电荷在磁场部分所受的力称洛伦兹力。实际上，洛伦兹力可分为两部分，一部分是电场对运动电荷的作用力，$\boldsymbol{F}=q\boldsymbol{E}$，与速度无关；另一部分是磁场对运动电荷的作用力，$\boldsymbol{F}=q\boldsymbol{v}\times\boldsymbol{B}$。洛伦兹力的一般形式为

$$\boldsymbol{F}=q\boldsymbol{E}+q\boldsymbol{v}\times\boldsymbol{B}$$

由于磁场的作用力方向总与带电粒子速度方向垂直，所以，磁场中的洛伦兹力始终不对运动电荷做功，只改变运动电荷的方向而不改变其速率和动能，仅起能量传递作用。

4. 毕奥-萨伐尔定律

毕奥-萨伐尔定律是表示电流和由它所引起的磁场之间相互关系的定律。

电路中某一电流元 $I\mathrm{d}\boldsymbol{l}$ 在其周围某点产生的磁感应强度为

$$\mathrm{d}\boldsymbol{B}=\frac{\mu_0}{4\pi}\cdot\frac{I\mathrm{d}\boldsymbol{l}\times\boldsymbol{e}_r}{r^2}=\frac{\mu_0}{4\pi}\cdot\frac{I\mathrm{d}\boldsymbol{l}\times\boldsymbol{r}}{r^3}\quad\text{（微分形式）}$$

整个电路在某点产生的磁感应强度等于各电流元产生的磁感应强度的矢量和。即

$$\boldsymbol{B}=\frac{\mu_0}{4\pi}\int_{(L)}\frac{I\mathrm{d}\boldsymbol{l}\times\boldsymbol{e}_r}{r^2}=\frac{\mu_0}{4\pi}\int_{(L)}\frac{I\mathrm{d}\boldsymbol{l}\times\boldsymbol{r}}{r^3}\quad\text{（积分形式）}$$

式中，$I\mathrm{d}\boldsymbol{l}$ 为在电路上任取的电流元；$\boldsymbol{r}=r\boldsymbol{e}_r$，是由 $I\mathrm{d}\boldsymbol{l}$ 指向研究场点的位矢。磁场方向由右手螺旋定则(矢积关系)确定，参考示意图13-1、图13-2。

理论上，由毕奥-萨伐尔定律可计算任意几何形状导线的磁感应强度。由此定律可以方便地计算具有某种特征的电流的磁场，如下所示。

一段载流直导线在空间任意一点的磁场

$$B=\frac{\mu_0 I}{4\pi r}(\cos\theta_1-\cos\theta_2)$$

无限长载流直导线在空间任意一点的磁场

$$B=\frac{\mu_0 I}{2\pi r}\quad(\theta=0,\theta=\pi)$$

圆电流在轴线上各点的磁场

$$B=\frac{\mu_0 IR^2}{2(R^2+x^2)^{\frac{3}{2}}}$$

圆电流在圆心处的磁场($x=0$)

$$B=\frac{\mu_0 I}{2R}$$

弧长为 L 的载流圆弧在圆心处磁场

$$B=\frac{\mu_0 I}{2R}\cdot\frac{L}{2\pi R}=\frac{\mu_0 I}{2R}\cdot\frac{\theta}{2\pi}\quad(\theta\text{ 为 }L\text{ 对应张角})$$

载流长直螺旋管内(轴线方向)的磁场

$$B=\mu_0 nI$$

长直电流的延长线上各点的磁感应强度为零。

5. 匀速运动电荷的磁场

由毕奥-萨伐尔定律还可导出运动电荷产生的磁场。即

$$\boldsymbol{B}=\frac{\mu_0}{4\pi}\cdot\frac{q\boldsymbol{v}\times\boldsymbol{e}_r}{r^2}=\frac{\mu_0}{4\pi}\cdot\frac{q\boldsymbol{v}\times\boldsymbol{r}}{r^3}\quad(v\ll c, c\text{ 为光速})$$

式中，$\boldsymbol{r}$ 为从电荷 q 指向场点的位矢；v 为电荷的运动速度；q 为电荷量。

6. 磁通量与磁链

(1) 磁通量(磁通连续定理)

磁通量表征真空(或磁介质)中磁场的分布情况。通过磁场中任一面积元的磁通量等于磁感应强度矢量在该面积元法线方向上的分量与该面积元的乘积。即

$$\mathrm{d}\Phi_{\mathrm{m}}=\boldsymbol{B}\cdot\mathrm{d}\boldsymbol{S}=B\cos\theta\mathrm{d}S$$

式中，磁通量的单位为韦伯(韦，Wb)；θ 为磁感应强度与该面积元法线的夹角。

磁场通过整个曲面的磁通量为

$$\Phi_{\mathrm{m}}=\int_{(S)}\boldsymbol{B}\cdot\mathrm{d}\boldsymbol{S}=\int_{(S)}B\cos\theta\mathrm{d}S$$

磁感应线为闭合曲线，通过任意闭合曲面的磁通量恒等于零，体现了磁通的无源性和连续性。

(2) 磁链

磁链等于导电线圈匝数与穿过该线圈的磁通量之积，为与导电线圈交链的磁通量。即

$$\psi_{\mathrm{m}}=N\Phi_{\mathrm{m}}$$

7. 磁场的高斯定理

通过任意闭合曲面的磁通量一定等于零。磁感应线是无头无尾的闭合曲线，穿入闭合曲面的磁感应线一定从该曲面全部穿出。即

$$\oint_S\boldsymbol{B}\cdot\mathrm{d}\boldsymbol{S}=0\quad\text{或}\quad\oiint_{(S)}\boldsymbol{B}\cdot\mathrm{d}\boldsymbol{S}=0$$

磁场的高斯定理表明，磁场是无源场。磁极成对出现，不存在磁荷(磁单极子)。

8. 安培环路定理(安培定律)

在恒定磁场中，磁感应强度 B 沿任何闭合回路 C 的线积分(也称环流)，等于穿过以此闭合回路为边界的任一曲面的所有电流代数和的 μ_0 倍。即

$$\oint_C\boldsymbol{B}\cdot\mathrm{d}\boldsymbol{r}=\mu_0\sum_i I_i$$

式中，电流的正负取值由安培定则确定，表示电流及其所引起的磁场之间的方向关系。

安培环路定理表明，磁场为非保守场，也就不能引入"势能"概念。

安培环路定理只适用于恒定电流(闭合或伸展到无穷)，可用于计算简单电流分布的磁场，可计算以下几种具有磁场对称性的磁场分布。

无限长直电流

$$B=\frac{\mu_0 I}{2\pi r}$$

半无限长直电流

$$B=\frac{\mu_0 I}{4\pi r}$$

无限长圆柱面电流的磁场分布

$$B=\frac{\mu_0 I}{2\pi r}\quad (r>R)\quad 和\quad B=0\quad (r\leqslant R)$$

载流长直螺旋管内(轴线方向)的磁场

$$B=\mu_0 nI$$

载流螺绕环内的磁场

$$B=\mu_0 nI=\frac{\mu_0 NI}{2\pi r}\quad (R_2>r\geqslant R_1)\quad 和\quad B=0\quad (r<R_1, r\geqslant R_2)$$

同轴电缆磁场(长直圆柱形)

$$B=\frac{\mu_0 Ir}{2\pi R_1^2}\quad (r<R_1),\quad B=\frac{\mu_0 I}{2\pi r}\quad (R_2>r\geqslant R_1)\quad 和\quad B=0\quad (r\geqslant R_2)$$

9. 由恒定电流分布求磁场的问题

(1) 应用毕奥-萨伐尔定律求磁场

① 根据载流导线的形状及其磁场分布特点,选择合适的坐标系。

② 将载流导线看成无限多个电流元,根据毕奥-萨伐尔定律写出任一电流元 $I\mathrm{d}l$ 在场点产生的磁感应强度 $\mathrm{d}B$ 的一般表达式。$\mathrm{d}B$ 的方向由右手螺旋定则确定。

③ 根据磁场叠加原理,载流导线的磁场为 $\mathrm{d}B$ 的积分,为矢量式。

④ 根据坐标系写出 $\mathrm{d}B$ 的分量表达式,统一积分变量,确定积分上下限,用标量积分计算各分量值。确定磁感应强度的大小和方向。

(2) 应用安培环路定理求磁场

安培环路定理适合于求解三种类型的问题:电流具有轴对称性的磁场分布;密绕的载流螺旋管或螺旋绕线环(螺绕环);电流均匀分布的无限大载流平面。

求解上述问题,首先分析磁场分布的对称性,选取合适的积分回路 C(圆形或矩形),进一步确定积分路径的方向。磁场方向由安培定则判定。

其次,对选取的回路 C,根据安培环路定理列方程,并求解。

【典型例题】

【例 13-1】 如图 13-3 所示,在纸面所在平面内分布有三种不同载流导线,均通有恒定电流 I,分别写出它们在 O 点的磁感应强度。

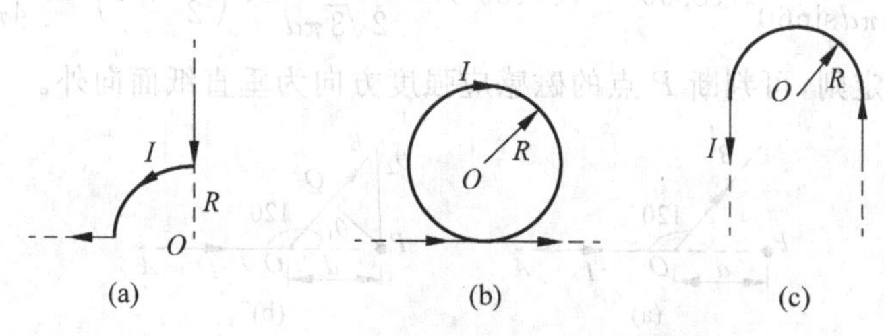

图 13-3 例 13-1 图,三种不同载流导线

【解】 本题涉及无限长和半无限长直电流，以及圆、半圆、$\frac{1}{4}$圆弧电流的磁场。根据右手螺旋定则，判断磁场方向；由磁场大小确定叠加后的方向。

(1) 图(a)中，O点磁感应强度只有$\frac{1}{4}$圆弧电流的贡献：

$$B=\frac{\mu_0 I}{8R},\quad \text{垂直纸面向外}$$

(2) 图(b)中，O点磁感应强度为圆形电流与无限长直电流的叠加，两者反向：

$$B=\frac{\mu_0 I}{2R}\left(1-\frac{1}{\pi}\right),\quad \text{垂直纸面向里}$$

(3) 图(c)中，O点磁感应强度为半圆形电流与两条半无限长直电流的叠加，两者同向：

$$B=\frac{\mu_0 I}{4R}\left(1+\frac{2}{\pi}\right),\quad \text{垂直纸面向外}$$

【例 13-2】 在Oxy平面坐标系内有两根互相绝缘，分别通有电流$I_1=3I$和$I_2=2I$的长直导线，置于y轴和x轴上，求在Oxy平面内磁感应强度为零的点的轨迹方程。

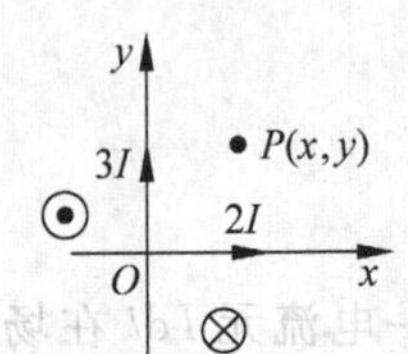

图 13-4 例 13-2 图

【解】 根据右手螺旋定则，第二象限和第四象限的磁场方向如图 13-4 所示，在Oxy平面内磁感应强度为零的点只能出现在第一象限和第三象限，设该点在Oxy坐标系为$P(x,y)$。

无限长载流直导线在空间上的磁场为$B=\frac{\mu_0 I}{2\pi r}$，则

$$B_1=\frac{\mu_0 3I}{2\pi x}=B_2=\frac{\mu_0 2I}{2\pi y}$$

因此，在Oxy平面内磁感应强度为零的点的轨迹方程为

$$y=\frac{2}{3}x$$

【例 13-3】 如图 13-5(a)所示，载有电流I的无限长直导线在O点被折成$120°$的钝角，求OA延长线上距O点为d的P点的磁感应强度。

【解】 P点在OA延长线上，OA段电流在P点的磁感应强度为零。

如图 13-5(b)所示，作P点到OB的垂线PQ，$\angle POB=60°$，$\overline{PQ}=d\sin60°$，半无限长直导线OB的电流在P点产生的磁感应强度大小为

$$B=\frac{\mu_0 I}{4\pi r}(\cos\theta_1-\cos\theta_2)$$

式中，$r=d\sin60°$，$\theta_1=60°$，$\theta_2=180°$(OB为半无限长)，则

$$B=\frac{\mu_0 I}{4\pi d\sin60°}(\cos60°-\cos180°)=\frac{\mu_0 I}{2\sqrt{3}\pi d}\times\left(\frac{1}{2}+1\right)=\frac{\sqrt{3}\mu_0 I}{4\pi d}$$

根据右手螺旋定则，可判断P点的磁感应强度方向为垂直纸面向外。

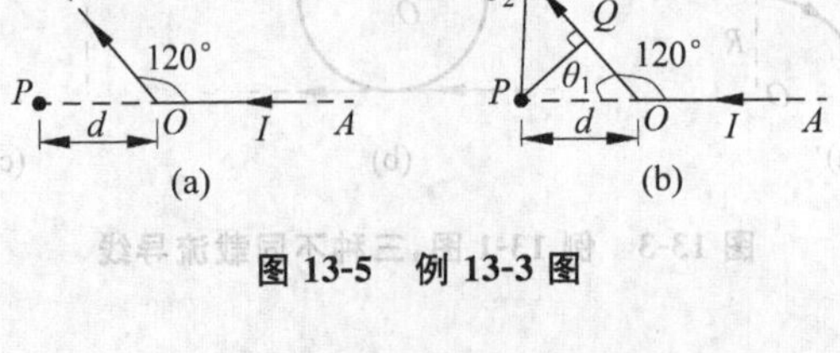

图 13-5 例 13-3 图

【例 13-4】 宽度为 a 的无限长金属薄板中通过电流 I，且均匀分布，在其右侧有一点 P 与金属薄板共面，其与金属薄板右边的距离为 b，如图 13-6(a)所示。求金属薄板上电流在 P 处产生的磁感应强度。

【解】 如图 13-6(b)所示，建立 Ox 坐标系。将金属薄板分割为无穷多条无限长直导线元，其中板上距 O 点 x 处 $x \sim x+\mathrm{d}x$ 通过的电流为 $\mathrm{d}I=\frac{I}{a}\mathrm{d}x$。

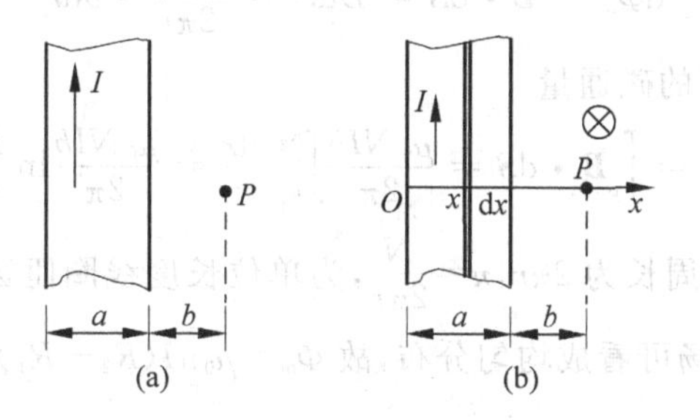

图 13-6 例 13-4 图

无限长载流直导线在空间任意一点的磁场为 $B=\frac{\mu_0 I}{2\pi r}$，则此无限长直导线元在 P 处产生的磁感应强度为

$$\mathrm{d}B_P=\frac{\mu_0 \mathrm{d}I}{2\pi(a+b-x)}$$

无限长金属薄板在 P 处产生的磁场方向相同，其大小为

$$B_P=\int \mathrm{d}B_P=\int_0^a \frac{\mu_0 \mathrm{d}I}{2\pi(a+b-x)}$$

$$=\frac{\mu_0 I}{2\pi a}\int_0^a \frac{1}{(a+b-x)}\mathrm{d}x=\frac{\mu_0 I}{2\pi a}\ln\left(1+\frac{a}{b}\right)$$

方向为垂直纸面向里。

讨论：当 $a \to 0$ 时，按幂级数展开式 $\ln(1+x)=x-\frac{1}{2}x^2+\frac{1}{3}x^3-\cdots \quad (-1<x\leqslant 1)$ 展开，$\ln\left(1+\frac{a}{b}\right)\approx\frac{a}{b}$，因此，宽度为 a 的长直金属薄板变为直线，$B=\frac{\mu_0 I}{2\pi b}$，这就是长直电流产生的磁场强度公式。

【例 13-5】 如图 13-7 所示，截面为长方形的螺绕环均匀密绕有 N 匝线圈，圆环内、外半径分别为 R_1 和 R_2，截面另一边长为 b。若线圈中通有电流 I，求：(1)环形螺绕管内外的磁场分布；(2)通过螺绕环正方形截面的磁通量。

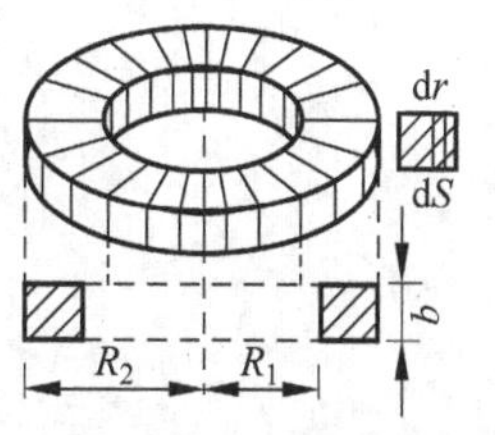

图 13-7 例 13-5 图

【解】 (1) 按右手螺旋定则，密绕的螺绕环磁场分布在环内，为同心圆磁感应线。取环内圆周为积分回路，方向与磁场方向相同，由安培环路定理，环内磁场满足

$$\oint_L \boldsymbol{B}\cdot \mathrm{d}\boldsymbol{r}=B\cdot 2\pi r=\mu_0 NI$$

积分得

$$B=\frac{\mu_0 NI}{2\pi r}\quad (R_1<r<R_2)$$

对均匀密绕螺绕环，螺绕环内近似为均匀分布磁场。

在螺绕环外，$B\cdot 2\pi r=0$，则 $B=0(r<R_1,r>R_2)$。

(2) 取长方形截面上宽度为 $\mathrm{d}r$ 的面积元 $\mathrm{d}S$，$\mathrm{d}S=b\mathrm{d}r$，通过该面积元的磁通量为

$$\mathrm{d}\Phi_{\mathrm{m}}=\boldsymbol{B}\cdot \mathrm{d}\boldsymbol{S}=B\mathrm{d}S=\frac{\mu_0 NI}{2\pi r}\cdot b\mathrm{d}r$$

则通过螺绕环正方形截面的磁通量

$$\Phi_{\mathrm{m}}=\int_S \boldsymbol{B}\cdot \mathrm{d}\boldsymbol{S}=\frac{\mu_0 NIb}{2\pi}\int_{R_1}^{R_2}\frac{\mathrm{d}r}{r}=\frac{\mu_0 NIb}{2\pi}\ln\frac{R_2}{R_1}$$

讨论：设螺绕环平均周长为 $2\pi r$，$n=\dfrac{N}{2\pi r}$，为单位长度线圈匝数，则环内 $B=\mu_0 nI$，相当于无限长螺旋管，管内磁场可看成均匀分布，故 $\Phi_{\mathrm{m}}=\mu_0 nI(R_2-R_1)b$。

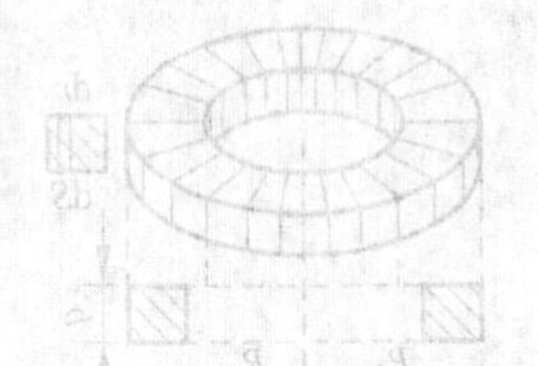

积学以储宝，酌理以富才。

——(南朝·梁)刘勰《文心雕龙·神思》

第 14 章 磁力

磁力是磁场对运动电荷、电流和磁体的作用力。磁场对运动电荷的作用力为洛伦兹力，磁场对通电导线的作用力为安培力。

【内容概要】

1. 带电粒子在均匀磁场中的运动

圆周运动的半径

$$R=\frac{mv_{\perp}}{qB}\quad（v_{\perp}\text{ 为粒子垂直于磁场方向的速度分量}）$$

圆周运动的周期

$$T=\frac{2\pi m}{qB}$$

螺旋运动轨迹的螺距

$$h=\frac{2\pi m}{qB}v_{/\!/}\quad（v_{/\!/}\text{ 为粒子平行于磁场方向的速度分量}）$$

2. 霍耳效应

通有电流的导体或半导体材料置于与电流方向垂直的磁场中，在垂直于电流和磁场方向上有横向电压产生(霍耳电压)，这种电磁现象称为霍耳效应。霍耳电压为

$$U_{\mathrm{H}}=\frac{BI}{nqd}=\frac{1}{nq}\cdot\frac{BI}{d}$$

式中，d 为材料厚度，n 为载流子密度。选择半导体材料(n 较小)可获得较高的霍耳电压。特斯拉计(高斯计)就是一种基于霍耳效应用于测量磁感应强度的仪器。

3. 载流导线在磁场中受的磁力(安培力公式)

对任取的电流元 $I\mathrm{d}\boldsymbol{l}$，安培力为

$$\mathrm{d}\boldsymbol{F}=I\mathrm{d}\boldsymbol{l}\times\boldsymbol{B}$$

对电路中一段载流导线，安培力为

$$\boldsymbol{F}=\int_L I\mathrm{d}\boldsymbol{l}\times\boldsymbol{B}$$

上式称为安培力公式，表示通电导线在磁场中所受的力。力的大小等于 $IBl\sin\theta$，θ 为电流与磁场方向间的夹角；方向由右手螺旋定则(矢量矢积关系)确定：右手手掌伸平，竖起拇指，让四指指向 $I\mathrm{d}\boldsymbol{l}$，再转向 $\boldsymbol{B}$，则竖起的拇指方向就是安培力方向。

安培力公式是计算电流在磁场所受安培力的基本公式，应用时应注意判断受力情况。

4. 载流线圈受均匀磁场的力矩(磁力矩)与磁矩

载流线圈在均匀磁场中受到的磁力矩

$$\boldsymbol{M}=\boldsymbol{m}\times\boldsymbol{B}$$

电流回路(载流平面线圈)的磁矩

$$\boldsymbol{m}=NI\boldsymbol{S}=NIS\boldsymbol{e}_n \quad \text{(有的教材将 } \boldsymbol{m} \text{ 记为 } \boldsymbol{P}_m\text{,此符号已废除)}$$

磁矩用以描述磁体、电流回路以及微观粒子的磁性质,它的方向垂直于回路平面,由右手螺旋定则确定。不仅载流线圈有磁矩,电子由于自旋也有磁矩,称自旋磁矩或本征磁矩。质子、中子等粒子以及各种原子核等微观粒子也具有磁矩。

条形磁体的磁矩为两个磁极间的距离和一个磁极强度的乘积,是矢量,方向规定为沿着两磁极的连线,自南极指向北极。

5. 平行载流导线间的相互作用力

单位长度载流导线所受作用力大小为

$$f_1=B_2I_1=\frac{\mu_0 I_1 I_2}{2\pi d} \quad \text{或} \quad f_2=B_1I_2=\frac{\mu_0 I_1 I_2}{2\pi d}$$

利用此作用力,可定义电流的国际制(SI)基本单位——安培(A)。

6. 应用安培力公式和力的叠加原理求安培力

若载流导线上各点所受安培力大小不同,但方向相同,可先选取一电流元 Idl,写出 Idl 段电流所受的安培力,通过标量积分进行计算。

若所受安培力方向不同,但分布在同一平面上,可按下列步骤求解。

① 建立合适的坐标系,在载流导线上任意选取电流元 Idl,由安培力公式写出该电流元产生的安培力 dF 的一般表达式。利用右手螺旋定则确定受力方向。

② 写出 dF 的分量式。

③ 确定积分上下限,计算各分量式,求安培力合力。

在均匀磁场中,载流闭合导线所受的安培力的合力等于零;若为一段载流弯曲导线,其所受的安培力合力与导线首尾两点连接而成的直线段所受的安培力相等。

【典型例题】

【例 14-1】 如图 14-1 所示,在均匀磁场中,一电子以速度 v 垂直于磁场方向作半径为 R 的圆周运动,求圆轨道内所包围的磁通量。

【解】 电子质量为 m,电荷量为 e,电子在磁场中受洛伦兹力作用而作圆周运动,由洛伦兹力提供向心力。由于电子运动方向与磁场方向垂直,则

$$evB=m\frac{v^2}{R}$$

得 $B=\frac{mv}{eR}$,电子轨道所包围的面积为 $S=\pi R^2$,磁通量为

$$\Phi_m=BS=\pi mvR/e$$

【例 14-2】 如图 14-2 所示,半径为 R 的平面半圆周线圈载有电流 I,置于磁感应强度为 B 的均匀磁场中,磁场方向垂直纸面向里(用×表示),并与线圈平面垂直。求:(1)线圈上单位长度的电流元所受磁场力;(2)半圆周线圈所受磁场力。

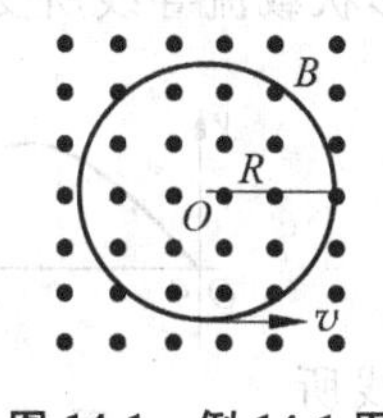

图 14-1　例 14-1 图

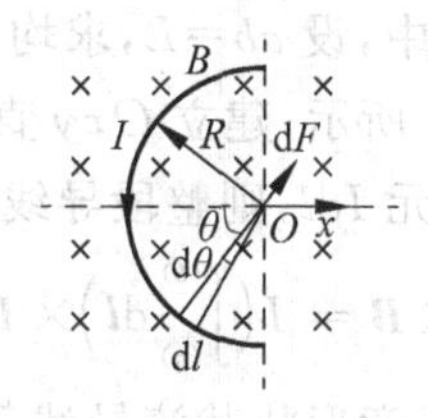

图 14-2　例 14-2 图

【解】 (1) 在载流线圈上任取一电流元 $I\mathrm{d}l$,其所受磁场力为 $\mathrm{d}\boldsymbol{F}=I\mathrm{d}\boldsymbol{l}\times\boldsymbol{B}$,大小为 $\mathrm{d}F=IB\mathrm{d}l$,方向指向圆心,则线圈上单位长度的电流元所受磁场力大小为$\frac{\mathrm{d}F}{\mathrm{d}l}=IB$。

(2) 由对称性可知,半圆周线圈受到磁场的作用力为水平向右方向。由于 $\mathrm{d}l=R\mathrm{d}\theta$,则

$$F=F_x=\int\mathrm{d}F\cos\theta=\int_{-\frac{\pi}{2}}^{\frac{\pi}{2}}IB\,\mathrm{d}l\cos\theta=\int_{-\frac{\pi}{2}}^{\frac{\pi}{2}}IBR\cos\theta\mathrm{d}\theta=2IBR$$

【例 14-3】 如图 14-3 所示,一任意形状载流导线 ab 置于均匀磁场 B 中,电流由 a 流向 b,磁场方向为垂直纸面向里。证明其所受的安培力等于载流直导线 ab 所受的安培力。

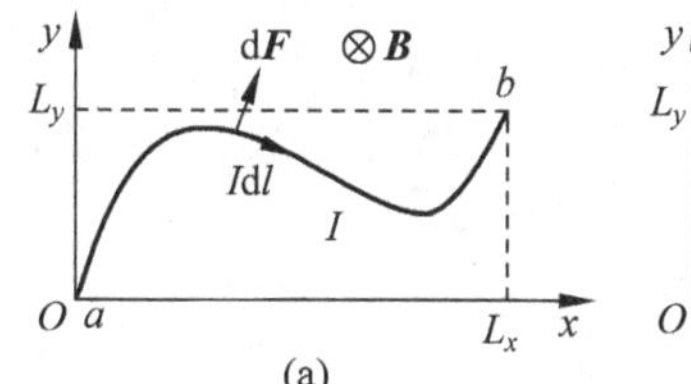

(a)

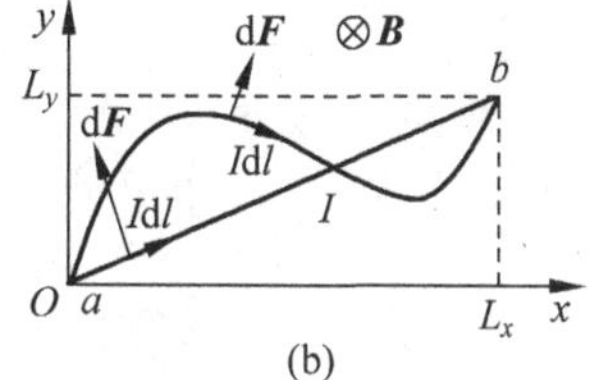

(b)

图 14-3　例 14-3 图

(a) 任意形状载流导线；(b) 载流直线段导线

【证明】 如图 14-3(a)所示,建立 Oxy 直角坐标系。选取任意形状载流导线上的电流元 $I\mathrm{d}l$,$I\mathrm{d}l$ 和 B 分别表示为矢量式:

$$I\mathrm{d}\boldsymbol{l}=I\mathrm{d}x\boldsymbol{i}+I\mathrm{d}y\boldsymbol{j}\,,\quad \boldsymbol{B}=-B\boldsymbol{k}$$

根据安培力公式 $\mathrm{d}\boldsymbol{F}=I\mathrm{d}\boldsymbol{l}\times\boldsymbol{B}$,电流元所受到的安培力为

$$\mathrm{d}\boldsymbol{F}=I(\mathrm{d}x\boldsymbol{i}+\mathrm{d}y\boldsymbol{j})\times(-B\boldsymbol{k})=IB\mathrm{d}x\boldsymbol{j}-IB\mathrm{d}y\boldsymbol{i}=-IB\mathrm{d}y\boldsymbol{i}+IB\mathrm{d}x\boldsymbol{j}=\mathrm{d}F_x\boldsymbol{i}+\mathrm{d}F_y\boldsymbol{j}$$

任意形状载流导线所受的安培力为

$$F_x=-\int_0^{L_y}IB\mathrm{d}y=-IBL_y\,,\quad F_y=\int_0^{L_x}IB\mathrm{d}x=IBL_x$$

$$\boldsymbol{F}=-IBL_y\boldsymbol{i}+IBL_x\boldsymbol{j}$$

同样地,如图 14-3(b)所示,对载流直线段导线 ab 所受的安培力积分,也有

$$\boldsymbol{F}'=-IBL_y\boldsymbol{i}+IBL_x\boldsymbol{j}$$

显然,$\boldsymbol{F}=\boldsymbol{F}'$。设线段 ab 长度为 L,有 $L=\sqrt{L_x^2+L_y^2}$,则载流导线所受的安培力大小为 $F=IBL$,合力方向可由 $\boldsymbol{F}$ 矢量式求出(垂直直线 ab 斜向上)。

讨论:在均匀磁场中,若载流导线连接为 aba,电流 $a\to b\to a$ 形成任意形状的闭合载流回路,则整个闭合回路所受安培力为零。因此,对一段任意形状的载流导线,其所受的安培力合力可以简化为求导线首尾两点连接而成的直线段所受的安培力。

【例 14-4】 上题中，设 $ab=L$，求均匀磁场中任意形状载流导线所受的安培力。

【解】 如图 14-4 所示，建立 Oxy 直角坐标系。

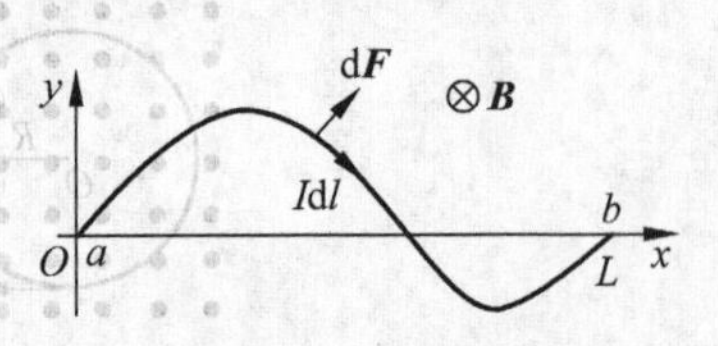

图 14-4 例 14-4 图

在导线上取电流元 Idl，则整段导线所受安培力为

$$\boldsymbol{F}=\int_{(a)}^{(b)} I\mathrm{d}\boldsymbol{l}\times\boldsymbol{B}=I\left(\int_{(a)}^{(b)}\mathrm{d}\boldsymbol{l}\right)\times\boldsymbol{B}=I\boldsymbol{L}\times\boldsymbol{B}$$

根据上题结论，任意形状载流导线等效为 ab 直导线所受的安培力(电流 $a\rightarrow b$)，其大小为 $F=IBL$，安培力合力方向为 Oy 方向。

建立这样的坐标系的好处是，可直接得出安培力方向。

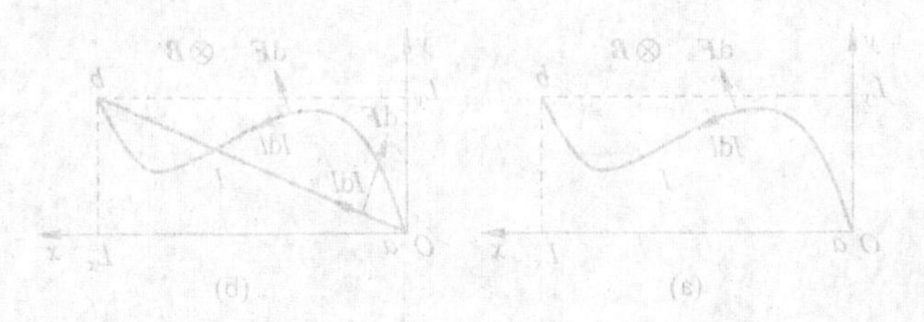

黑发不知勤学早，白首方悔读书迟。

——(唐)颜真卿《劝学》

第15章　物质的磁性

磁介质分为三种：铁磁质、顺磁质和抗磁质。在外磁场中，磁介质因磁化具有对原有磁场进行加强或减弱的作用。磁体的磁性是由分子电流所引起的，所以磁极所受的磁力仍然是磁场对电流的作用力。

【内容概要】

1. 磁介质及其对磁场的影响

将物质放入磁场中，由于磁场与物质内电子之间的相互作用，磁感应强度将发生变化，这种变化与物质的材料特性有关。例如，螺旋管中充满某种物质时，磁感应强度变为原来的 μ_r 倍，即

$$\boldsymbol{B} = \mu_r \boldsymbol{B}_0$$

式中，μ_r 为磁介质的相对磁导率。在外磁场中，因磁化而能加强或减弱磁场的物质称为磁介质，它是铁磁质、顺磁质和抗磁质的总称。

磁场中有磁介质时，介质内外的磁场发生变化，$\boldsymbol{B}=\boldsymbol{B}_0+\boldsymbol{B}'$；无介质时为 $\boldsymbol{B}_0$。

磁化方向与外磁场相反而使它减弱的物质，称为抗磁质。磁化方向与外磁场相同而使它加强的物质有两种，分别为顺磁质和铁磁质。

(1) 抗磁质

抗磁质的相对磁导率很小($\mu_r<1, B<B_0$)，在外磁场中呈现十分微弱的磁性，磁化方向与外磁场方向相反，且不随外磁场而变化，在外磁场撤去后立即消失，如 Au、Cu、Bi、H_2 等。这种物质的分子原来不具有磁矩，也称“反磁质”。抗磁质几乎与温度无关。

(2) 顺磁质

顺磁质的相对磁导率很小(μ_r 略大于 1，$B>B_0$)，在外磁场中呈现十分微弱的磁性，磁化方向与外磁场方向相同，且不随外磁场而变化，在外磁场撤去后立即消失，如 Sn、Al_2O_3 等。这种物质的分子本身具有磁矩。

(3) 铁磁质

铁磁质的相对磁导率很大($\mu_r\gg1, B\gg B_0$，如铁、钴、镍、合金磁钢等)，其磁化较强，且随外磁场强度而变化。在磁化过程中，当外磁场增加到一定强度时发生磁性饱和现象；当外磁场撤去时，还能保持一定程度的磁性(剩磁或顽磁)。铁磁材料的磁化曲线是非线性的。这些特性需要用铁磁质的基本组成部分磁畴的理论来解释。

根据矫顽力大小或磁滞回线的形状，把铁磁质分为软磁材料、硬磁材料和矩磁材料。磁滞回线是铁磁质往返磁化所形成的 B-H 关系曲线。

由于电流能够产生可控性很强的磁场，利用铁磁质可制成永久磁铁或电磁铁。例如，软磁材料适用于交变磁场中，常用作变压器、继电器、电磁铁、电动机和发电机的铁芯；硬磁材料用于制成各种永久磁体和扬声器等；矩磁材料可用作计算机的“记忆”单元等。

2. 原子的磁矩

在第14章，引入磁矩这一物理量，描述磁体和电流回路以及微观粒子的磁性质。

原子中的电子绕原子核的运动与电流回路相当，其磁矩称为轨道磁矩。电子由于自旋而具有的磁矩，称为自旋磁矩或本征磁矩。

除电子外，质子、中子等粒子以及原子核等微观粒子也具有磁矩。

顺磁质分子有固有磁矩，抗磁质分子无固有磁矩。

物质的分子会产生与外磁场方向相反的感应磁矩，这是一种磁化现象。

3. 物质的磁化

使原来不显磁性的物体在磁场中获得磁性的过程，称为磁化。如软铁、硅钢等铁磁性物质，都是容易磁化的物质。

在外磁场中，顺磁质的分子磁矩会在外磁场作用下沿磁场方向排列，而抗磁质对磁场的影响是由于它们在磁场中被磁化后在表面上出现束缚电荷电流而产生磁场。

4. 磁场强度及安培环路定理

(1) 磁场强度

磁场强度 $\boldsymbol{H}$ 是描述磁场的物理量，为矢量，单位为安/米($\mathrm{A\cdot m^{-1}}$)，与电流相关。

电流或运动电荷可产生磁场，磁介质在磁场中发生的磁化对磁场又产生影响，因此，磁场有两种表示法：①在充满均匀磁介质的情况下，包括介质因磁化而产生的场在内，用磁感应强度矢量 $\boldsymbol{B}$ 表示；②单纯由电流或运动电荷所引起的场，则用磁场强度矢量 $\boldsymbol{H}$ 表示。

磁场强度常被当作“磁场”的同义词使用，为辅助量。磁介质中磁场强度 $\boldsymbol{H}$ 与磁感应强度 $\boldsymbol{B}$ 的关系为

$$\boldsymbol{B}=\mu_r\boldsymbol{B}_0=\mu_0\mu_r\boldsymbol{H}=\mu\boldsymbol{H}$$

式中，$\mu=\mu_0\mu_r$ 为物质的磁导率，是表征磁介质磁化性能的物理量。在各向同性磁性材料中，B 与 H 成正比，两者的比值即为介质的磁导率。

磁感应强度决定电流或运动电荷在磁场中所受的力(洛伦兹力)。磁场强度则与产生磁场的电流相关联(安培环路定理)。

(2) 安培环路定理

安培环路定理也称安培定理，也是电磁学中的重要定理之一。表述为，在磁场中通过任意闭合线的磁场强度的环流(线积分)正比于该闭合线所围电流的代数和。即

$$\oint_C \boldsymbol{H}\cdot\mathrm{d}\boldsymbol{r}=\sum I_{0,\mathrm{in}}$$

式中，$I_{0,\mathrm{in}}$ 指穿过闭合线内的全部电流(自由电流，传导电流)。当电流方向与闭合线 C 的环绕方向服从右手螺旋定则关系时，I 取正值，否则取负值。

环流与电流分布有关，但空间中的磁场仍是闭合路径内外电流的合贡献。

安培环路定理适合于求解具有对称性的磁场分布。对具有磁场对称性的电流分布，可在场点选取合适的闭合路径进行计算。

5. 用安培环路定理求解问题

在磁场强度 H 的安培环路定理中，H 的环流与传导电流有关，但并不能得出 H 仅由传导电流所决定的结论。仅当各向同性的均匀磁介质充满整个磁场空间时，H 才与磁介质无关。

安培环路定理对任意形状闭合回路电流产生的磁场都是成立的，理论上积分也都是可积的，但是，为了计算方便，用于求解磁场强度 H 时，通常要求磁场分布具有对称性。

定理中的等号右边为传导电流的代数和。当穿过回路的电流方向与右手螺旋定则一致时，电流取正值，否则取负值。

【典型例题】

【例 15-1】 螺绕环平均周长 $L=10$ cm，环上线圈 $N=240$ 匝，线圈中电流 $I=100$ mA，求：(1)管内 H 和 B 的大小；(2)若管内充满相对磁导率 $\mu_r=4\ 200$ 的磁介质，管内的 B 和 H 的大小。

【解】 (1) 如图 15-1 所示，选取半径为 r 的环形回路，根据介质中安培环路定理得

$$\oint_C \boldsymbol{H}\cdot \mathrm{d}\boldsymbol{r}=\sum I_{0,\mathrm{in}}$$

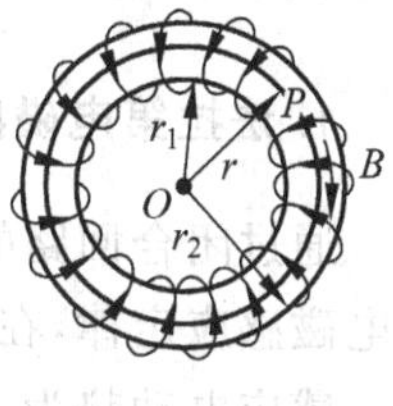

磁场强度为 $H\cdot 2\pi r=NI, L=2\pi r$，即

$$H=\frac{NI}{2\pi r}=\frac{NI}{L}=240\ \mathrm{A\cdot m^{-1}}$$

图 15-1　例 15-1 图

根据电流方向，环内磁场方向为顺时针方向。

磁感应强度为

$$B=\mu_0 H=9.6\pi\times 10^{-5}\ \mathrm{T}=3.01\times 10^{-4}\ \mathrm{T}$$

(2) 管内充满磁介质，H 不变，$H=240$ A/m。由 $B=\mu_r\mu_0 H$，可得磁场感应强度为

$$B=\mu_0\mu_r H=4\ 200\times 9.6\pi\times 10^{-5}\ \mathrm{T}=1.27\ \mathrm{T}$$

业精于勤，荒于嬉；行成于思，毁于随。

——(唐)韩愈《进学解》

第16章 电磁感应和电磁波

1831年,法拉第发现了电磁感应现象,继奥斯特实验之后进一步揭示了磁现象和电现象之间的紧密依存关系。麦克斯韦建立的电磁相互作用理论是牛顿以来物理学最深刻和最富有成果的工作,从而使物理现实的概念得到了改变。

宇宙并不完全由原子构成,还有一些别的东西,那就是场,如引力场、电磁场等。

【内容概要】

1. 法拉第电磁感应定律

通过闭合回路的磁通量发生变化,产生感应电动势,称为电磁感应现象。这一现象确定了电磁感应定律,在实验上揭示了变化的磁场如何激发电场,为现代电工学奠定了基础。

感应电动势为

$$\varepsilon=-N\frac{\mathrm{d}\Phi}{\mathrm{d}t}=-\frac{\mathrm{d}\Psi}{\mathrm{d}t}$$

式中,N为线圈匝数,Ψ为磁链,Φ为磁通量,$\Psi=N\Phi$;负号为楞次定律的数学表示,表示产生的感应电流在回路中所激发的磁场总是阻碍引起感应电动势磁通量的变化,即感应电流的磁场方向与外磁场的变化方向相反。据此,可以确定感应电流(或感生电动势)的方向。

电磁感应定律在电机工程等领域具有重要的应用,例如变压器就是利用电磁感应定律制成的一种电气设备。法拉第因此成就被评为19世纪科学史上最具影响力的人物之一。

2. 电动势

电动势是电路中其他形式的能量转化为电能而引起的,并维持一定的电势差。

电动势描述了电源中非静电力(或非静电场)做功的本领,相关内容见第13章。

3. 感应电动势与感生电场

按磁通量变化原因的不同,感应电动势分为动生电动势和感生电动势两种。

(1) 动生电动势

动生电动势是指在稳恒磁场中,运动着的导体内部产生的感应电动势。根据洛伦兹力公式,动生电动势为

$$\varepsilon_{ab}=\int_a^b(\boldsymbol{v}\times\boldsymbol{B})\cdot\mathrm{d}\boldsymbol{l}$$

动生电动势只存在于运动的那部分导体中,是导体中自由电子受到磁场洛伦兹力作用的结果。此时,洛伦兹力可看做是一种等效"非静电力"的作用,它对运动电荷不做功,仅起能量转换作用。感应电动势比感应电流更能反映电磁感应现象的本质。

ε_{ab}的方向可用右手定则判定。先用右手定则判定$\boldsymbol{v}\times\boldsymbol{B}$方向,再结合假设的$\mathrm{d}\boldsymbol{l}$方向加以确定。若$\varepsilon_{ab}<0$,表示$\varepsilon_{ab}$与$\mathrm{d}\boldsymbol{l}$反向;若$\varepsilon_{ab}>0$,表示$\varepsilon_{ab}$与$\mathrm{d}\boldsymbol{l}$同向。

(2) 感生电动势与感生电场

感生电动势是指导体固定不动,因磁场的变化产生的感应电动势。即

$$\varepsilon=\oint_L \boldsymbol{E}_{\mathrm{i}}\cdot \mathrm{d}\boldsymbol{l}=-\frac{\mathrm{d}\Phi}{\mathrm{d}t}=-\int_S \frac{\partial \boldsymbol{B}}{\partial t}\cdot \mathrm{d}\boldsymbol{S}$$

式中,E_{i} 为感生电场强度,为感生电场所满足的环路定理,回路 L 的绕向与 B 的方向服从右手螺旋定则。感生电动势是由变化的磁场引起的,与导体的种类和性质无关。麦克斯韦提出感生电场假设,从理论上揭示了变化的磁场如何激发电场。

感生电场又称涡旋电场,是随时间变化的磁场在其周围空间激发的非静电场,其电场线为闭合曲线或连续的(起止于无限远),为无散场。感生电场会在导体内形成涡电流,引起焦耳热,产生涡流损耗。据此可制成电磁炉,但在变压器和电机等的铁芯中应尽量加以抑制。

当磁场变化时,即使导体不存在,也将引起电场,因而会在任何闭合路径中形成电动势。一般情况下,导体回路可能既有感生电动势,又有动生电动势,导体回路的总电动势为两者的叠加。即

$$\varepsilon_{\mathrm{i}}=-\int_S \frac{\partial \boldsymbol{B}}{\partial t}\cdot \mathrm{d}\boldsymbol{S}+\oint_L (\boldsymbol{v}\times \boldsymbol{B})\cdot \mathrm{d}\boldsymbol{l}$$

4. 互感

由于电路中的电流变化而在邻近另一电路中引起感应电动势的现象,称为互感。

互感是磁耦合引起的现象,如变压器。根据法拉第电磁感应定律,互感电动势为

$$\varepsilon_{21}=-\frac{\mathrm{d}\Psi_{21\mathrm{m}}}{\mathrm{d}t}=-\left(M\frac{\mathrm{d}i_1}{\mathrm{d}t}+i_1\frac{\mathrm{d}M}{\mathrm{d}t}\right)$$

互感系数(互感)为

$$M=\frac{\Psi_{21}}{i_1}=\frac{\Psi_{12}}{i_2}\quad (M_{12}=M_{21})$$

互感的单位为亨利(亨,H)。若 M 不随时间变化(M 一定),则互感电动势为

$$\varepsilon_{21}=-M\frac{\mathrm{d}i_1}{\mathrm{d}t},\quad \varepsilon_{12}=-M\frac{\mathrm{d}i_2}{\mathrm{d}t}$$

5. 自感

自感是指电路中因自身电流变化而引起感生电动势的现象。根据法拉第电磁感应定律,自感电动势为

$$\varepsilon_L=-\frac{\mathrm{d}\Psi_{\mathrm{m}}}{\mathrm{d}t}=-\left(L\frac{\mathrm{d}i}{\mathrm{d}t}+i\frac{\mathrm{d}L}{\mathrm{d}t}\right)$$

自感系数(自感)为

$$L=\frac{\Psi}{i}$$

其单位为亨利(亨,H),H 是非常大的单位,一般常用 μH、mH。

当线圈通过高频交流电时,其阻抗将非常高,即交流开路。在具有铁芯的线圈中,自感现象特别显著。若回路的自感 L 不随时间变化(L 一定),则自感电动势为

$$\varepsilon_L=-L\frac{\mathrm{d}i}{\mathrm{d}t}\quad (L\text{ 一定时})$$

自感磁能为

$$W_m = \frac{1}{2}LI^2$$

在电工理论中,电感是自感与互感的通称。电感器简称电感,电路中常用符号 L 表示。有时,线圈也称电感或电感器。电感与线圈几何形状、匝数、大小及磁介质的性质有关,与线圈中电流无关。

6. 电磁场能量

电磁场是电场和磁场的总称。两者相互依存,互为因果,电场随时间变化时产生磁场,磁场随时间变化时又产生电场,形成电磁场。

由变化的磁场所产生的电场中,电场线是闭合曲线,这种场一般不能引进电势概念,是一种"非势场"。在交变电磁场中,场线是围绕着磁感应线的闭合线。

(1) 电场能

变化的电场可能是由变速运动的带电粒子所引起,变化的磁场可能是由发生强弱变化的电流所引起。

电场能是电场所具有的能量。电场中各点的电场能量密度(单位体积所含的电场能量)正比于该点电场强度的平方,表示为

$$w_e = \frac{1}{2}\varepsilon_0 E^2$$

(2) 磁场能

磁场能是磁场所具有的能量。磁场中各点的磁场能量密度(单位体积所含的磁场能量)正比于该点磁感应强度的平方,表示为

$$w_m = \frac{1}{2} \cdot \frac{B^2}{\mu} = \frac{1}{2}BH = \frac{1}{2}\mu H^2 \quad (\text{非铁磁质})$$

(3) 电磁波能量

电磁波的能量密度为

$$w = \frac{1}{2}(\varepsilon E^2 + \mu H^2)$$

电磁波的能流密度又称坡印亭矢量,表示电磁场中能量传播的大小和方向,其方向为能量传播的方向,单位为 $\mathrm{W \cdot m^{-2}}$。坡印亭矢量的表达式为

$$\boldsymbol{S} = \frac{\boldsymbol{E} \times \boldsymbol{B}}{\mu_0} = \boldsymbol{E} \times \boldsymbol{H}$$

对于自由电磁波,坡印亭矢量的大小为

$$S = \frac{c}{2}w = \frac{c}{2}(w_e + w_m) = \frac{c}{2}\left(\frac{1}{2}\boldsymbol{E} \cdot \boldsymbol{D} + \frac{1}{2}\boldsymbol{B} \cdot \boldsymbol{H}\right) = \frac{c}{4}(\varepsilon E^2 + \mu H^2)$$

7. 麦克斯韦方程组

(1) 关于麦克斯韦方程组

麦克斯韦方程组是一组关于电磁现象基本规律的数学表达式。麦克斯韦在法拉第等人工作的基础上,从理论上引入"位移电流"来描述变化的电场将产生磁场的假设,建立了电磁场的基本方程(微分方程),进一步导出了电磁场的波动方程。这些方程确定了电荷、电流、

电场、磁场之间的普遍联系，是电磁相互作用理论的基础，但无法解释光的粒子性。

(2) 位移电流

位移电流只表示电场的变化率，它不产生焦耳热效应和化学效应等。位移电流与传导电流产生的机理不同，但产生磁场的规律是相同的。即

$$I_d = \frac{d\Phi_d}{dt} = \int_S \frac{\partial \boldsymbol{D}}{\partial t} \cdot d\boldsymbol{S}$$

全电流由传导电流和位移电流组成，即 $I_s = I_c + I_d$，式中 I_c 为传导电流，I_d 为位移电流。

(3) 麦克斯韦方程组的意义

麦克斯韦方程组的两个基本假设：感生电场假设——变化的磁场产生感生电场；位移电流假设——变化的电场产生磁场。

麦克斯韦方程组的积分形式

$$\oint_S \boldsymbol{D} \cdot d\boldsymbol{S} = \sum_i q_i$$

这是电场的高斯定理基本形式，说明了电场强度与电荷的联系。静电场为有源场。

$$\oint_L \boldsymbol{E} \cdot d\boldsymbol{r} = -\frac{d\Phi_m}{dt} = -\int_S \frac{\partial \boldsymbol{B}}{\partial t} \cdot d\boldsymbol{S}$$

这是电磁感应定律的一般形式。任何随时间变化的磁场都将引发电涡旋场，说明了变化的磁场与电场的联系。

$$\oint_S \boldsymbol{B} \cdot d\boldsymbol{S} = 0$$

这是磁通连续定理，说明磁场为无源场，无磁单极子(磁荷)。

$$\oint_L \boldsymbol{H} \cdot d\boldsymbol{r} = \sum_i I_i + \int_S \frac{\partial \boldsymbol{D}}{\partial t} \cdot d\boldsymbol{S} = \int_S \left(\boldsymbol{j}_0 + \frac{\partial \boldsymbol{D}}{\partial t}\right) \cdot d\boldsymbol{S}$$

这是引入位移电流后安培环路定理的一般形式，说明磁场由运动的电荷和变化的电场产生。任何随时间变化的电场将引起磁涡旋场。麦克斯韦方程组的意义及具体形式见表 16-1。

表 16-1 麦克斯韦方程组的意义及形式

意　义	积分形式	微分形式
磁场的无源性，无磁单极子(磁荷)	$\oint_S \boldsymbol{B} \cdot d\boldsymbol{S} = 0$	$\mathrm{div}\boldsymbol{B} = 0$ 或 $\nabla \cdot \boldsymbol{B} = 0$
穿过某曲面的电通量等于其包围的电荷，静电场为有源场	$\oint_S \boldsymbol{D} \cdot d\boldsymbol{S} = \sum_i q_i$	$\mathrm{div}\boldsymbol{D} = \rho$ 或 $\nabla \cdot \boldsymbol{D} = \rho$
感应的法拉第定律——随时间而变的磁场产生电场(电涡旋场)	$\oint_L \boldsymbol{E} \cdot d\boldsymbol{r} = -\int_S \frac{\partial \boldsymbol{B}}{\partial t} \cdot d\boldsymbol{S}$	$\mathrm{rot}\boldsymbol{E} = -\frac{\partial \boldsymbol{B}}{\partial t}$ 或 $\nabla \times \boldsymbol{E} = -\frac{\partial \boldsymbol{B}}{\partial t}$
麦克斯韦补充的安培环路定理：随时间而变的电场产生磁场(磁涡旋场)	$\oint_L \boldsymbol{H} \cdot d\boldsymbol{r} = \int_S \left(\boldsymbol{j}_0 + \frac{\partial \boldsymbol{D}}{\partial t}\right) \cdot d\boldsymbol{S}$	$\mathrm{rot}\boldsymbol{H} = \frac{\partial \boldsymbol{D}}{\partial t} + \boldsymbol{J}$ 或 $\nabla \times \boldsymbol{H} = \frac{\partial \boldsymbol{D}}{\partial t} + \boldsymbol{J}$

此外，为了求出电磁场对带电粒子的作用，还需要用到一条独立的电磁学规律——洛伦兹力公式，即

$$\boldsymbol{F} = q\boldsymbol{E} + q\boldsymbol{v} \times \boldsymbol{B}$$

(4) 对麦克斯韦成就的评价

1873 年出版的麦克斯韦所著的《电学和磁学论》是集电磁学大成的划时代著作，是一部可以同牛顿的《自然哲学的数学原理》、达尔文的《物种起源》和赖尔的《地质学原理》相媲美的里程碑式的著作。麦克斯韦方程组与牛顿力学方程、爱因斯坦引力场方程、薛定谔方程、狄拉克方程一起，达到了物理学的最高境界。

1879 年麦克斯韦英年早逝，年仅 48 岁。巧合的是，爱因斯坦于这一年出生。

***8. 电磁波**

麦克斯韦根据电磁场波动方程得出，电磁过程在空间中是以一定速度（相当于光速）传播的，从而彻底否定了“超距”作用的错误概念，得出了光的本质是电磁波的结论。

德国物理学家 H. R. 赫兹从实验上直接验证了关于电磁波存在的预言（赫兹实验）。

(1) 平面电磁波的性质

电磁场是物质存在的一种形式，具有质量、动量和能量。电磁波是能量的传播过程。

电磁波是横波，电磁波的能流密度矢量（坡印亭矢量）$\boldsymbol{S}$ 的方向就是电磁波的传播方向，电场 $\boldsymbol{E}$、磁场 $\boldsymbol{H}$ 与传播方向三者相互垂直，且构成右手螺旋关系。三者关系为 $\boldsymbol{E}$ 与 $\boldsymbol{H}$ 同频率、同相位，其振幅成比例关系，$\sqrt{\varepsilon}E=\sqrt{\mu}H$。

$\boldsymbol{E}$ 与 $\boldsymbol{H}$ 均以光速传播，光速 $c=\dfrac{1}{\sqrt{\varepsilon\mu}}$；真空中光速 $c=\dfrac{1}{\sqrt{\varepsilon_0\mu_0}}\approx3.0\times10^8\ \mathrm{m\cdot s^{-1}}$。

(2) 电磁波谱

电磁波是在空间传播的交变电磁场，无须介质，即使一段电磁波也能脱离振源向外传播。其在真空中的传播速度与真空中的光速 c 相等。

无线电波、红外线、可见光、紫外线、X 射线、γ 射线是不同波长（或频率）的电磁波。有时，电磁波也指用天线发射或接收的无线电波。

在自然科学中，通常把紫外线、可见光和红外线统称为光辐射，也统称为光波。

物体受到光的照射时，光会对物体施加压力。光压的存在说明电磁波具有动量。若地面全部吸收直射的太阳光，则每平方米的地面约受到 4.7×10^{-6} N 的压力。

9. 动生电动势的计算

求动生电动势通常有两种方法：①直接用洛伦兹力公式进行积分计算；②用法拉第电磁感应定律求解。如例 16-1。

利用电动势公式 $\varepsilon_{ab}=\int_a^b(\boldsymbol{v}\times\boldsymbol{B})\cdot\mathrm{d}\boldsymbol{l}$ 确定动生电动势方向。先用右手定则判定 $\boldsymbol{v}\times\boldsymbol{B}$ 方向，再结合假设的 $\mathrm{d}\boldsymbol{l}$ 方向加以确定。若 $\varepsilon_{ab}<0$，表示 ε_{ab} 与 $\mathrm{d}\boldsymbol{l}$ 反向；若 $\varepsilon_{ab}>0$，表示 ε_{ab} 与 $\mathrm{d}\boldsymbol{l}$ 同向。

【典型例题】

【例 16-1】 如图 16-1 所示，磁感应强度为 B 的均匀磁场，磁场方向垂直纸面向里（只画出局部），铜棒 NM 长为 $L=a+b$，以角速度 ω 绕通过 O 点与磁场同方向的轴逆时针转动，求铜棒

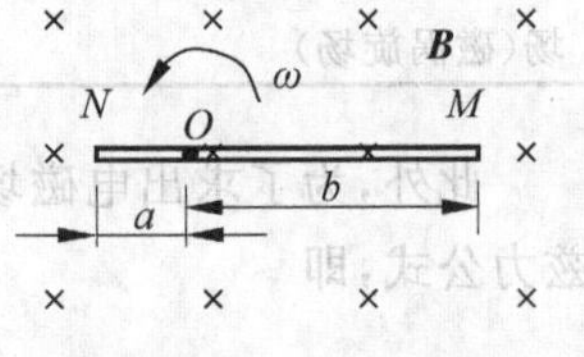

图 16-1 例 16-1 图

两端的电势差，并指出铜棒中电势高低。

【解法一】 以 O 点为坐标原点，OM 为 Ox 轴正方向，建立 Ox 坐标系。在 OM 上距 O 点为 x 处取线元矢量 $\mathrm{d}\boldsymbol{x}$，方向由 N 指向 M。则

$$\mathrm{d}\varepsilon=(\boldsymbol{v}\times\boldsymbol{B})\cdot\mathrm{d}\boldsymbol{x}=-vB\mathrm{d}x=-\omega Bx\mathrm{d}x$$

由右手定则判断，OM 上 $\boldsymbol{v}\times\boldsymbol{B}$ 方向与 $\mathrm{d}\boldsymbol{x}$ 方向相反，故取负号。

铜棒两端的电势差即为铜棒中的电动势：

$$U_{NM}=\varepsilon_{NM}=\int_{NM}\mathrm{d}\varepsilon=-\int_{-a}^{b}\omega Bx\mathrm{d}x=\frac{1}{2}\omega B(a^2-b^2)$$

若 $a=b$，则 $\varepsilon_{NM}=0$；若 $a>b$，则 $\varepsilon_{NM}>0$，方向由 N 指向 M，M 端电势高；若 $a<b$，则 $\varepsilon_{NM}<0$，方向由 M 指向 N，N 端电势高。

也可以将 OM、ON 两段分开求解，再根据其方向和大小求铜棒的电动势。

【解法二】 设 $\mathrm{d}t$ 时间铜棒转过 $\mathrm{d}\theta$ 角，铜棒 MO 转动的扇形面积通过的磁通量为

$$\mathrm{d}\Phi_{MO}=B\frac{b}{2}\cdot b\mathrm{d}\theta=\frac{1}{2}Bb^2\mathrm{d}\theta$$

动生电动势大小为 $\varepsilon_{MO}=\frac{\mathrm{d}\Phi}{\mathrm{d}t}=\frac{1}{2}\omega Bb^2$，方向由 M 指向 O。

同样地，铜棒 NO 转动的扇形面积通过的磁通量为

$$\mathrm{d}\Phi_{NO}=B\frac{a}{2}a\mathrm{d}\theta=\frac{1}{2}Ba^2\mathrm{d}\theta$$

动生电动势大小为 $\varepsilon_{NO}=\frac{\mathrm{d}\Phi}{\mathrm{d}t}=\frac{1}{2}Ba^2\omega$，方向由 N 指向 O，与 MO 段相反。

铜棒 NM 两端的电势差为两段电动势之差：

$$U_{NM}=\varepsilon_{NM}=\varepsilon_{NO}-\varepsilon_{MO}=\frac{1}{2}\omega Ba^2-\frac{1}{2}\omega Bb^2=\frac{1}{2}\omega B(a^2-b^2)$$

可见，两种解法得出相同的结论。对电势高低的判断，应考虑 a、b 在铜棒长度 L 中所占的比例，否则，将得出不完整甚至错误的结论。

【例 16-2】 如图 16-2(a)所示，一长直导线中通有交变电流 $i=I_0\sin\omega t$，在其右侧距离 r 处放置一个与其共面的矩形线圈，线圈有 N 匝，长为 b，宽为 a，求矩形线圈所围面积的磁通量，以及线圈中的感应电动势。

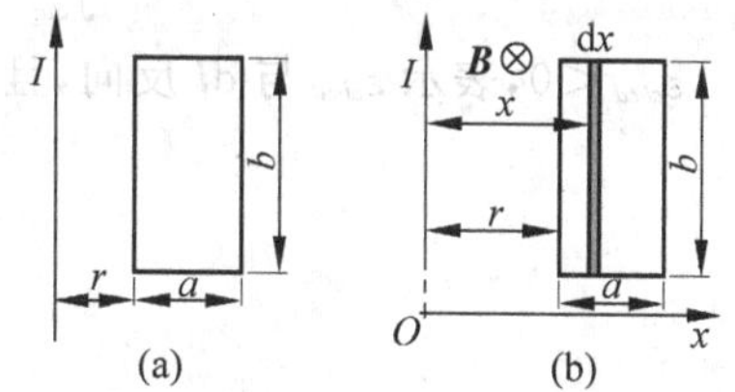

图 16-2 例 16-2 图

【解】 以导线为坐标原点，在垂直导线的水平方向建立 Ox 坐标系，如图 16-2(b)所示。取矩形线圈的回路方向为顺时针方向，在距长直载流导线为 x 处取一矩形面元，$\mathrm{d}S=b\mathrm{d}x$，则长直载流导线产生的磁场穿过该面元的磁通量为

$$\mathrm{d}\Phi_{\mathrm{m}}=\boldsymbol{B}\cdot\mathrm{d}\boldsymbol{S}=N\frac{\mu_0 i}{2\pi x}b\mathrm{d}x$$

矩形线圈所围面积的磁通量为

$$\Psi_{\mathrm{m}}=\int_{r}^{r+a}N\frac{\mu_0 i}{2\pi x}b\mathrm{d}x=N\frac{\mu_0 ib}{2\pi}\ln\left(\frac{r+a}{r}\right)$$

根据法拉第电磁感应定律，线圈中的感应电动势为

$$\varepsilon=-\frac{\mathrm{d}\Psi_{\mathrm{m}}}{\mathrm{d}t}=-N\frac{\mu_0 I_0 b\omega}{2\pi}\ln\left(\frac{r+a}{r}\right)\cos\omega t$$

讨论：若线圈以速度 v 向右平动，则 r 也在变化，且 $\frac{\mathrm{d}r}{\mathrm{d}t}=v$，穿过该面元的磁通量也随之变化，这时 Ψ_{m} 包含 t 和 r 两个变量，故

$$\varepsilon=-\frac{\mathrm{d}\Psi_{\mathrm{m}}}{\mathrm{d}t}=-N\frac{\mu_0 b}{2\pi}\left[\ln\left(\frac{r+a}{r}\right)\frac{\mathrm{d}i}{\mathrm{d}t}+i\left(\frac{1}{r+a}-\frac{1}{r}\right)\frac{\mathrm{d}r}{\mathrm{d}t}\right]$$

$$=-N\frac{\mu_0 I_0 b}{2\pi}\left[\omega\ln\left(\frac{r+a}{r}\right)\cos\omega t+v\left(\frac{1}{r+a}-\frac{1}{r}\right)\sin\omega t\right]$$

式中，第一项是由于磁场变化产生的感生电动势，第二项是由于线圈运动产生的动生电动势。

【例 16-3】 如图 16-3 所示，匀强磁场方向垂直纸面向里，磁感应强度大小为 B，一导线弯曲成半径为 R 的 3/4 圆弧 $abcd$ 形状，置于磁场中，圆弧平面与磁场方向垂直。若圆弧在纸平面上以速度 v 向右平移，求此导线中的感应电动势，并指出哪点电势高。

图 16-3 例 16-3 图

【解法一】 假设在圆弧平面添加连接导体的直角折线 dOa，添加后所形成的整个闭合环路的感应电动势为零，即 $\varepsilon_{abcd}+\varepsilon_{dOa}=0$，则

$$\varepsilon_{abcd}=-\varepsilon_{dOa}$$

Oa 段不切割磁感线，其上感生电动势为零。在 Od 段，取矢量线元 $\mathrm{d}\boldsymbol{l}$，方向由 d 指向 O；根据右手定则，$\boldsymbol{v}\times\boldsymbol{B}$ 的大小为 vB，方向与 $\mathrm{d}\boldsymbol{l}$ 相同，在纸面指向 O 点。则

$$\varepsilon_{abcd}=-\varepsilon_{dOa}=-(\varepsilon_{dO}+\varepsilon_{Oa})=-\int_{Oa}(\boldsymbol{v}\times\boldsymbol{B})\cdot\mathrm{d}\boldsymbol{l}=-vBR$$

dO 段 O 点电势高，故对于 $abcd$ 圆弧，其感应电动势为 vBR，a 点电势高。

【解法二】 假设在圆弧平面添加连接直导线 da 构成闭合环路，则 $\varepsilon_{abcd}+\varepsilon_{da}=0$；在 da 段上取矢量线元 $\mathrm{d}\boldsymbol{l}$，方向由 d 指向 a；$\boldsymbol{v}\times\boldsymbol{B}$ 的大小为 $vB\sin 90°$，即 vB，根据右手定则，其方向在纸面竖直向上，与 $\mathrm{d}\boldsymbol{l}$ 为 45°角，则

$$\varepsilon_{abcd}=-\varepsilon_{da}=-\int_{da}(\boldsymbol{v}\times\boldsymbol{B})\cdot\mathrm{d}\boldsymbol{l}=-\int_0^{\sqrt{2}R}vB\cos 45°\mathrm{d}l=-vBR$$

$\varepsilon_{abcd}<0$，表示 ε_{abcd} 与 $\mathrm{d}\boldsymbol{l}$ 反向，且由 d 指向 a，即 a 点电势高。

> 欲修其身者，先正其心；欲正其心者，先诚其意。
>
> ——(唐)韩愈《原道》

第4篇 波动与光学(上)

本篇包括振动、波动,以及波动光学。为方便教学,分为上、下两部分。

振动与波动部分主要讲机械振动、机械波的规律,其基本概念和基本理论也适用于各种不同的振动和波。

波动存在于宏观世界,也存在于微观世界。机械波(如水波、声波)和电磁波是最普通的波,统称为经典波。

光的本性只能通过其所表现的性质来确定,对光的全面描述需要运用量子力学理论。后面介绍的与实物粒子相联系的德布罗意波与经典波具有不同的物理机制,但它们具有共同的特征,如叠加、干涉和衍射等。

第17章 振动

在自然科学中,通常把描述物质运动状态的物理量经由某恒定值而在其最大值和最小值之间往复变化的过程称为振动。振动是物体往复经过平衡位置的变化过程。物体(或其中一部分)沿直线或曲线经过其平衡位置所作的往复运动称为机械振动。

这里只讨论周期性振动,如钟摆、弦线、音叉等的运动。各种振动都可用相似的数学方程来表示。采用旋转矢量法有助于理解简谐振动的运动规律,简化计算过程。

【内容概要】

1. 简谐振动的基本特征

(1) 简谐振动模型及其物理量

设轻弹簧一端固定,另一端系一质量为 m 的物体,在忽略阻尼情况下,在一定限度内,恢复力 F 与物体的位移 x 关系满足胡克定律(线性力定律):

$$F=-kx$$

式中,负号表示合外力方向总是指向平衡位置;k 为弹簧的劲度系数,也称刚度系数。

若物体悬挂在弹簧下,则平衡位置为平衡态下弹簧被物体重力拉长时的位移处。

弹簧振子(谐振子)离开平衡位置的位移 x 随时间变化的动力学方程(振动方程)为

$$\frac{\mathrm{d}^2 x}{\mathrm{d}t^2}+\omega^2 x=0$$

其中,$\omega=\sqrt{\frac{k}{m}}$ 是由系统动力学性质所决定的常量,称为(固有)角频率。方程的解

$$x = A\cos\left(\frac{2\pi t}{T}+\varphi\right) = A\cos(2\pi\nu t+\varphi) = A\cos(\omega t+\varphi)$$

为简谐振动的运动学形式。其中,A 为振幅;T 为周期;ν 为频率;$\omega=2\pi/T=2\pi\nu$,$\omega t+\varphi$ 为相位,φ 为初相位(取 $-\pi\leqslant\varphi\leqslant\pi$)。若相位用角度表示,也可称相位角,简称相角。

相位是决定物理量在任一时刻(或位置)运动状态的一个数值,用于反映正弦量(余弦量)变化的进程。ν(或 T)、A(幅值,或有效值)和 φ 是确定正弦量的三要素(特征量)。

(2) 对简谐振动的一些说明

简谐振动又称为简谐运动,简称谐振动;满足上述三个式子之一的系统均可认为是谐振动。对摆长为 l 的摆,当位移(角位移 θ 或线性化位移 x)较小时 $\sin\theta\approx\theta$ 或 $x\approx l\theta$,也有简谐振动的形式,即为单摆(数学摆),且 $\omega=\sqrt{\dfrac{g}{l}}$。$\left(\text{应用 } \sin\theta=\theta-\dfrac{\theta^3}{3!}+\dfrac{\theta^5}{5!}-\cdots\text{关系推导}\right)$

谐振动是最简单、最基本的振动,任何复杂振动都可分解为很多不同频率和不同振幅的谐振动;反过来,则为合成。各种振动均可用相似形式的数学方程表示。

简谐规律相关物理量(如位移)随时间的变化可用 sin 或 cos 函数表示;若不特别指出,都叫正弦函数,不再加以区分。本书用 cos,也有的教材用 sin 形式。在电工理论分析时,常把 ω 简称频率,计算时要与 ν 区分。对振荡电路,x 可以是电压或电流等。

2. 谐振动的旋转矢量法(相量图法)

A、ω、φ 为简谐振动的三个特征量,它们决定了简谐振动的状态。旋转矢量法把这三个物理量用图示方法直观形象地描述出来,特别是相位和初相位,因此更容易理解。

如图 17-1 所示,旋转矢量 $\boldsymbol{A}$ 绕 O 点以匀角速度 ω 作逆时针旋转,其端点 M 作匀速圆周运动。端点 M 的矢量在 Ox 轴上的投影 P 在 x 轴作往返运动,与简谐振动运动学形式相同;矢量 $\boldsymbol{A}$ 绕 O 点旋转一周,相当于作简谐振动的质点完成一次全振动。

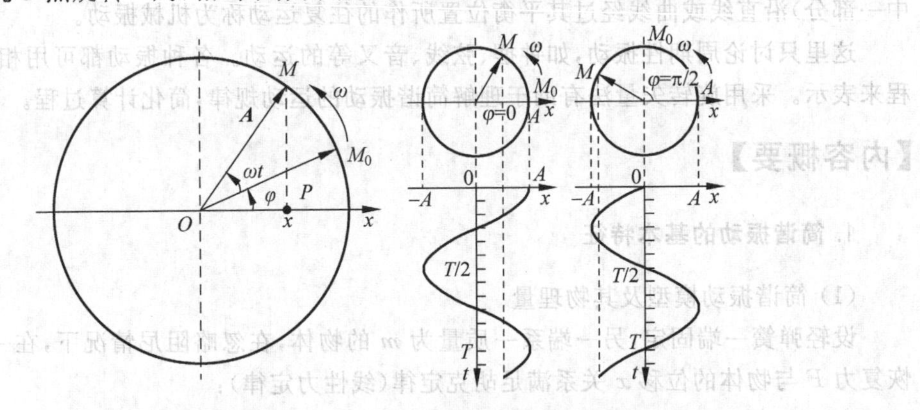

图 17-1 旋转矢量图(在水平方向 x 轴上投影)与简谐振动波形

如图 17-2 所示,将图形画成竖直方向形式(投影不变),主要是考虑画图的习惯。

旋转矢量法形象地描述了谐振动的变化规律,提供一种直观绘制振动曲线的方法。利用函数平移法也可方便地画出振动曲线。先画出初相 $\varphi=0$ 的辅助振动曲线(A、T 均与待求曲线相同),再根据待画曲线的初相大小对 $\varphi=0$ 的振动曲线进行平移。若 $\varphi>0$(超前),则左移;若 $\varphi<0$(落后),则右移。在时间的横轴上平移的距离为 $\Delta t=\dfrac{|\varphi|}{2\pi}T$($T$ 为周期)。

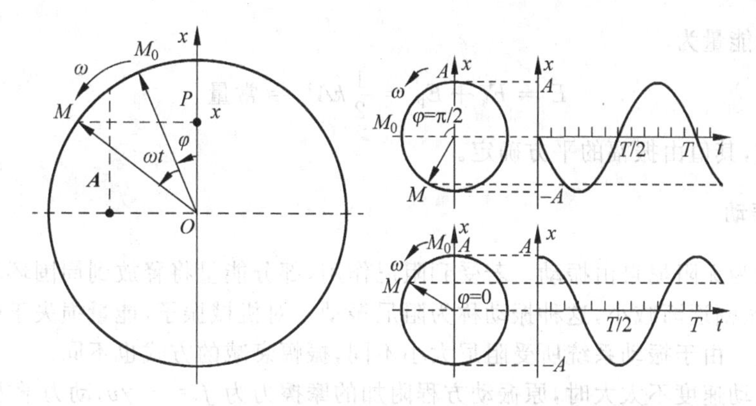

图 17-2 旋转矢量图(在竖直方向 x 轴上投影)与简谐振动波形

3. 简谐振动的相位

相位是确定振动质点运动状态的物理量，与其运动状态一一对应。图中 $x=0$ 对应 $\omega t+\varphi=\pi/2$ 和 $3\pi/2$(或 $-\pi/2$)情况，在 $\pi/2$ 处，质点向 $-x$ 方向运动；在 $3\pi/2$ 处，质点向 $+x$ 方向运动。图 17-1 和图 17-2 的右图均画出了质点从 M_0 开始，即 $\varphi=0$ 和 $\varphi=\pi/2$ 处，转了一个周期后回到了 M 点的振动波形。

4. 简谐振动的速度和加速度

质点的运动状态由其位置 x 和速度 v 共同表征：

$$v=\frac{\mathrm{d}x}{\mathrm{d}t}=-\omega A\sin(\omega t+\varphi)=\omega A\cos\left(\omega t+\varphi+\frac{\pi}{2}\right)$$

$$a=\frac{\mathrm{d}v}{\mathrm{d}t}=-\omega^2 x=\omega^2 A\cos(\omega t+\varphi+\pi)$$

式中，$\omega A=v_{\mathrm{m}}$ 为速度的振幅，$\omega^2 A$ 为加速度的振幅。

5. 简谐振动的振幅和初相位的确定(解析法)

若 $t=0$ 时质点的位移 $\boldsymbol{x}=\boldsymbol{x}_0$，速度 $\boldsymbol{v}=\boldsymbol{v}_0$，则 $\boldsymbol{x}_0$ 称为初始位移，$\boldsymbol{v}_0$ 称为初始速度，x_0 和 v_0 统称为初始条件。简谐振动的振幅和初相位完全由初始条件决定。由下式可求出振幅 A：

$$A=\sqrt{x_0^2+\frac{v_0^2}{\omega^2}}$$

初相位 φ 由 $\cos\varphi=\dfrac{x_0}{A}$ 和 $\sin\varphi=-\dfrac{v_0}{\omega A}$ 共同确定，或 $\varphi=\arctan\left(-\dfrac{v_0}{\omega x_0}\right)$。

6. 简谐振动的能量

弹簧振子系统中的能量有动能和势能两种类型。

谐振动的动能为

$$E_{\mathrm{k}}=\frac{1}{2}mv^2=\frac{1}{2}mA^2\omega^2\sin^2(\omega t+\varphi)=\frac{1}{2}kA^2\sin^2(\omega t+\varphi)$$

谐振动的势能为

$$E_{\mathrm{p}}=\frac{1}{2}kx^2=\frac{1}{2}kA^2\cos^2(\omega t+\varphi)$$

谐振动的能量为

$$E = E_k + E_p = \frac{1}{2}kA^2 = 常量$$

即机械能恒定，其值由振幅的平方确定。

7. 阻尼振动

简谐振动为无阻尼自由振动。若受到阻尼作用，部分能量将释放到周围环境中，造成能量损失，使其振幅逐渐减小，这种振动称为阻尼振动。对机械振子，能量损失于摩擦，最后使振动趋于停止。由于振动系统所受阻尼大小不同，振幅衰减的方式也不同。

当物体运动速度不太大时，原振动方程附加的摩擦力为 $f_r = -\gamma v$，动力学方程为

$$-kx - \gamma\frac{dx}{dt} = m\frac{d^2x}{dt^2} \quad 或 \quad \frac{d^2x}{dt^2} + 2\beta\frac{dx}{dt} + \omega_0^2 x = 0$$

式中，$\omega_0^2 = \frac{k}{m}$，$2\beta = \frac{\gamma}{m}$。当阻尼作用较小（弱阻尼）时，$\beta < \omega_0$，其解为

$$x = A_0 e^{-\beta t}\cos(\omega t + \varphi_0)$$

其中，$\omega^2 = \omega_0^2 - \beta^2$。阻尼振动的振幅随时间按指数规律减小，振幅为

$$A = A_0 e^{-\beta t}$$

其中，$\beta = \frac{\gamma}{2m}$称为阻尼因数；周期为 $T = \frac{2\pi}{\omega} = \frac{2\pi}{\sqrt{\omega_0^2 - \beta^2}}$。

当外界阻尼较小时，$\beta^2 \ll \omega_0^2$，振动逐渐减弱，最后停留在平衡位置的过程，称为欠阻尼。

当外界阻尼逐渐增大到一定程度，且大小适当时，$\beta^2 \approx \omega_0^2$，振动物体开始作非周期性振动，离开平衡位置后又迅速回到平衡位置，这种过程称为临界阻尼。

当外界阻尼大于临界阻尼时，$\beta^2 > \omega_0^2$，振动物体离开平衡位置后缓慢地回到平衡位置的过程，称为过阻尼。

8. 受迫振动和共振条件

系统在外力 F_{ext} 作用下克服阻尼而被迫进行的振动为受迫振动，其解是齐次方程（无 F_{ext} 项）的通解和非齐次方程特解的叠加。振子将以外力 F_{ext} 给定的角频率 ω_{ext} 振动。

当外界作用的驱动力频率与其固有频率接近或相等时，振幅急剧增大并达到极大的现象称为共振。稳定状态下受迫振动的频率与系统本身的性质无关，而由驱动力的频率（外界因素）决定。

发生共振时的频率称为共振频率。振幅正比于外力的幅度，且与其频率有关。共振时的角频率为共振角频率，用 ω_r 表示，$\omega_r = \sqrt{\omega_0^2 - 2\beta^2}$，式中 ω_0 为固有角频率。阻尼增大时，共振频率极大值变小。

当摩擦阻尼消失时，$\beta \to 0$，$\omega_r \to \omega_0$，振幅趋向于无限大，即发生共振。这时的共振是有害的，必须加以防止。例如，机器的工作频率应远小于共振频率，以防止共振发生。

在声学中，共振也称为共鸣；如弦乐器的琴身或琴筒就是用以增强声音的共鸣器。在电学中，振荡电路的共振现象也称为谐振，此时电路呈纯电阻性。共振是可利用的。

9. 简谐振动的合成(叠加)

由于运动方程是线性的，则叠加原理对谐振动也适用。叠加时，它们彼此无影响。

(1) 同方向、同频率的两个谐振动的合成

设沿 x 轴的两个振动分别为 $x_1=A_1\cos(\omega t+\varphi_1)$ 和 $x_2=A_2\cos(\omega t+\varphi_2)$，根据三角函数公式，其合振动仍然是沿 x 轴的简谐振动，且频率不变。即

$$x=x_1+x_2=A\cos(\omega t+\theta)$$

式中，合振动的振幅 A 和初相位 θ 分别为

$$A=\sqrt{A_1^2+A_2^2+2A_1A_2\cos(\varphi_2-\varphi_1)}$$

$$\tan\theta=\frac{A_1\sin\varphi_1+A_2\sin\varphi_2}{A_1\cos\varphi_1+A_2\cos\varphi_2}$$

式中，θ 的大小介于 φ_1 和 φ_2 之间。

当原来两个振动同相，即其相位差 $\Delta\varphi=\varphi_2-\varphi_1=\pm 2k\pi$ 时，则合成后振幅 $A=A_1+A_2$，两者相互加强；当其相位差 $\Delta\varphi=\varphi_2-\varphi_1=\pm(2k+1)\pi$，即反相时，则 $A=|A_1-A_2|$，两者相互减弱。其中，$k=0,\pm1,\pm2,\cdots$。当 $\Delta\varphi$ 为其他值时，A 介于 $|A_1-A_2|$ 与 A_1+A_2 之间。

两个振动一般不同相。若 $\Delta\varphi>0$，表示 x_2 先于 x_1 达到各自的同方向最大值，即 x_2 振动超前 x_1 振动 $\Delta\varphi$ 的相位；若 $\Delta\varphi<0$，则为落后(或滞后)。超前或落后是相对的。

(2) 同方向、不同频率的两个谐振动的合成

两个不同频率谐振动的合成不再是等幅振动。若两个谐振动的频率 ν_1、ν_2 都较大，且相差较小时，即 $|\nu_2-\nu_1|\ll(\nu_2+\nu_1)$，则它们合成后，振幅将出现明显的周期性，这种现象称为“拍”。

合成后使振幅变化的频率称为“拍频”，其等于两个谐振动的频率之差，即 $\nu=|\nu_2-\nu_1|$。振幅强弱变化一次为“一拍”。若音乐中出现拍，听到的合成音将是不和谐的，可利用标准音叉或振荡器对乐器进行调音。

(3) 两个相互垂直、同频率的简谐振动的合成

设沿 x 方向和 y 方向的两个谐振动分别为

$$x=A_1\cos(\omega t+\varphi_1) \quad 和 \quad y=A_2\cos(\omega t+\varphi_2)$$

其合振动的轨迹方程为

$$\frac{x^2}{A_1^2}+\frac{y^2}{A_2^2}-\frac{2xy}{A_1A_2}\cos(\varphi_2-\varphi_1)=\sin^2(\varphi_2-\varphi_1)$$

合成的结果比较复杂，可以是直线、圆或椭圆等其他形状。当两个谐振动的频率具有简单的整数比(如 2/3、3/4 等)，合成的质点的运动具有封闭的、稳定的运动轨迹(包括往返的直线)，这种图称为李萨如图。利用双踪示波器观察电信号合成来演示。

·10. 谐波分析

满足一定条件时，一个复杂的周期性振动可以分解为振幅和频率不同的一系列简谐运动的合成，其组成可以用频谱(振幅-频率图中的线状图)表示。

周期函数 $F(t)$ 可用不同振幅和不同频率的正弦和余弦函数(可能有无穷多)之和表示，为三角形傅里叶级数分析。即

$$F(t)=\frac{1}{2}a_0+\sum_{k=1}^{\infty}[A_k\cos(k\omega t+\varphi_k)]$$

$k=1$ 对应的频率 ω_1 最低，为基本频率(基频)。$k=2,3,\cdots$ 对应的频率为傅里叶频率，

是基频的整数倍,称为2次谐频、3次谐频,……。不同谐频与振幅的关系可用频谱表示。

其他非周期性振动涉及傅里叶变换时,在满足一定数学条件下,也可以分解为许多个简谐振动,把复杂的振动简单化。在音乐合成器中,一切乐器和人声都可以用计算机软件进行傅里叶合成。

11. 机械振动问题的求解

以简谐振动规律(胡克定律,动力学方程,运动学形式)的应用为主,求解相关问题,主要有下列四种类型。

(1) 已知简谐振动方程,求简谐振动的物理量($A,\omega,\omega t+\varphi,\varphi$),以及谐振子的速度和加速度等。

(2) 根据给定的已知条件,写出简谐振动各物理量,建立简谐振动方程。

特别是对于初相位或相位的确定,运用旋转矢量法,有利于简化和直观地处理问题。

(3) 判断系统是否为简谐振动,并求简谐振动的固有频率。

只有系统的运动规律满足胡克定律,或符合简谐振动的动力学方程,或其解析式为正弦波形式时,其运动规律才是简谐振动。这种处理方法为动力学法。也可以采用能量守恒法,判断其是否满足机械能守恒,方法是由机械能守恒表达式求导后进行判断。

(4) 同方向、同频率的两个谐振动的合成,仍然为简谐振动。

可采用解析法或旋转矢量法,或两种方法相结合进行求解。

【典型例题】

【例 17-1】 某一质点作简谐振动,其振动曲线如图17-3(a)所示。(1)求振动的振幅、周期和初相位;(2)写出余弦规律的振动方程;(3)画出旋转矢量图,标出图中a、b点对应的点,并分别写出其相位φ_a和φ_b。

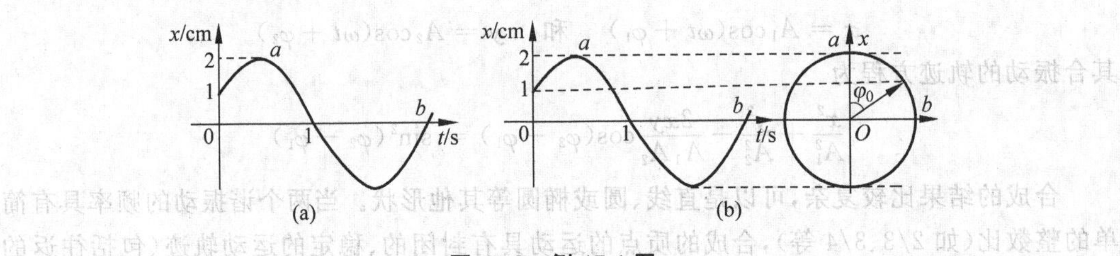

图 17-3 例 17-1 图

【解】 (1) 由图得,振幅$A=2$ cm。由旋转矢量图,如图17-3(b)所示,可得初相位$\varphi_0=-\pi/3$。

因为$\omega\Delta t=\pi/3+\pi/2$,$\Delta t=1$ s,$\omega=5\pi/6$,可得周期$T=2.4$ s。

(2) $x=A\cos(\omega t+\varphi)=0.02\cos\left(\frac{5\pi}{6}t-\frac{\pi}{3}\right)(\mathrm{m})$。

(3) 如图17-3(b)所示,$\varphi_a=0$,$\varphi_b=3\pi/2$。

【例 17-2】 某一质点作简谐振动,其运动速度与时间的关系曲线如图17-4所示,若质点的运动规律用余弦形式描述,求振动的初相位。

【解法一】 质点作简谐振动,设振动方程为$x=A\cos(\omega t+\varphi)$,则

$$v=-\omega A\sin(\omega t+\varphi)$$

在 $t=0$ 时，$v_0=-\omega A\sin\varphi=-v_m\sin\varphi$，则 $\sin\varphi=-0.5$，$\varphi=-\frac{\pi}{6}$ 或 $\varphi=-\frac{5\pi}{6}$。由图可见，$t>0$ 时，速度增大，下一时刻向平衡位置运动，故 $\varphi=-\frac{5\pi}{6}$。

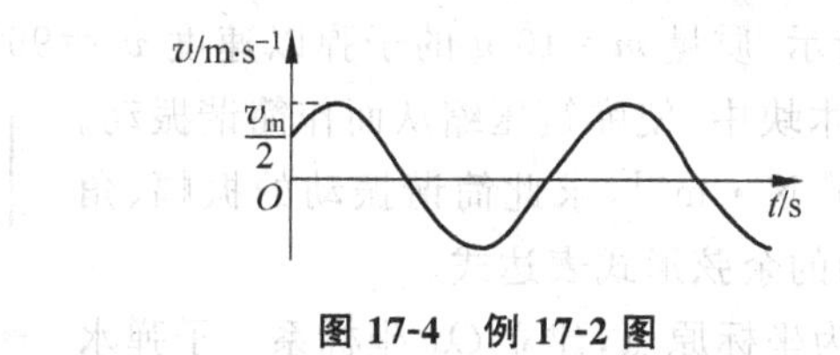

图 17-4 例 17-2 图

【解法二】 质点作简谐振动，设 $x=A\cos(\omega t+\varphi)$，则

$$v=-\omega A\sin(\omega t+\varphi)$$

写成余弦形式为

$$v=-A\omega\sin(\omega t+\varphi)=v_m\cos\left(\omega t+\varphi+\frac{\pi}{2}\right)$$

其中，$v_m=A\omega$。由旋转矢量图分析，有 $\varphi+\frac{\pi}{2}=-\frac{\pi}{3}$，故 $\varphi=-\frac{5\pi}{6}$。

【例 17-3】 如图 17-5(a)所示，轻质弹簧一端固定在地面，另一端通过轻绳绕过定滑轮与物体相连。已知弹簧的劲度系数为 k，滑轮半径为 R，转动惯量为 J，物体质量为 m，绳与滑轮间无相对滑动。现将物体从平衡位置下拉一较小距离后放开，通过列写动力学方程证明物体作简谐振动，并求振动周期。

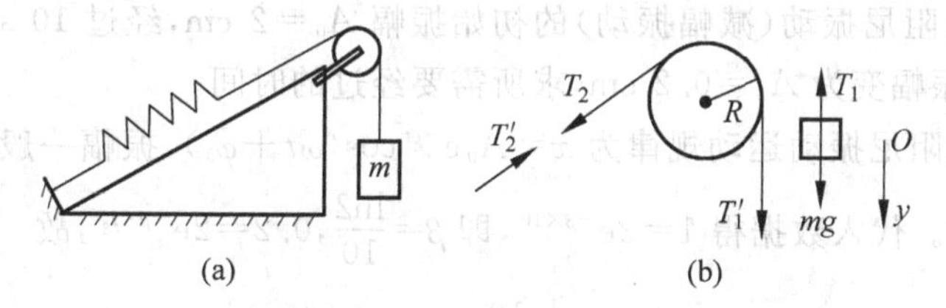

图 17-5 例 17-3 图及其受力分析

【解】 分别以物体 m 和滑轮为对象，其受力如图 17-5(b)所示，则

$$T_1=T_1',\quad T_2=T_2',\quad mg=ky_0$$

以弹簧自然伸长位置为坐标原点，物体向下的方向为 Oy 轴，当重物偏离平衡位置时，有

$$mg-T_1=ma,\quad T_1R-T_2R=J\alpha,\quad T_2=k(y+y_0)$$

消去 T_1 和 T_2，利用辅助关系 $a=R\alpha$，即 $\alpha=\frac{1}{R}\cdot\frac{d^2y}{dt^2}$，以及 $mg=ky_0$，则有

$$\left(m+\frac{J}{R^2}\right)\frac{d^2y}{dt^2}+ky=0$$

令 $\omega^2=\dfrac{k}{m+\dfrac{J}{R^2}}$，则

$$\frac{d^2 y}{dt^2}+\omega^2 y=0$$

可见，该系统是作简谐振动，其振动周期为

$$T=\frac{2\pi}{\omega}=\frac{2\pi}{R}\sqrt{\frac{mR^2+J}{k}}$$

【例 17-4】 如图 17-6 所示，质量 $m=10$ g 的子弹以速度 $v_0=960\ \mathrm{m\cdot s^{-1}}$ 射入一质量 $M=7.99$ kg 的木块，并嵌入木块中，使弹簧压缩从而作简谐振动。设弹簧的劲度系数 $k=8\times10^2\ \mathrm{N\cdot m^{-1}}$，求此简谐振动的振幅、角频率和初相，并写出简谐振动的余弦形式表达式。

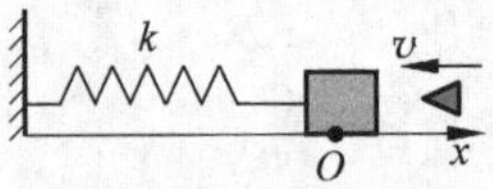

图 17-6 例 17-4 图

【解】 以木块静止位置为坐标原点，建立 Ox 坐标系。子弹水平打入木块，动量守恒，则有

$$mv_0+Mu_0=(m+M)v,\quad 10\times10^{-3}\times960+0=(10\times10^{-3}+7.99)v,$$
$$v=1.2\ \mathrm{m\cdot s^{-1}}$$

碰撞后，子弹与木块一起向左运动，动能转化为弹性势能，达到最大距离为振幅，有

$$\frac{1}{2}(m+M)v^2=\frac{1}{2}kA^2,\quad A=\sqrt{\frac{m+M}{k}}v=\sqrt{\frac{10\times10^{-3}+7.99}{8\times10^2}}\times1.2\ \mathrm{m}=0.12\ \mathrm{m}$$

$$\omega=\sqrt{\frac{k}{m+M}}=\sqrt{\frac{8\times10^2}{10\times10^{-3}+7.99}}\ \mathrm{rad\cdot s^{-1}}=10\ \mathrm{rad\cdot s^{-1}}$$

从平衡位置开始计时，往 Ox 负方向运动，$\varphi=\pi/2$，则

$$x=A\cos(\omega t+\varphi)=0.12\cos\left(10t+\frac{\pi}{2}\right)\ \mathrm{m}$$

【例 17-5】 弱阻尼振动(减幅振动)的初始振幅 $A_0=2$ cm，经过 10 s 时间后振幅衰减为 $A_1=1$ cm。若振幅变为 $A_1=0.2$ cm，求所需要经过的时间。

【解】 减幅的阻尼振动运动规律为 $x=A_0\mathrm{e}^{-\beta t}\cos(\omega t+\varphi_0)$，振幅一般式为 $A=A_0\mathrm{e}^{-\beta t}$，其中 β 为阻尼系数。代入数据得 $1=2\mathrm{e}^{-\beta\times10}$，即 $\beta=\frac{\ln2}{10}$，$0.2=2\mathrm{e}^{-\beta\cdot t_2}$，故

$$t_2=\frac{\ln10}{\beta}=33.2\ \mathrm{s}$$

古之立大事者，不惟有超世之才，亦必有坚忍不拔之志。

——(宋)苏轼《晁错论》

第 18 章　波动

波是传播着的振动状态，是能量传递的一种形式，但没有物质迁移。机械波是机械振动在介质(媒质)中的传播过程。机械波(如水波、声波)和电磁波(如无线电波、X 射线、光波)是最普通的波，两者本质不同，但具有某些共同特性和规律。

从波源向外传播的波称为行波，也称前进波。除驻波外，一般的波都称行波。

本章主要讨论机械波的基本性质和规律，平面简谐波的形成及特点，波的能量，波的干涉和衍射，多普勒效应，声波、超声波与次声波等。

【内容概要】

1. 机械波的产生及传播

(1) 产生机械波的必要条件

振源(波源)和介质是产生机械波的必要条件。例如，投石于湖水中激起水波，石块击水造成水的振动就是振源，击水处的水上下振动，振动时借助水向外传播，形成水波。水是形成波的介质。

(2) 波在介质中传播

波在介质中传播时，介质质元只在自己的平衡位置附近作重复波源的振动，并不沿波的传播方向移动。沿波的传播方向，各介质质元的振动相位依次落后。波传播的是振动相位，可以传递能量，但没有物质迁移。

波在传播过程中，具有相同振动相位的各点组成的曲面称为波面。

波面也称“波阵面”，是从波源发出的振动经过同一传播时间而到达的各点所组成的面，即波动的同相面。在各向同性介质中，波面的法线方向就是波的传播方向。

传播中的波有无数个波面，在某一时刻最前面的波面称为波前。

根据波阵面的形状，波可以分为平面波、柱面波和球面波。在足够小的体空间 ΔV 内，任何波阵面都可以看成平面。

(3) 横波与纵波

根据波传播方向与质点振动方向之间的关系(垂直或平行)，分为横波和纵波。

横波是指振动方向与波的传播方向相互垂直的波，如在弦上传播的波。弦上各质点的振动方向与波的传播方向垂直；又如，在真空或大气中传播的电磁波，其传播方向与振动着的电场(或磁场)强度方向垂直。

纵波是振动方向与传播方向一致的波。例如，声波就是一种纵波，在气体中传播时，气体微粒的振动方向与波的传播方向一致。此时，介质粒子沿传播方向振动，使介质疏密相间，故也称“疏密波”。

(4) 机械波的形式

根据介质中形成机械振动时质元所受作用力的不同，可分为弹性波、重力波和表面张力波等。例如，声波是由介质内部压缩和膨胀产生的弹性应力形成的，故为弹性波。水波实际上是重力波和表面张力波的合成。

2. 描述平面简谐波的物理量

在无吸收、均匀无限大的各向同性的介质中传播的波,可看作平面简谐波。

若振源是谐振动,其传播所形成的波称为简谐波。沿 x 轴方向传播的简谐波表示为

$$y(x,t)=A\cos\left[\omega\left(t-\frac{x}{u}\right)+\varphi_0\right]=A\cos\left[2\pi\left(\nu t-\frac{x}{\lambda}\right)+\varphi_0\right]=A\cos[(\omega t-kx)+\varphi_0]$$

式中,y 表示 t 时刻距离原点 x 处的位移,A 为振幅,u 为波速,λ 为波长,ν 为频率,ω 为角频率,k 为波数,φ_0 为初相位。关系式为 $u=\lambda/T=\lambda\nu$,$\omega T=2\pi$,$k\lambda=2\pi$。

(1) 波长 λ:波在一个振动周期内传播的距离,是反映空间周期性的特征量。$k\lambda=2\pi$ 体现了空间的周期性。即沿波的传播方向上,两个相邻的同相位点(如波峰或波谷,相位差为 2π)之间的水平距离。波长等于波速和周期的乘积,同一频率的波在不同介质中传播时,波长不同。

(2) 波数 k:在波的传播方向上单位长度内波长的数目。波数为波长 λ 的倒数,即 $1/\lambda$。但有时也以 $2\pi/\lambda$ 作为波数。

(3) 频率 ν:单位时间内完成振动的重复次数或周数,即单位时间内的完整波的数目。

(4) 周期 T:经过一段时间后,空间各点处的振动状态又重新发生。$\omega T=2\pi$ 体现了时间的周期性。

(5) 波速 u:波传播的运动速度,即波前的运动速度。机械波的波速与介质的性质密切相关,与振源无关。

弹性介质中,横波波速 $u=\sqrt{\dfrac{G}{\rho}}$(G 为剪切模量,ρ 为密度)。

弹性介质中,纵波波速 $u=\sqrt{\dfrac{E}{\rho}}$(E 为杨氏模量,ρ 为密度)。

液体和气体中不能传播横波,其纵波波速 $u=\sqrt{\dfrac{K}{\rho}}$(K 为体弹模量,ρ 为密度)。

拉紧的绳中,横波波速 $u=\sqrt{\dfrac{F}{\rho_l}}$($F$ 为剪切模量,ρ_l 为线密度)。

顺便指出,光是一种横波。在光学中,单色波的波速也称相速度,简称相速,即波前的运动速度。相速等于波长和波源振动频率的乘积。相速与介质的种类(如气体、液体或固体)和状态(如温度、压强、密度等)密切有关。在色散介质中,波的相速还与频率有关。色散反映了相速度对波长或频率的依赖关系。非单色波(或合成波,波群)的传播速度称为群速。

3. 平面简谐波的波动方程(波函数)

设一平面简谐波以速度 u 沿 Ox 轴方向传播,其坐标原点 O 的振动方程(初相 φ_0)为

$$y_0=A\cos(\omega t+\varphi_0)$$

若波沿 Ox 轴正向传播(正行波)取"$-$",沿 Ox 轴负向传播(逆行波)取"$+$",则波动方程的一般形式为

$$y(x,t)=A\cos\left[\omega\left(t\mp\frac{x}{u}\right)+\varphi_0\right]=A\cos\left[2\pi\left(\frac{t}{T}\mp\frac{x}{\lambda}\right)+\varphi_0\right]=A\cos[(\omega t\mp kx)+\varphi_0]$$

若 x 的取值没有限制,则隐含波源在"$-\infty$"处,取"$-$"号。

4. 波的能量

介质质元 dV 中的能量是其动能与势能之和，该能量随时间变化，并不守恒，但 $dW_p = dW_k$。即

$$dW = dW_k + dW_p = \rho dV\omega^2 A^2 \sin^2\left[\omega\left(t \mp \frac{x}{u}\right) + \varphi\right]$$

能量密度和平均能量密度分别为

$$w = \frac{dW}{dV} = \rho\omega^2 A^2 \sin^2\left[\omega\left(t - \frac{x}{u}\right) + \varphi\right]$$

$$\bar{w} = \frac{1}{T}\int_0^T w dt = \frac{1}{2}\rho\omega^2 A^2$$

能流表示波传播过程中，在单位时间内通过某一截面的能量。在一个周期内的平均值称为平均能流。平均能流密度表示单位时间内通过与波的传播方向垂直的单位截面的平均能量，其大小表示波的强度。

平均能流、能流密度分别为

$$\bar{P} = \bar{w}uS, \quad \bar{p} = \bar{w}u = \frac{1}{2}\rho\omega^2 A^2 u$$

波的强度为

$$I = \frac{\bar{P}}{S} = \bar{w}u = \frac{1}{2}\rho\omega^2 A^2 u$$

5. 波的叠加与驻波

(1) 惠更斯原理

惠更斯原理指出，波面上各点都是新的波源，新的波源发出的波称为“子波”；从波面上各点发出的许多子波所形成的“包络面”，就是原波面经一定时间的传播后的新波面(波前)。

惠更斯原理是波动理论中说明波面在介质中传播规律的基本原理。据此，用原理作图可说明波在遇到分界面时的反射和折射定律。

(2) 波的叠加原理

线性波相遇后叠加，相互之间没有影响，仍然保持它们各自的特性(ν、λ、A 与振动方向等)不变，并按照原来的方向继续前进，在相遇区域内任一点的振动位移(合成后的位移)为各列波的位移之和。幅度较小的波可看成线性波，满足叠加原理。

此原理体现了波传播的独立性和可叠加性，但其不适用于非线性波(如激波、重力波)。

(3) 半波损失

波由波阻抗较小的第一种介质入射到波阻抗较大的第二种介质(如由空气射入水中)，在界面上产生反射，反射前后其相位突然改变 π 的现象，称为半波损失。在反射处，反射波与入射波反相，即两者相位差为 π，有 π 的相跃变。

均匀介质中沿直线传播的波遇到介质时，波阻抗大小由介质的密度 ρ 和波速 u 的乘积 ρu 决定。相对而言，通常把 ρu 较大的介质称为波密介质，把 ρu 较小的介质称为波疏介质。由波密介质入射到波疏介质，在介质交界面上无半波损失现象。

(4) 驻波

驻波是局限于某区域而不向外传播的波动现象，一般由两列传播方向相反的相干波叠

加而形成，是一种特殊的干涉现象。

设两列相干波 $y_1(x,t)=A\cos\left(\omega t-\dfrac{2\pi}{\lambda}x\right)$ 和 $y_2(x,t)=A\cos\left(\omega t+\dfrac{2\pi}{\lambda}x\right)$ 在同一介质中分别沿着 x 轴正方向和反方向传播，叠加所形成驻波的方程(合成波)为

$$y(x,t)=y_1(x,t)+y_2(x,t)=2A\cos\left(\frac{2\pi}{\lambda}x\right)\cos(\omega t)$$

实际上，驻波方程是介质中任一质元的振动方程。各质元都有各自稳定的振幅

$$A'=\left|2A\cos\frac{2\pi}{\lambda}x\right|$$

为分段的同步振动，每段上各点振幅并不相同，但步调一致，因此各点的振动速度、能量也不相同。驻波中振幅最大(上式为 $2A$)处称“波腹”，振幅最小(一般为零)处称“波节”。

相邻两波节或相邻两波腹之间的距离为 $\lambda/2$，相邻波节与波腹之间的距离为 $\lambda/4$。

可见，驻波不是行波，只是分段具有与行波一样的形象，波腹、波节在空间上的位置是固定的，不随时间而改变，它是基于波的一种特殊干涉结果，振动能量只在波腹和波节之间来回转移，并不随时间传播，故名驻波。

获得驻波的最简单方法是，在介质的固定边界上，使入射波发生反射(反射波在反射处有半波损失)，并使反射波与入射波互相叠加。例如，弦一端固定，在一定条件下就能形成驻波，这是由于弦的固有振动的结果。昆特管是一种可直接演示空气中驻波的设备。

6. 声波

声波是指弹性介质中传播着的压力振动，即机械纵波。在气体和液体中传播的声波为纵波。在固体介质中传播的声波可以是纵波、横波或两者的复合。在弹性介质中，纵波按疏密相间的形式传播。

狭义上，所讨论的声波只限于听觉范围(频率 20 Hz～20 kHz)内可听声的波动，称为可听声波。频率低于 20 Hz 的为次声波，频率高于 20 kHz 的为超声波，均不能被人耳感觉到。

人耳能听到的声压范围约为 2×10^{-5}～20 Pa，相差 10^6 倍，声强范围为 10^{-12}～1 $\mathrm{W\cdot m^{-2}}$，相差 10^{12} 倍，这么大的变化范围用线性标度表示很不方便。人耳是非线性“器件”，听觉强弱并不与声压和声强的变化绝对值成正比，而是近似地成对数关系。因此，听觉应以对数来划分响度(音量)等级，即采用声级(声压级、声强级和声功率级)表示其对应大小，一般以常用对数表示。

*(1) 声压与声压级

声压是声波造成的附加压强。声压是指压强随时间变化时，声波通过介质时所产生的压强改变量，通常指有效值，即有效声压。声压 $p=\dfrac{p_m}{\sqrt{2}}$，p_m 为声压振幅，即压强改变量的最大值。对平面简谐波，$p_m=\rho u\omega A$。

声压级是衡量声压 p 相对大小的指标，单位为分贝(dB)。声压级的表达式为

$$L_p=20\lg(p/p_0)$$

式中，p 为测听点声音的声压，p_0 为基准值。在气体中，基准值 $p_0=20\ \mu\mathrm{Pa}$(约相当于人耳所能听到的频率为 1 kHz 的声波的最低声压)；在液体中，基准值 $p_0=1\ \mu\mathrm{Pa}$。

*(2) 声强(声强度)与声强级

声强度简称声强,指单位时间内通过与声波传播方向垂直的单位面积的平均声波能量(声能),即声波的能流密度。用 I 表示,单位为 $\mathrm{W \cdot m^{-2}}$。

对于自由平面波或球面波,若声压为 p,介质密度为 ρ,声速为 u,则声强为

$$I=\frac{p^2}{\rho u}=\frac{1}{2}\cdot\frac{p_m^2}{\rho u}=\frac{1}{2}\rho u\omega^2 A^2$$

声强级是表示声强度相对大小的指标,单位为分贝(dB)。设声场中某点的声强度为 I,基准值为 I_0(在空气中,常取 $10^{-12}\ \mathrm{W \cdot m^{-2}}$),则声强级为

$$L_{\mathrm{i}}=10\lg\frac{I}{I_0}(\mathrm{dB}),\quad I_0=10^{-12}\ \mathrm{W \cdot m^{-2}}$$

对应于 I_0 的声强级,称为标准零级(参考声强度)。

若介质条件 ρu 值满足一定值,则声强级与声压级将相差一个较小的修正项;对声场中的某点,一般可认为 $L_{\mathrm{i}}\approx L_{\mathrm{p}}$。因此,声学上有时也用声强级代替声压级。

*(3) 声级

声级近似为人耳对声音各频率成分感觉程度综合而成的总声压级数值。

(4) 声速

声速也称音速,指声音在介质中的传播速度,与介质的性质和状态(如温度)有关。

气体中的声速取决于气体的绝热指数 γ、热力学温度 T、压力 p 以及气体性质,与声源的频率无关。对已知气体,声速主要与气体的性质和温度有关。空气中的声速为

$$u=\sqrt{\frac{\gamma p}{\rho}}=\sqrt{\frac{\gamma RT}{M}}$$

其中,ρ 为气体密度($\mathrm{kg \cdot m^{-3}}$);γ 为绝热指数;M 为气体摩尔质量(kg);T 为热力学温度(K),$T=T_0+t=273.15+t$;$R=8.3145\ \mathrm{J \cdot K^{-1} \cdot mol^{-1}}$ 为摩尔气体常量。在标准大气压下的 $-20\sim40$℃范围内,空气中声速的近似计算公式为

$$u\approx331.36+0.6t(\mathrm{m \cdot s^{-1}})$$

利用声波的干涉,可测量液体或气体中的声速和声吸收,并进一步研究这些介质的力学性质和结构。

*(5) 波的吸收

波在介质中传播时,波动能量部分被介质吸收。介质对波的吸收关系为

$$A=A_0\mathrm{e}^{-\alpha x}$$

式中,A_0 和 A 分别为波在介质厚度位于 $x=0$ 和 $x=x$ 的振幅,α 为介质吸收系数。考虑到声强与振幅的平方成正比,则声强 I 的衰减规律表示为

$$I=I_0\mathrm{e}^{-2\alpha x}$$

式中,I_0 和 I 分别为波在介质厚度位于 $x=0$ 和 $x=x$ 处的声强。

7. 声波的多普勒效应

波源 S 和接收器 R(或观察者)作相对运动时,接收器接收到的频率与波源发出的频率不同的现象称为多普勒效应。该现象由奥地利物理学家多普勒于 1842 年首先发现。

两者相互接近时,接收到的频率升高,相互远离时,则降低。

声波的多普勒效应,可由声源或接收器R(观察者)相对于传播声音的介质(空气或其他介质)的相对运动来解释。

(1) 声波波源S静止,接收器R相对于介质以速度 v_R 运动。

在波源参考系中的频率 $\nu_R=\frac{u\pm\nu_R}{u}\nu_S$,取正号表示接收器逐渐接近波源,取负号表示接收器逐渐远离波源。其中,u 为介质中的波速,ν_S 为波源在参考系中的频率。

(2) 接收器R静止,声波波源S相对于介质以速度 v_S 运动。

在接收器R参考系中的频率 $\nu_R=\frac{u}{u\pm v_S}\nu_S$,正号为波源逐渐远离接收器,负号为波源逐渐接近接收器。

(3) 波源和接收器相对介质同时运动

若波源S和接收器R在同一直线上运动,则多普勒频移公式为

$$\nu'=\frac{u\pm v_O}{u\mp v_S}\nu$$

式中,ν、ν'分别为波源的频率和接收器(或观察者)接收到的频率,u 为介质中的波速,v_O 为观察者相对介质的速度,v_S 为波源相对介质的速度。u、v_O 和 v_S 都取正值。

v_O 和 v_S 的符号可按下面的原则选取:波源与观察者相互接近时,频率为 $\nu'>\nu$ 关系;两者相互远离时,频率为 $\nu'<\nu$ 关系。

(4) 多普勒效应不仅适用于声波,也适用于所有类型的波,包括电磁波。

与其他波不同的是,电磁波的传播不依赖于弹性介质。从任一惯性系来看,光在真空中的传播速度都相同。因此,波源与观察者之间的相对运动速度决定了所接收到的频率。

光学多普勒效应决定于光源与接收器的相对运动。当光源以相对速度 v 移近(或远离)接收器时,其频率分别为

$$\nu_R=\sqrt{\frac{c+v}{c-v}}\nu_S \quad 或 \quad \nu_R=\sqrt{\frac{c-v}{c+v}}\nu_S$$

当光源远离接收器时,接收到的频率变少,即波长变长,这种现象叫做红移。即在可见光光谱中向红色一端移动。

8. 有关波动问题的求解

振动状态的传播形成波动,波动方程是由振动方程变换得到的。因此,简谐波方程的建立与应用是本章节的主要内容。波动问题主要有下列两种类型。

(1) 已知平面简谐波的波动方程,求波的相关物理量。

通过与波动方程的标准形式比较,即可求出相关物理量,如例18-1。

(2) 根据给定的已知条件,建立平面简谐波的方程。

建立波动方程的基本步骤:①确定波源或波传播方向上某一点的振动方程;②确定波速大小及其传播方向;③设沿波线方向为 x 轴,坐标上 x 处为研究的点 P,P 点振动相位与已知点的相位比较,超前或滞后时间为 t';④在已知点的振动方程中,时间变量改为 $t\pm t'$,超前取正,滞后取负;⑤根据波动方程的一般形式,写出研究点 P 的波动方程表达式。如例18-2。

【典型例题】

【例 18-1】　已知一平面简谐波在 $t=0$ 的波形如图 18-1 中实线所示，虚线为 $t'=0.5$ s 时的波形，且已知周期 $T\geqslant 1$ s，求：(1)波的振幅 A、波长 λ、波速 u、周期 T 和频率 ν；(2)用余弦函数表示的波动方程。

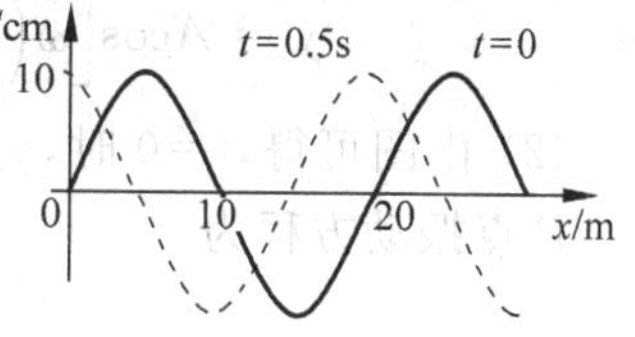

图 18-1　例 18-1 图

【解】　(1) 由波形知，波向左传播。设波动表达式为

$$y=A\cos\left[\omega\left(t+\frac{x}{u}\right)+\varphi\right]$$

由波形得

$$A=10\ \text{cm},\quad \lambda=20\ \text{m}$$

因为 $\Delta t=\dfrac{\Delta x}{u}$，得 $u=\dfrac{5}{0.5}\ \text{m}\cdot\text{s}^{-1}=10\ \text{m}\cdot\text{s}^{-1}$，则

$$T=\lambda/u=2\ \text{s},\quad \nu=0.5\ \text{Hz}$$

(2) $t=0$ 时，O 点振动方向向上，则 $\varphi=-\pi/2$，故波动表达式为

$$y=10\cos[\pi(t+x/10)-\pi/2](\text{cm})$$

【例 18-2】　如图 18-2 所示，一平面简谐波在介质中以速度 $u=20\ \text{m}\cdot\text{s}^{-1}$ 沿 x 轴方向传播，已知 P 点的振动表达式为 $y=0.03\cos 4\pi t(\text{m})$，(1)求波的振幅、频率和波长；(2)以 P 点为坐标原点，写出波动表达式；(3)以距 P 点 5 m 处的 B 点为坐标原点，写出波动表达式。

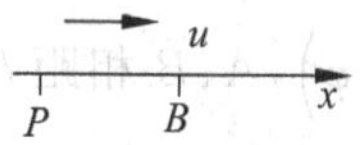

图 18-2　例 18-2 图

【解】　(1) 由 P 点的振动表达式，可知振幅 $A=0.03$ m，角频率 $\omega=4\pi$，频率 $\nu=2$ Hz；因 $u=\lambda\nu=20\ \text{m}\cdot\text{s}^{-1}$，则 $\lambda=10$ m。

(2) 以 P 点为坐标原点，波动表达式为

$$y=A\cos\omega\left(t-\frac{x}{u}\right)=0.03\cos 4\pi\left(t-\frac{x}{20}\right)(\text{SI})$$

(3) B 点位置 $x=5$ m，B 点滞后 P 点的时间为 $t'=\dfrac{x_B}{u}=\dfrac{5}{20}=\dfrac{1}{4}$，则

$$y=A\cos\omega\left(t-t'-\frac{x}{u}\right)=0.03\cos 4\pi\left(t-\frac{1}{4}-\frac{x}{20}\right)=0.03\cos\left[4\pi\left(t-\frac{x}{20}\right)-\pi\right](\text{SI})$$

即 B 点滞后 P 点的相位为 $-\pi$。

【例 18-3】　一列平面简谐波沿 x 轴正向传播，$t=0$ 时的波形如图 18-3(a)所示。已知波速为 $10\ \text{m}\cdot\text{s}^{-1}$，波长为 2 m，求：(1)用余弦的函数表示的波动方程；(2)P 点的振动方程及振动曲线；(3)P 点的坐标位置；(4)P 点返回到平衡位置所需的最短时间。

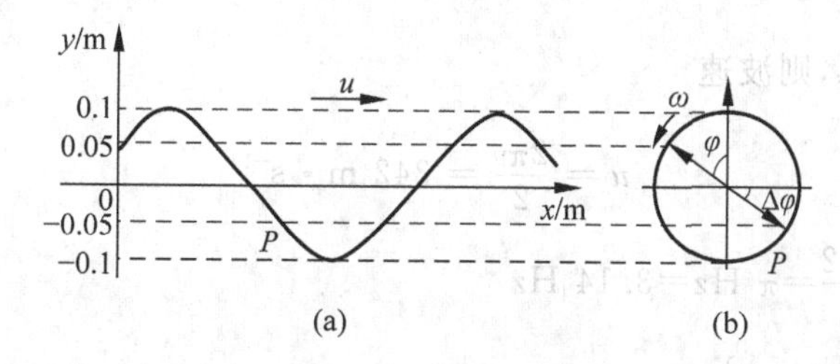

图 18-3　例 18-3 图

【解】 作旋转矢量图，如图 18-3(b)所示，由图可知，$A=0.1$ m，$t=0$ 时，$y_0=A/2$，$v_O<0$，则 $\varphi=\pi/3$。因为 $\lambda=2$ m，$u=10\ \text{m}\cdot\text{s}^{-1}$，则 $\nu=u/\lambda=5$ Hz，$\omega=2\pi\nu=10\pi$。

(1) 波动方程为

$$y=A\cos\left[\omega\left(t-\frac{x}{u}\right)+\varphi\right]=0.1\cos\left[10\pi\left(t-\frac{x}{10}\right)+\frac{\pi}{3}\right](\text{m})$$

(2) 由图可得，$t=0$ 时，$y_P=-A/2$，$v_P>0$，则 $\varphi=-2\pi/3$（计算或由旋转矢量法求得）。

P 点振动方程为

$$y_P=0.1\cos\left(10\pi t-\frac{2\pi}{3}\right)$$

(3) $10\pi\left(t-\dfrac{x}{10}\right)+\dfrac{\pi}{3}\bigg|_{t=0}=-\dfrac{2}{3}\pi$，得 $x=1$ m。

或由图 18-3(b)可见，P 与 $t=0$ 时相差半个周期，故 $x=\dfrac{1}{2}\lambda=1$ m。

(4) 根据前面的结果可作旋转矢量图，则由 P 点回到平衡位置应经历的相位角为 $\Delta\varphi=\pi/2-\pi/3=\pi/6$，所需最短时间为 $\Delta t=\Delta\varphi/\omega=1/60$ s。

【例 18-4】 位于 A、B 两点的两个波源，振幅相等，频率均为 100 Hz，相位相反。若两者相距 30 m，波速为 $400\ \text{m}\cdot\text{s}^{-1}$，求 AB 连线上两者之间叠加而静止的各点的位置。

【解】 设波的形式为 $y=A\cos\left[\omega\left(t-\dfrac{x}{u}\right)+\varphi\right]=A\cos\left(\omega t-\dfrac{2\pi\nu x}{u}+\varphi\right)$，$A$、$B$ 相距 l，在它们之间取一点，距离 A 点为 x，则两波由 A 和 B 点传到此点的相位差为

$$\Delta\varphi=-\frac{2\pi\nu}{u}x+\varphi_A-\left[-\frac{2\pi\nu}{u}(l-x)+\varphi_B\right]=\varphi_A-\varphi_B+\frac{2\pi\nu}{u}(l-2x)$$

$$=\pi+\frac{2\pi\times 100}{400}(l-2x)=\pi+\frac{\pi(l-2x)}{2}$$

两波叠加而质点静止的条件是在叠加处两者反相，即相位差 $\Delta\varphi=(2k+1)\pi$，有

$$\Delta\varphi=\pi+\frac{\pi(l-2x)}{2}=(2k+1)\pi,\quad x=\frac{l}{2}-2k=15-2k\quad(k=0,\pm1,\pm2,\cdots)$$

因为 $l=30$ cm，则 $0<x<30$，只能取 $k=7,6,\cdots,0,\cdots,-6,-7$，对应 $x=1,3,5,\cdots,29$ m。

【例 18-5】 设两列行波在一根较长的弦上叠加，形成的驻波方程为 $y=0.08\cos 2x\cdot\cos 684t$ (m)，求：(1)这两列行波的振幅和波速；(2)驻波相邻两波节间的距离。

【解】 (1) 驻波方程的一般形式为 $y=2A\cos\dfrac{2\pi\nu x}{u}\cos 2\pi\nu t$，对比得 $0.08=2A$，则振幅

$$A=\frac{0.08}{2}\ \text{m}=0.04\ \text{m}$$

$\dfrac{2\pi\nu}{u}=2$，$2\pi\nu=684$，则波速

$$u=\frac{2\pi\nu}{2}=342\ \text{m}\cdot\text{s}^{-1}$$

(2) $\lambda=\dfrac{u}{\nu}=\dfrac{2\pi\nu/2}{\nu}=\pi\ \text{Hz}=3.14\ \text{Hz}$

则相邻两波节间距离 $\Delta x=\dfrac{\lambda}{2}=1.57$ m。

【例 18-6】 在火车站铁道旁安装有测量仪器，测得火车驶近车站时和离开车站时火车

汽笛的频率分别为 410 Hz 和 380 Hz。设火车进出站的速度相同，求火车速度。(已知空气中的声速为 $u=340\ \text{m/s}$)

【解】 火车汽笛为波源 S，设其频率为 ν_S；测量仪器为接收器 R，测得其进站时频率为 ν_{R1}，出站时为 ν_{R2}。若火车速度为 v_S，则

$$\nu_{R1}=\frac{u}{u-v_S}\nu_S,\quad \nu_{R2}=\frac{u}{u-v_S}\nu_S;\quad \frac{\nu_{R1}}{\nu_{R2}}=\frac{u+v_S}{u-v_S}$$

$$v_S=\frac{\nu_{R1}-\nu_{R2}}{\nu_{R1}+\nu_{R2}}\times u=\frac{410-380}{410+380}\times 340\ \text{m}\cdot\text{s}^{-1}=12.9\ \text{m}\cdot\text{s}^{-1}$$

【*例 18-7】 如图 18-4 所示，二胡上部有两个旋杆，调节好旋杆后，演奏时手指按压弦上不同部位，就能发出各种不同音调的声音。试简述其基本原理。

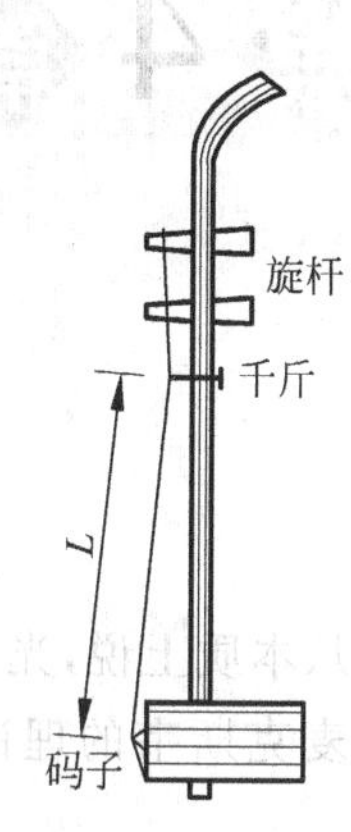

图 18-4　例 18-7 图

【解】 当拨动二胡弦线，其上形成驻波时，弦线长度 L 与弦线上驻波波长 λ 满足以下关系：

$$L=n\frac{\lambda_n}{2}\ (n=1,2,3,\cdots)$$

弦上波速 u 与弦上张力 F 有关，$u=\sqrt{\frac{F}{\rho_l}}$，则简正模式的振动频率为

$$\nu_n=\frac{u}{\lambda_n}=n\frac{1}{2L}\sqrt{\frac{F}{\rho_l}}$$

调整旋杆的松紧度，可以改变弦的张力 F，从而改变波速 u，以达到改变基频 ν_1 的目的。演奏时，手指压弦不同部位，以确定节点位置，改变弦长，从而改变基频 ν_1。

两种情况均相当于调整弦本征频率的基频和谐频，使发出各种声调，从而发出悦耳的声音。基频 ν_1 决定声音音调，谐频($\nu_2,\nu_3,\cdots$)及其强度决定声音的音色。

读书有三到，谓心到、眼到、口到。

——(宋)朱熹《训学斋规》

第4篇 波动与光学(下)

从本质上说,光是在空间中传播的一种电磁波。1888 年,德国物理学家赫兹用实验验证了麦克斯韦的理论,人们才认识到光不是机械波,从而形成了以电磁理论为基础的波动光学。

波动光学也是经典光学的一个分支,它从光的相干叠加性(波动性)出发,讨论光与微观物体(尺寸与光波波长相当)之间的相互作用,是电磁理论的基础。

光具有波动性和粒子性两方面相互并存的性质,称为光的波粒二象性。光的干涉、衍射和偏振现象是光的波动性最重要的特征。光的偏振性证明了光具有横波的性质。

第19章　光的干涉

光具有波动性,有波长、频率、吸收、传播等特性,干涉是波的一个重要特性。利用光的干涉,可精确地进行长度测量和测量入射光波长,以及检查表面的平滑程度等。利用电磁波的干涉,可制作定向发射的天线。

【内容概要】

1. 光的基本概念

(1) 光波与单色光

狭义上,光是指能引起人的视觉的电磁波。广义上,光包括红外线和紫外线。为区别起见,通常把可以引起肉眼视觉的部分称为可见光。可见光范围为从紫光到红光区域,波长范围为 390～780 nm(紫→红)。

波长介于红光到微波之间的电磁辐射为红外线(0.78～1 000 μm;其中 0.78～3.0 μm 为近红外区,3.0～30.0 μm 为中红外区,30.0～1 000 μm 为远红外区),介于紫光与 X 射线之间的电磁辐射为紫外线(0.04～0.39 μm)。红外线、紫外线以及在它们波长之外的电磁波均不能引起人眼视觉。但紫外和红外波段的电磁波可有效地转换为可见光,利用光学仪器或摄影与摄像的方法可以量度或探测发射这种光线的物体的存在,因此,在光学研究领域上,光的概念通常延伸到邻近可见光区域的电磁辐射(红外线和紫外线),甚至 X 射线等也被认为是光。光束携带的能量是辐射能的一种形式。

在自然科学中,通常把紫外线、可见光和红外线统称为光辐射,或统称为光波。

理论上,具有单一频率的光才是单色光。实际上,波长范围很窄的光,即可当作单色光。

例如,钠光灯波长为 589.0 nm 和 589.6 nm,为双黄线;绿光波长范围为 480～550 nm;波长 555 nm 的为黄绿光,人眼在明视觉下对其最为敏感。

波长的国际单位为 m(米),1 m=10^6 μm=10^9 nm;光波的波长曾用 Å(埃)做单位,现已废除,10 Å=1 nm=10^{-3} μm=10^{-9} m。一般情况下,可根据波谱中的不同位置或不同范围选用合适的单位。例如,紫外至可见光波段可用 nm 表示,红外波段可用 μm 表示。

2. 光的干涉现象

两列(或两列以上)相干光在空间叠加(相遇)时,在叠加区域内不同位置呈现明暗交替变化(恒定的振动加强和减弱)的现象,称为光的干涉。其干涉图样呈现为明暗相间的条纹(单色光)或彩色条纹(复色光)。干涉是光波动性的重要特性之一。

(1) 相干光及其获得方法

根据波的干涉理论,具有相同的频率或波长,在叠加处振动方向相同或相近,相位差恒定(与时间无关),振幅相差较小的光,即为相干光,相干光也是光波干涉的必要条件。

相干性较好的光的干涉,其干涉条纹较清晰。激光是一种具有很好相干性的单色光。

为获得相干光,通常采用以下两种方法。

① 分波阵面法(或分波前法),如杨氏双缝干涉、劳埃德镜实验、菲涅耳双镜实验等。

② 分振幅法,如等厚干涉(牛顿环、劈尖干涉)、薄膜干涉、迈克耳孙干涉仪等。

(2) 半波损失(附加光程差)

当光从光疏介质入射至光密介质时,在界面上反射前后,其相位跃变 π,相当于在反射界面处反射光与入射光之间附加了半个波长的光程差,这一现象称为半波损失。

在计算均匀介质中存在半波损失的光程时,若第二种介质的波阻抗(折射率)较大,通常在它们的几何光程差上加上 $\lambda/2$ 光程,即相当于反射光波多走了半个波长的距离。

(3) 光程与光程差

光在介质中经过的几何路程 L 与介质折射率 n 的乘积称为光程。在均匀介质中,表示在相同时间内光在真空中经过的路程。光程 δ(或 Δ)表示为

$$\delta = nL$$

两束相干光的光程之差称为光程差。若 λ 为真空中波长,光程差 δ 与相位差 $\Delta\varphi$ 之间的关系为

$$\Delta\varphi = \frac{2\pi}{\lambda}\delta$$

3. 杨氏双缝干涉

干涉实验的光应来自同一个光源。杨氏双缝干涉用分波阵面法获得相干光。

光程差 $\delta = r_2 - r_1 \approx d\sin\theta$,相位差 $\Delta\varphi = \frac{2\pi}{\lambda}\delta = \frac{2\pi}{\lambda}\cdot d\sin\theta$,形成明暗干涉条纹的条件是

$$\delta = d\sin\theta = \begin{cases} \pm k\lambda & (k = 0,1,2,\cdots,\text{相长干涉,明纹}) \\ \pm(2k-1)\dfrac{\lambda}{2} & (k = 1,2,\cdots,\text{相消干涉,暗纹}) \end{cases}$$

干涉条纹为平行等间距的直条纹。明纹、暗纹的中心位置分别为

$$x_k = \pm k \frac{D}{d}\lambda \quad (k = 1,2,3,\cdots,明纹)$$

$$x_k = \pm (2k-1) \frac{D}{d} \cdot \frac{\lambda}{2} \quad (k = 1,2,3,\cdots,暗纹)$$

$k=0$ 时的明条纹为零级明纹或中央明纹。相邻两明纹或暗纹中心的距离为

$$\Delta x = \frac{D}{d}\lambda$$

它与级次 k 无关条纹,为等间距。式中,d 为双缝间距,D 为双缝至屏之间的距离,且 $D \gg d$。

4. 等厚干涉与薄膜干涉

等厚干涉利用分振幅法获得相干光。入射光在介质薄膜表面由于反射和折射以及再反射,从而形成“分振幅”光,如图 19-1 所示,光线 2、3 为相干光。

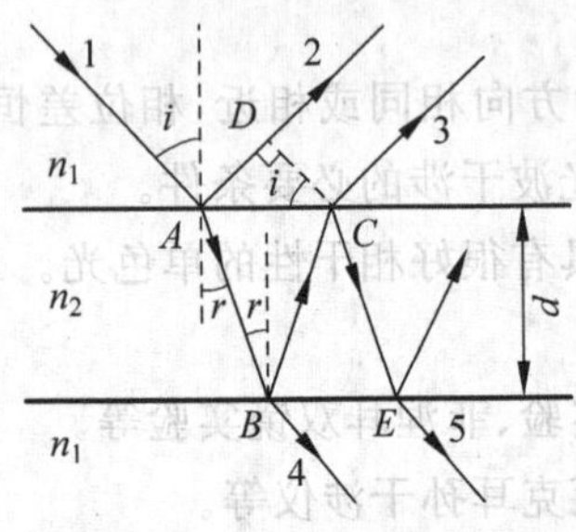

图 19-1 光在介质中的反射与折射

除了考虑由几何路程差引起的光程差外,还要考虑在反射界面两侧的介质情况,判断是否存在半波损失。经过多次反射和折射,光能量占入射光的比例不同。

(1) 薄膜干涉

若 $n_1 < n_2$,还需要考虑半波损失。设入射角为 i,薄膜厚度为 d,光线 2、3 的光程差为 $\delta = n(AB+BC) - AD + \frac{\lambda}{2}$。由折射定律(又称斯涅耳定律)和几何关系,则

$$\delta = 2d\sqrt{n_2^2 - \sin^2 i} + \frac{\lambda}{2}$$

反射的干涉相长(上表面亮条纹情况),满足

$$\delta = 2d\sqrt{n_2^2 - n_1^2 \sin^2 i} + \frac{\lambda}{2} = k\lambda \quad (k = 1,2,\cdots)$$

反射的干涉相消(上表面暗条纹情况),满足

$$\delta = 2d\sqrt{n_2^2 - n_1^2 \sin^2 i} + \frac{\lambda}{2} = (2k+1)\frac{\lambda}{2} \quad (k = 0,1,2,\cdots)$$

若光线垂直入射,$i=0$,光线 2、3 重叠在一起,薄膜厚度 d 相等处的两反射光的干涉情况相同,形成同一干涉条纹。

透射光 4、5 没有附加的光程差,$\delta = 2d\sqrt{n_2^2 - \sin^2 i}$。若反射光因干涉而加强,透射光的干涉一定减弱,符合能量守恒定律。

光学薄膜是一种具有特定光学性质(如对不同波长的光具有不同的反射率、透射率等)的金属或介质薄膜,其厚度一般与光的波长同数量级,层数从一层到数十层不等,如增透膜、反射膜、分光膜等,光学薄膜常用于光学器件中。

(2) 劈尖干涉

对于空气劈尖薄膜,d 是随劈尖形状线性增大的,也存在半波损失的问题。

设光线垂直入射,$i=0$,干涉条纹是等间距的直条纹。若薄膜介质的折射率 $n_2 > 1$,周围空气的折射率 $n_1 = 1$,在薄膜厚度为 h 处,形成干涉条纹的条件为

$$\delta = 2nh + \frac{\lambda}{2} = \begin{cases} k\lambda & (k=1,2,3,\cdots,\text{明纹}) \\ (2k+1)\dfrac{\lambda}{2} & (k=0,1,2,\cdots,\text{暗纹}) \end{cases}$$

条纹为平行于棱边的直纹,相邻两明纹(或暗纹)所对应的介质的厚度差为

$$\Delta h = h_{k+1} - h_k = \frac{\lambda}{2n} = l\theta$$

式中,l 为相邻两明纹(或暗纹)的间距;θ 为劈尖角,一般很小。

*(3) 牛顿环干涉

牛顿环是由一个平面玻璃和一个曲率半径很大的凸透镜的凸面接触而形成的空气层,可看成特殊的空气劈尖。干涉条纹是以接触点为中心的一系列明暗相间的同心圆环,是凸面上和平面上的反射光互相叠加而形成的干涉现象。通常把这些条纹也称为牛顿环。

明暗环(条纹)条件为

$$\delta = 2e + \frac{\lambda}{2} = \begin{cases} k\lambda & (k=1,2,3,\cdots,\text{明环}) \\ (2k+1)\dfrac{\lambda}{2} & (k=0,1,2,\cdots,\text{暗环}) \end{cases}$$

明暗环半径公式为

$$r_k = \sqrt{\left(k - \frac{1}{2}\right)R\lambda} \quad (k=1,2,3,\cdots,\text{明环半径})$$

$$r_k = \sqrt{kR\lambda} \quad (k=1,2,3,\cdots,\text{暗环半径})$$

由于 r_k 与 k 的平方根成正比,当干涉条纹级数 k 增大时,r_k 增加缓慢,则条纹由内到外逐渐变密,条纹间距内疏外密。

*5. 迈克耳孙干涉仪

迈克耳孙干涉仪是利用光的分振幅法产生双光束,根据干涉原理(薄膜干涉)制成的一种精密光学仪器。可用于精密测量距离或比较长度,精度可达到波长数量级(10^{-7} m)。

1881 年,迈克耳孙谋划检测地球相对于以太的运动,企图发现各方向上光速不同的现象。利用此干涉仪,1887 年他与莫雷做了"迈克耳孙-莫雷实验",在不同条件下的多次观测都得到了否定的结果。由此证明,在不同惯性系和不同方向上,光速都是相同的,与光源运动无关。这一实验事实及其相关研究,否定了以太的存在,动摇了经典物理的"以太说",确证了光速不变原理,为爱因斯坦狭义相对论的建立奠定了实验基础。

迈克耳孙因此获得了 1907 年度诺贝尔物理学奖,成为美国第一个获此殊荣的科学家。

6. 有关干涉现象分析及其计算

求解或分析光的干涉问题,一般可按下列方法或步骤进行。

(1) 确定满足相干条件的两束光的干涉区域。

两束光产生干涉需要满足相干条件。

获得相干光的常见方法:分波阵面法(分波前法)和分振幅法。

(2) 计算两束光在相遇干涉处的光程差。

在均匀介质中,光程等于光在介质中经过的几何路程 L 与介质折射率 n 的乘积,即 $\delta = nL$,光程差 $\delta = n_2L_2 - n_1L_1$。

对于反射光线，还需要根据反射界面两侧介质的折射率大小，判断是否有半波损失产生，以此决定在光程差中是否考虑附加光程差。

(3) 根据干涉现象，写出干涉明暗条纹的条件。

根据光程差δ与相位差$\Delta\varphi$之间的关系，由同相或反相条件，写出干涉明暗条纹的关系式，并进行计算。

(4) 讨论干涉条纹形状及其分布情况等。

由上述干涉条纹明暗位置分布，可以计算或分析一般干涉和薄膜干涉中的条纹分布、条纹间隔及其特点。

【典型例题】

【例 19-1】 在双缝干涉实验中，已知相干光源S_1和S_2相距$d=0.2$ mm，屏幕到S_1和S_2连线的垂直距离$D=1.0$ m，若用钠黄光(取$\lambda=589.3$ nm)作为光源，求：(1)第2条明条纹距中心点的距离；(2)相邻两条明纹之间的距离。

【解】 (1) 根据明条纹位置公式

$$x_k=\pm k\frac{D}{d}\lambda \quad (k=0,1,2,3,\cdots,\text{明纹})$$

可得第2条明条纹距中心点的距离为

$$x=k\frac{D}{d}\lambda=2\times\frac{1.0}{0.2\times10^{-3}}\times589.3\times10^{-9}\text{ mm}=5.89\text{ mm}$$

(2) 相邻两条明纹之间的距离为

$$\Delta x=\frac{D}{d}\lambda=\frac{1.0}{0.2\times10^{-3}}\times589.3\times10^{-9}\text{ mm}=2.95\text{ mm}$$

【例 19-2】 为提高玻璃的透射比(玻璃折射率$n_1=1.50$)，通常在其表面镀上MgF_2增透膜($n_2=1.38$)。若已测得增透膜厚度为99.6 nm，为使反射光几乎消失(减弱)，应选择波长为多少的单色光入射合适？

【解】 光线由空气垂直入射到MgF_2增透膜，再到玻璃，当反射光满足光程差

$$2ne=\left(k+\frac{1}{2}\right)\lambda \quad (k=0,1,2,\cdots)$$

时，反射光因干涉而减弱或几乎消失。

取$k=0$时，对应的入射光波长为

$$\lambda=\frac{2ne}{0.5}=\frac{2\times1.38\times99.6}{0.5}\text{ nm}=550\text{ nm}$$

取$k\geqslant1$时，其波长位于紫外波段，为非可见光。故应选择波长为550 nm的黄绿光。

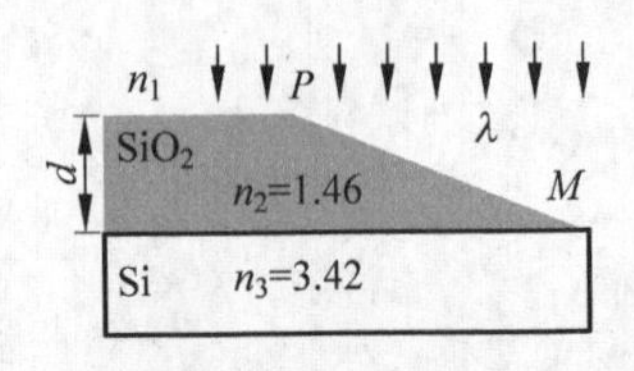

图 19-2 例 19-3 图

【例 19-3】 为测定半导体Si材料平面保护层上的SiO_2薄膜厚度，通常将其磨成如图19-2所示的劈形(MP段)，再用光的干涉方法进行测量。已知Si的折射率为$n_3=3.42$，SiO_2薄膜的折射率$n_2=1.46$，若以波长$\lambda=589.3$ nm的平行光垂直入射，观察反射光形成的等厚干涉条纹，在图中MP段范围可看到7条暗纹，且第7条暗纹位于P处，求该膜的厚度。

【解】 由于 $n_1<n_2<n_3$，入射光在薄膜上下表面反射时均存在半波损失，光程差为 $\delta=2nd$。d 是随劈形线性增大的，在 M 点，$d=0$ 为明纹；在 P 处，d 表示为薄膜厚度。干涉条纹是等间距的直条纹，由暗条纹条件，得

$$\delta = 2nd = (2k+1)\frac{\lambda}{2} \quad (k=0,1,2,3,\cdots)$$

已知 P 处为第7条暗纹，而棱边处对应 $k=0$ 的暗纹，故取 $k=6$，得

$$d=\frac{(2k+1)\lambda}{4n_2}=\frac{13\times 589.3\times 10^{-9}}{4\times 1.46}\ \text{m}=1.312\times 10^{-6}\ \text{m}=1.312\ \mu\text{m}$$

循序而渐进，熟读而精思。

——(宋)朱熹《读书之要》

第20章 光的衍射

当波遇到障碍物时，在其前进方向上，发生绕过边缘或孔隙、传播方向发生变化而偏离原来直线传播的现象，称为衍射。孔隙越小，或波长越长，这一现象就越显著。衍射现象及其特性可用惠更斯-菲涅耳原理解释。以前，衍射也称绕射。

对于准单色光，光经过障碍物边缘时，并不严格遵循光的直线传播规律，而是在其几何阴影内及其附近产生特殊的明暗相间条纹或亮斑等现象。由于光波波长很短，只有当障碍物的尺度与波长可比拟时，方可观察到衍射现象。

【内容概要】

1. 惠更斯-菲涅耳原理

惠更斯原理利用子波的概念，以波动理论解释了光的传播规律，但不能说明干涉和衍射等现象。菲涅耳发展了惠更斯原理，用子波干涉说明了光的衍射的规律性。

惠更斯-菲涅耳原理指出，光传播的同一波面上的各点都可看成一个新的球面波的相干次波源，空间任一点的光扰动是所有次波扰动而传播到该点的相干叠加。

衍射波场中光强的强弱分布正是这些子波相干叠加的结果。利用此原理，可定量计算光波通过衍射屏后的任意位置上的光强分布。

2. 夫琅禾费衍射

若光源和观察屏(接收屏或观察点)距障碍物都是无穷远时，发生的衍射称为夫琅禾费衍射。这类衍射属远场衍射。

若障碍物(称为衍射屏，如圆孔、圆屏、单缝等)与光源或观察屏(接收屏或观察点)的距离都是有限的，或其中之一是有限远时，发生的衍射称为菲涅耳衍射。这类衍射属近场衍射。

(1) 夫琅禾费单缝衍射

单缝衍射可采用半波带法分析，为波带作图法。单色光垂直入射时，衍射明、暗条纹(中央明纹除外)公式为

$$a\sin\theta=\begin{cases}\pm k\lambda & (k=1,2,3,\cdots,\text{暗纹})\\ \pm(2k+1)\dfrac{\lambda}{2} & (k=1,2,3,\cdots,\text{明纹})\end{cases}$$

式中，a 为缝宽。衍射图样中心 $\theta=0$ 处为最亮，即中央明纹光强最大，这里 k 不能取 0。

中央明纹的宽度为

$$\Delta x_0=2f\tan\theta\approx 2f\sin\theta=2f\frac{\lambda}{a}$$

它与波长成正比，与缝宽成反比，且为两侧其他明纹宽度的 2 倍。这一关系称为衍射反比律。或表示为中央明纹的半角宽度 $\Delta\theta=\dfrac{\lambda}{a}$。

其他各级明纹(暗纹)的宽度为

$$\Delta x=f\tan\theta\approx f\sin\theta=f\frac{\lambda}{a}$$

上述结果说明,当 $a \gg \lambda$ 时,$\Delta x \to 0$,各级衍射条纹向中央靠拢,只显示一条明纹,因此,几何光学是波动光学在 $\lambda/a \to 0$ 时的极限情况。

(2) 圆孔衍射

单色光垂直入射时,中央亮斑的角半径 θ 满足关系

$$D\sin\theta = 1.22\lambda \quad (k = 1,2,3,\cdots)$$

式中,D 为圆孔直径。

3. 光学仪器的分辨率

两个点光源 S_1 和 S_2 通过光学仪器成像时,若 S_1 像的中央最亮处刚好与 S_2 像的第一最暗处重合,且该两个点光源恰能被这个光学仪器所分辨,此时 S_1 和 S_2 对仪器透镜轴心的张角 δ 称为最小分辨角。

对圆孔衍射,瑞利判据给出了最小分辨角(角分辨力)为

$$\delta = 1.22\frac{\lambda}{D}$$

式中,λ 为光的波长;D 为光学仪器的透光孔径。分辨力 $R=1/\delta$。最小分辨角越小,则光学仪器的分辨率越高。δ 值的极限称为仪器的分辨本领。

4. 光栅与光栅衍射

光栅是一种在玻璃或金属片的平面(或凹面)上刻有相互平行、等宽、等距的狭缝(刻痕)的精密光学元件。根据多缝衍射原理,当光线透过光栅或被它反射时,会发生色散现象,因此,光栅也称为衍射光栅。光栅通常分为平面光栅和凹面光栅,或透射式、反射式和特殊光栅等。

(1) 光栅(光栅元件)

光栅上刻痕(狭缝)宽度 a 和相邻两缝之间不透光部分的宽度 b 之和,称为光栅常量,即 $d=a+b$,它是光栅的空间周期性间隔。通常每厘米上的刻痕数达数千条,甚至万条以上,光栅常量一般以 mm、μm 或 nm 为单位。

光栅的分辨本领由刻痕总数决定。光栅常量是反映光栅性能最重要的参数。

(2) 光栅衍射

光栅衍射图样是单缝衍射和多光束干涉的总效果。其特点是,在黑暗的背景上显现又窄又细的明亮谱线,且刻痕总数越多(d 越小),谱线越细、越明亮。

当单色光垂直入射时,其各级谱线(明纹)出现的位置满足光栅方程。即

$$d\sin\varphi = (a+b)\sin\varphi = \pm k\lambda \quad (k = 0,1,2,3,\cdots)$$

式中,$d=a+b$ 为光栅常量,φ 为第 k 级谱线的衍射角。因为 $\sin\varphi \leqslant 1$,则 k 是有限的。

可见,光栅衍射主极大(明纹)位置只与光栅常量 d、波长 λ 有关,与光栅的缝数无关。

当单色光以角度 i 斜入射时,光栅方程为

$$d(\sin i \pm \sin\varphi) = k\lambda, \quad k = 0, \pm 1, \pm 2, \cdots$$

当 φ 与 i 在法线同侧,即衍射光谱与入射光在光栅法线同侧时,式中取正号(反射光栅);

当 φ 与 i 在法线异侧,即衍射光谱与入射光在光栅法线异侧时,式中取负号(透射光栅)。

(3) 光栅衍射的缺级现象

光栅的谱线强度受单缝衍射光强分布的调制，当$\frac{d}{a}$为整数比时，衍射图样将出现缺级现象。缺级公式为

$$k=\pm\frac{d}{a}k'=\pm\frac{a+b}{a}k'\quad(k'=1,2,3,\cdots)$$

式中，k为缺失的谱线的级次；k'为单缝衍射的暗纹级次。

5. X射线衍射的布拉格公式(布拉格方程)

布拉格公式以晶格平面点阵为出发点，确定X射线照射晶体时，衍射强度极大的方向，即

$$2d\sin\varphi=k\lambda\quad(k=1,2,3,\cdots)$$

式中，d为晶格晶面间距；φ为X光入射的掠射角(衍射角)；k为衍射级次。

布拉格父子因在使用X射线研究晶体原子和分子结构方面的贡献，获得1915年度诺贝尔物理学奖。儿子当时年仅25岁，历史上父子同时获得此奖是唯一一次，在科学界传为佳话。

6. 有关光的衍射现象分析及其计算

光的衍射主要涉及单缝衍射和光栅衍射的应用。

(1) 半波带法是分析单缝衍射的常用方法，可分析明暗条纹级次及其与半波带个数之间的关系。

(2) 光栅衍射主要体现在光栅方程式(明条纹关系式)的应用。

(3) 光的衍射与干涉一样，本质上都是光波相干叠加的结果，但是是有区别的。

一般来说，干涉是指有限个分立的光束的相干叠加，衍射则是连续的无限个子波的相干叠加。当衍射角满足$a\sin\varphi=\pm k\lambda$(暗纹)时，单缝处波阵面可分为偶数个波带，因此，衍射现象为相互抵消。

干涉强调的是不同光束相互影响而形成相长或相消的现象；衍射强调的是光线偏离直线而进入阴影区域。

【典型例题】

【例 20-1】 在宽为$a=0.10$ mm的单缝后放置一焦距为$f=50$ cm的会聚透镜，用波长为$\lambda=589.3$ nm的黄光垂直照射单缝，求透镜焦面处屏幕上中央明纹及第2级明纹的宽度。

【解】 中央明纹宽度为$\Delta x_1=2f\tan\theta\approx 2f\sin\theta=2f\frac{\lambda}{a}$，得

$$\Delta x_1=2f\frac{\lambda}{a}=2\times 0.5\times\frac{589.3\times 10^{-9}}{0.10\times 10^{-3}}\text{ m}=5.89\times 10^{-3}\text{ m}$$

根据衍射反比律，其他级次明纹宽度为中央明纹宽度的一半。即

$$\Delta x_2=f\tan\theta=f\frac{\lambda}{a}=2.95\times 10^{-3}\text{ m}$$

【例 20-2】 一平面透射光栅1 mm内有500条刻痕。现用钠黄光(取$\lambda=589.3$ nm)作为光源，求：(1)此平面光栅的光栅常量；(2)当光线垂直入射到光栅时，最多可观察到第几条光谱线；(3)若光线以30°入射角照射到光栅上时，此时能看到光谱线的最高级次为多少？

【解】 (1) 光栅常量为

$$d=a+b=\frac{1\times10^{-3}}{500}\ \text{m}=2\times10^{-6}\ \text{m}$$

(2) 垂直入射时,由光栅衍射方程 $d\sin\varphi=\pm k\lambda$,当 $\varphi=90°$时,k 最大,即

$$k=\frac{d}{\lambda}=\frac{2\times10^{-6}}{589.3\times10^{-9}}=3.4$$

级数取较小的整数,取 $k=3$。

(3) 以 30°角入射时,由光栅衍射方程 $d(\sin i+\sin\varphi)=k\lambda$,最多可观察到级次为

$$k=\frac{d(\sin30°+\sin90°)}{\lambda}=\frac{2\times10^{-6}\times1.5}{589.3\times10^{-9}}=5.1$$

级数取较小的整数,取 $k=5$。

【例 20-3】 单色光以 30°的入射角照射到透射光栅上,原来垂直入射时的中央明纹位置现在变为第 2 级光谱线的位置,求此时能看到光谱线的最高级次。

【解】 单色光斜入射时各级谱线(明纹)出现的位置满足光栅方程

$$d(\sin i+\sin\varphi)=k\lambda$$

当 $i=30°$,$\varphi=0$(中央明纹位置)时,$k=2$,得 $d=4\lambda$。

由光栅方程,谱线级次为 $k=\dfrac{d(\sin i+\sin\varphi)}{\lambda}$,可能的最高级次对应于 $\varphi=90°$,则当 $i=30°$,$\varphi=90°$时,k 取最大值,其值为

$$k=\frac{d(\sin i+\sin\varphi)}{\lambda}=\frac{4\lambda(\sin30°+\sin90°)}{\lambda}=6$$

级数取较小的整数,取 $k_{\max}=5$,故此时能看到光谱线的最高级次为 5 级。

可见,斜入射比垂直入射可观察到更高级次的谱线。

【例 20-4】 已知天空中两颗星相对于望远镜的角距离为 4.84×10^{-6} rad,它们发出的光波波长 $\lambda=550$ nm。望远镜物镜的口径至少要多大,才能分辨出这两颗星?

【解】 对圆孔衍射,瑞利判据给出的最小分辨角(角分辨力)为

$$\delta=1.22\frac{\lambda}{D}$$

则望远镜物镜的口径为

$$D=1.22\frac{\lambda}{\delta}=1.22\times\frac{550\times10^{-9}}{4.84\times10^{-6}}\ \text{m}=0.139\ \text{m}$$

事有大小,有先后。察其小,忽其大,先其所后,后其所先,皆不可以适治。

——(宋)程颢《论王霸札子》

第21章 光的偏振

光是电磁波,是一种横波,横波的振动方向对于波的传播方向的轴而言是不对称的,这种不对称称为偏振。光的偏振进一步证实了光是横波。

偏振性只出现在横波中。纵波沿着波的传播方向振动,不可能有偏振。光的偏振在工业生产和科学实验中有着广泛的应用。

【内容概要】

1. 自然光与偏振光

(1) 自然光(天然光)

光是一种电磁波,具有波粒二象性。

把电场方向定为光振动方向,根据电磁波理论,其电场、磁场分量分别垂直于传播方向,有各种不同的振动方向。

自然光是指在垂直于光波前进方向的平面内,振动方向任意且各方向光强度均相等的光。

(2) 光的偏振性

光的振动矢量(垂直于光波的传播方向)相对于光的传播方向偏于某些方向,这种具有不对称的光的性质称为光的偏振性。光波的电矢量相对于光的传播方向不对称的光称为偏振光。

光波的偏振性表明,光是横波,这也是区别于纵波的一个最明显标志;只有横波才有偏振现象。但是,光的横波性只表明其电矢量与光的传播方向垂直,在与传播方向垂直的平面内还可能有各种各样的振动状态。因此,自然光也可看成无数线偏振光的无规则集合,因而不直接显现偏振性。纵波沿着波的传播方向振动,所以不可能有偏振。

(3) 常见的偏振光

按光的光矢量振动状态不同,常见的偏振光有4种:线偏振光、部分偏振光、圆偏振光、椭圆偏振光。

① 在垂直于光波前进方向的平面内,光振动限于某一固定方向的光称为线偏振光或平面偏振光。由于其光矢量在与传播方向垂直的平面上的投影为一条直线,故称为线偏振光或完全偏振光。有时也称平面偏振光。

② 如果偏振光有的方向上光矢量振幅较大,有的方向上光矢量振幅较小,则称之为部分偏振光,即在某一方向上的振动比其他方向上强。当偏振光与自然光混合时,也是部分偏振光。

③ 如果偏振光的振动矢量末端在光的传播过程中作圆形旋转,则称之为圆偏振光。即光的振动矢量末端在垂直于光波前进方向的平面内的投影为圆的轨迹,且其大小和方向随时间有规律地变化。

④ 如果偏振光的振动矢量末端在光的传播过程中作椭圆形旋转,则称之为椭圆偏振光。即光矢量末端在垂直于光波前进方向的平面内的投影是椭圆的轨迹,且其大小和方向

随时间有规律地变化。

(4) 偏振光的获得与检验

用以获得偏振光的元件称为起偏器(起偏振器),用以检验偏振光的元件称为检偏器(检偏振器)。起偏器、检偏器分别是产生、检验偏振光的元件。检偏器也可用做起偏器。偏振片、尼科耳棱镜等都可以作为起偏器或检偏器。

获得偏振光常见的方法有三种:①用偏振片起偏直接获得;②利用光在两种介质界面上的反射和折射,光在各向异性晶体中的双折射现象或二向色性,可以从自然光中获得线偏振光;③自然光经偏振片、晶体起偏器或介质表面反射(一定条件下,参见布儒斯特定律)均可产生线偏振光。

应用这些方法也可以检验线偏振光。在照相技术中,起偏器可克服来自诸如玻璃或光滑表面上的反射干扰。既然反射光是偏振的,就可以用起偏器过滤掉。实际上这时起偏器起检偏器的作用。

2. 由介质吸收入射光引起的光的偏振

偏振片用于获得或检验线偏振光,是一种人造透明薄片。偏振片广泛应用于各种偏振光仪器中,以及制作立体电影眼镜等。

马吕斯定律指出,强度为 I_0 的线偏振光通过偏振片(检偏器)后,若不考虑偏振器对光的吸收,则出射光的强度为

$$I = I_0\cos^2\alpha$$

式中,α 为光的振动方向与偏振光通光方向之间的夹角;I_0 为入射到检偏器的线偏振光的光强;I 为通过检偏器后的透射光的光强(透射光仍是线偏振光)。

若检偏器对透射光吸收 $x\%$,则

$$I = (1 - x\%)I_0\cos^2\alpha$$

若入射光为自然光,则通过检偏器后,透射光强为入射光强的一半,没有 α 角问题。

3. 由反射引起的光的偏振

布儒斯特定律给出了光在界面反射后,反射光成为完全线偏振光的条件。

布儒斯特定律指出,当一束自然光投射到两种介质(如空气和玻璃)的分界面上时,若入射角 i_0 满足关系

$$\tan i_0 = \frac{n_2}{n_1}$$

则反射光就成为完全线偏振光,其振动方向垂直于入射面。式中,入射角 i_0 称为布儒斯特角或起偏角;n_1 和 n_2 分别为入射空间和折射空间介质的折射率。

也就是说,仅当入射角 $i=i_0$ 时,反射光才是完全偏振光,否则为部分偏振光;反射起偏器就是利用此原理产生偏振光的。折射光与 i 无关,仍为部分偏振光。此时,反射光与折射光相互垂直,满足 $i_0+\gamma=\pi/2$ 关系(γ 为折射角)。

*4. 由双折射引起的光的偏振

在光的折射过程中,由折射定律可确定折射光线的方向。

一束射入某些透明晶体的光线分成两束不同方向的折射光，这一现象称为双折射。这两束光都是线偏振光。由于物质的光学各向异性，才有双折射现象发生。

在单光轴晶体(如方解石、石英等)中，其中一束称为寻常光(o 光)，传播速度和折射率与折射方向无关，即折射率不随入射方向改变，遵从折射定律；另一束称为非寻常光(e 光)，传播速度和折射率随折射方向的改变而不同，不遵从折射定律。两者的折射率之差称为双折射率。所以，透过这种晶体看物体时，一般可看到两个分离的像。

对于双光轴晶体(如云母、黄玉等)，两条折射光线的传播速度与折射方向有关，都是非寻常光(e 光)。

5. 由散射引起的光的偏振

散射是指光束在传播时偏离原方向而分散传播的现象。自然光在传播路径上遇到小颗粒或分子时，会激起微粒中的电子振动而发生散射。垂直于入射光方向的散射光为线偏振光，其振动方向与入射光和散射光形成的平面垂直。其他方向的散射光是部分偏振光。

6. 旋光现象

(1) 物质的旋光性

当一束线偏振光通过某些物质后，其振动方向会发生改变，这种振动面发生旋转的光学性质称为旋光性，以前称“光活性”。具有旋光性的物质称为旋光物质，如石英、糖溶液、松节油及某些抗生素溶液等。糖量计是一种测量糖溶液浓度的偏振计。

旋光物质分为左旋和右旋两类。偏振光通过旋光物质时，当观察者正对着入射光传播方向观察时，若振动面发生逆时针方向(向左)旋转，则称为左旋，这种物质为左旋物质；反之，若振动面发生顺时针方向(向右)旋转，则称为右旋，这种物质为右旋物质。

天然植物提炼出的蔗糖及生物体内的葡萄糖都是右旋物质，而人工合成的糖既有左旋，又有右旋结构。有趣的是，人只能消化吸收右旋糖。

(2) 旋光度

线偏振光通过单位厚度的旋光物质后，其振动面旋转的角度称为旋光度。

旋光度标志着溶质的特性，其大小和方向除了与该物质结构有关外，还与测定时的温度、光源波长及其经过的物质厚度(如旋光仪的旋光管长度)、溶液浓度和溶剂等因素有关。

若被测物质是溶液，当光源波长、温度、物质厚度恒定时，其旋光度与其浓度成正比。可见，严格地书写旋光度时，除了需要注明温度和光的波长外，还要在数据后的括号内注明其质量百分浓度和配制溶液用的溶剂。

7. 有关光的偏振问题求解

光的偏振问题主要涉及马吕斯定律和布儒斯特定律的应用。

(1) 马吕斯定律指出了入射光强、出射光强，以及光的振动方向与偏振光通光方向之间的夹角关系。

(2) 布儒斯特定律指出了入射角 i_0 与介质折射率的关系，反射光成为完全线偏振光的条件。此时，反射光与折射光相互垂直。

【典型例题】

【例 21-1】 两偏振片的偏振化方向成30°,自然光透射过两偏振片。(1)若不考虑偏振化方向的吸收,求透射光与入射光强度之比;(2)若偏振片的偏振化方向有10%的吸收,求透射光与入射光强度之比。

【解】 (1) 设自然光入射的光强为I_0,透射光的光强为I_2,根据马吕斯定律得

$$I_2 = I_1\cos^2 30^\circ = \frac{1}{2}I_0\cos^2 30^\circ$$

$$\frac{I_2}{I_0} = \frac{1}{2}\cos^2 30^\circ = \frac{3}{8} = 0.375$$

(2) 若偏振片的偏振化方向有10%的吸收,透射光的光强为I_2',则

$$\frac{I_2'}{I_0} = \frac{1}{2}\cos^2 30^\circ(1-10\%)^2 = 0.304$$

【例 21-2】 自然光垂直入射到互相垂直的两个偏振片上,求以下两种情况下,这两个偏振片的偏振化方向的夹角:(1)透射光强为透射光最大光强的1/3;(2)透射光强为入射光强的1/3。

【解】 设自然光的光强为I_0,则通过第一个偏振片以后,光强为$I_0/2$,因此通过第二个偏振片后的最大光强为$I_0/2$,最小为0。

根据题意和马吕斯定律,有

(1) $\frac{I_0}{2}\cos^2\alpha = \frac{1}{3}\cdot\frac{I_0}{2}$

解得

$$\alpha = \pm 54^\circ 44'$$

(2) $\frac{I_0}{2}\cos^2\alpha = \frac{I_0}{3}$

解得

$$\alpha = \pm 35^\circ 16'$$

【例 21-3】 如图21-1所示,三块理想的偏振片堆叠在一起,起偏器P_1和检偏器P_3的偏振化方向相互垂直,其间的偏振片P_2以角速度ω绕光传播方向旋转,以实现光强的调制。设入射自然光的光强为I_0,证明自然光通过这一系统后,最后出射光的光强为$I=\frac{I_0}{16}(1-\cos 4\omega t)$,并说明其变化规律。

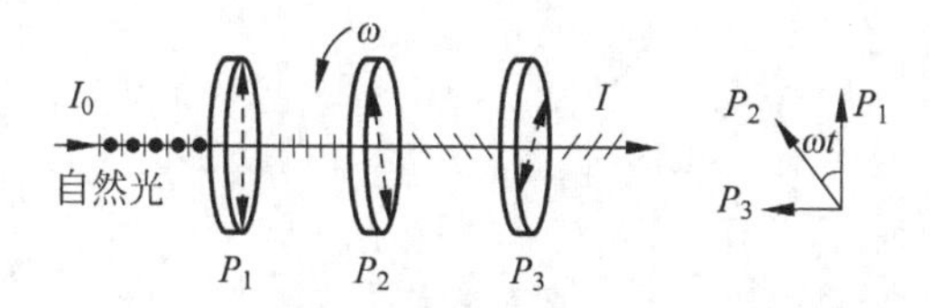

图 21-1 例 21-3 图

【证明】 入射自然光经过起偏器P_1后,光强为$I_1 = I_0/2$。设$\alpha=\omega t$,经过以角速度ω旋转的偏振片P_2后,光强为

$$I_2 = I_1\cos^2\alpha = \frac{I_0}{2}\cos^2\omega t$$

再经过检偏器 P_3，最后出射的光强为 I_3，即

$$I = I_3 = I_2\cos^2(90° - \alpha) = \frac{I_0}{2}\cos^2\omega t \cdot \cos^2(90° - \omega t) = \frac{I_0}{16}(1 - \cos 4\omega t)$$

当 $\omega t = 0, 90°, 180°, 270°$ 时，出射的光强为 0；

当 $\omega t = 45°, 135°, 225°$ 和 $315°$ 时，出射的光强为 $I_0/8$。

偏振片 P 每旋转一周，出射的光强将交替出现四次明暗变化的现象。

【例 21-4】 如图 21-2 所示，一块折射率 $n=1.50$ 的平面玻璃浸在水中，水的折射率为 $n'=1.33$，已知一束光从空气中入射到水面时，水面上的反射光为完全偏振光。若要使玻璃表面的反射光也是完全偏振光，求玻璃表面与水平面的夹角 θ 应为多大。

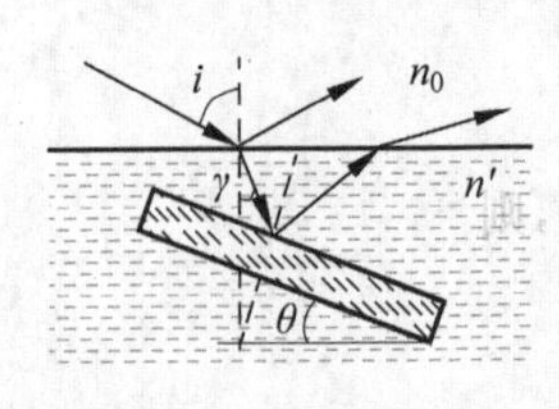

图 21-2 例 21-4 图

【解】 设光从空气以入射角 i 射到水面时，反射光为完全偏振光，则入射角 i 满足布儒斯特定律

$$\tan i = \frac{n'}{1} = \frac{1.33}{1} = 1.33$$

得 $i = 53.06°$。

设折射角为 γ，根据折射定律有

$$\frac{\sin i}{\sin\gamma} = n' = 1.33$$

$$\sin\gamma = \frac{\sin i}{1.33} = \frac{\sin 53.06°}{1.33} = 0.60$$

得 $\gamma = 36.9°$，此折射光以入射角 $(\gamma+\theta)$ 入射到玻璃表面。

若玻璃上的反射光也是完全偏振光，根据布儒斯特定律，有

$$\tan(\gamma+\theta) = \frac{n}{n'} = \frac{1.50}{1.33} = 1.128$$

得 $\gamma+\theta = 48.4° \approx 48°26'$，则玻璃表面与水平面的夹角为

$$\theta = 48.4° - 36.9° = 11.5° = 11°30'$$

书读至乐，物观化境。

——(明)洪应明《菜根谭》

第 5 篇　量子物理基础

量子物理学是研究微观现象的物理学，其理论基础包括量子力学、量子统计、量子场论等。量子力学是关于微观世界中微观粒子运动规律的理论(空间尺度$\leqslant 10^{-8}$ m)。量子力学与狭义相对论结合(相对论量子力学)后，逐步建立了量子场论。

微观粒子具有波粒二象性，其运动不能用通常的宏观物体运动规律来描述。量子力学用波函数描述微观粒子的运动状态，以薛定谔方程确定波函数的变化规律，并用算符或矩阵方法对各物理量进行计算。

量子物理学的建立标志着人们对客观规律的认识从宏观世界深入到了微观世界。量子物理学是物理学一次非常深刻的革命，是科学家群体的共同智慧成果。围绕这些科学的重大发现，我们在学习过程中还可以了解到量子物理学的先驱杰出的洞察力、丰富的想象力和惊人的创造力，量子物理发展的艰难历程，科学争论如何推动量子物理发展等，学习物理学家寻找物质世界和谐统一的执着精神。

第 22 章　量子物理的基本概念

普朗克的能量子概念使经典物理学碰到的许多疑难问题迎刃而解。在其引导下，探索微观物理世界迅速发展为 20 世纪物理学的主流。

在某些现象中，如果粒子的波动性可以忽略，则量子力学便可过渡到经典力学；如果场的粒子性可以忽略，量子场论便过渡到经典场论。当粒子运动速度与光速可比拟时，需要采用相对论量子力学。

本章主要介绍和揭示波粒二象性的实验规律以及一些基本概念和规律，它们是建立量子力学的重要基础，在现代科学技术中有着广泛的应用。

【内容概要】

1. 黑体辐射

(1) 绝对黑体

绝对黑体简称黑体，是指在任何温度下，都能全部吸收外来电磁辐射而无反射和透射的理想物体。其对任何波长的电磁波吸收系数均为 1，发射系数与透射系数均为 0，所以，被光照射时，为全黑色，故名。黑体是与“绝对白体(白体)”特性相反的模型。

黑体是一种理想模型,真正的黑体并不存在,所以也称绝对黑体。若在一个空壳表面上开一个小孔,这个小孔就十分近似于黑体的表面。

(2) 黑体辐射与能量子

热辐射是指物体在有限温度下的电磁辐射。黑体辐射指黑体发出的电磁辐射,其发射电磁辐射的能力比同温度下的任何其他物体都强。

普朗克通过对黑体辐射性质的研究,发现了物质吸收或发射的辐射能量子,通过引入能量子的假说,建立了普朗克公式。黑体辐射也被用作辐射和高温测量的标准。

所谓能量子(量子),是指微观世界的能量不连续变化过程中只能取某些分立值所存在的最小的能量单元。在黑体辐射理论中,能量子可以用

$$\varepsilon = h\nu$$

表示。$h\nu$ 为光所具有的最小能量,物体发射或吸收的能量必须是这个最小单元的整数倍,即 $E=nh\nu$。其中,h 称为普朗克常量,ν 是特定波长的辐射所对应的频率,n 为整数。

普朗克常量 h 是微观现象量子特性的表征,$h=6.626\ 068\ 96\times10^{-34}\ \mathrm{J\cdot s}$。

对宏观运动而言,由于量子的数值很小,在较大物体的运动中,量子特性没有显著体现,可忽略其影响,其量就像连续变化一样,牛顿力学仍可适用。对微观运动,如电子、原子等的微观运动,这种量子效应不能忽略,牛顿力学已不再适用,必须采用量子力学进行分析。

(3) 普朗克公式(普朗克热辐射公式)

在普朗克辐射公式建立之前,瑞利-金斯辐射公式和维恩位移公式都只能说明黑体辐射的部分现象,而不能解释实验的全部结果。普朗克提出能量子假说,理论上导出此公式,与实验完全符合,成功地解释了黑体辐射的实验结果。

1900 年 12 月 14 日,普朗克提出能量子假设,标志着量子力学的诞生。

普朗克公式是黑体辐射的能量按波长(或频率)分布的公式。黑体表面在单位时间内从单位面积上发出的、波长在 λ 至 $\lambda+\mathrm{d}\lambda$ 之间的辐射能量为 $M_\lambda\mathrm{d}\lambda$,其中

$$M_\lambda(T) = \frac{2\pi hc^2}{\lambda^5}\cdot\frac{1}{\mathrm{e}^{\frac{hc}{k\lambda T}}-1}$$

由 $\nu=\frac{c}{\lambda}$,令 $M_\nu(T)=\frac{\lambda^2}{c}M_\lambda(T)$,改用频率表示为

$$M_\nu(T) = \frac{2\pi h}{c^2}\cdot\frac{\nu^3}{\mathrm{e}^{\frac{h\nu}{kT}}-1}$$

式中,k 为玻耳兹曼常量,c 为真空中的光速,T 为黑体的热力学温度,M_λ 和 M_ν 为单色辐射出射度(单色辐出度)。由此可见,黑体辐射能量按波长的分布仅与黑体温度有关。

此公式克服了黑体辐射经典理论中存在的困难,可推导出斯特藩-玻耳兹曼定律和维恩位移定律,而且在低频段和高频段情况下可分别转换为瑞利-金斯公式($h\nu\ll kT$ 情况)和维恩位移定律的公式($h\nu\gg kT$ 情况)。

普朗克因发现能量子和成功解释电磁辐射的经验定律而获得 1918 年度诺贝尔物理学奖。

(4) 斯特藩-玻耳兹曼定律

斯特藩-玻耳兹曼定律表达式为

$$M(T) = \sigma T^4$$

该式表明了黑体的辐射总能量与其温度之间的关系。式中，$M(T)$为绝对黑体在一定温度下的总辐射出射度(辐射本领)；$\sigma \approx 5.67\times10^{-8}\ \mathrm{W\cdot m^{-2}\cdot K^{-4}}$，为斯特藩-玻耳兹曼常量。

(5) 维恩位移定律

维恩位移定律表示为

$$\lambda_{\mathrm{m}} T = b$$

该式表明黑体辐射中，随着温度的升高，λ_{m} 向短波方向移动，在短波较小时与实验符合较好。式中，λ_{m} 为相应于 M_{ν} 曲线极大处的波长，$b=2.898\times10^{-3}\ \mathrm{m\cdot K}$，为维恩常量。

德国科学家维恩因发现热辐射定律获得1911年度诺贝尔物理学奖。

2. 爱因斯坦的光子假设与光电效应

(1) 爱因斯坦的光子假设

在能量子假设基础上，爱因斯坦认为，以光速 c 运动的粒子流，每个粒子都具有 $h\nu$ 大小的能量，这些粒子称为光子(也称光量子)。当具有一定能量和动量的光子打击物质表面时，物质中将释放出光电子，此现象称为光电效应。

(2) 爱因斯坦光电效应方程

爱因斯坦光电效应方程给出了由于光照射而从物体中释放出来的电子的动能。即

$$\frac{1}{2}mv_{\mathrm{m}}^{2} = h\nu - A$$

式中，m 为光电子质量，v_{m} 为逸出光电子的最大初速度，ν 为入射光频率，A 为金属的逸出功(功函数)。最大动能为零时，金属表面不再有电子逸出。这时入射光的频率为截止频率或红限频率，表示为

$$\nu_0 = \frac{c}{\lambda_0} = \frac{A}{h}$$

逸出功表示从物质中释放一个电子的最小能量，也称脱出功、功函数，如铯的逸出功为1.94 eV。对任何材料都存在一个截止频率 ν_0，即当入射光频率 $\nu<\nu_0$ 时，不能发生光电效应。

电子伏(eV，电子伏特)常用作计量微观粒子能量的单位。$1\ \mathrm{eV}=1.602\times10^{-19}\ \mathrm{J}$。

遏止电压与最大初动能的关系为

$$E_{\mathrm{k}} = \frac{1}{2}mv_{\mathrm{m}}^{2} = eU_{\mathrm{a}}$$

发射的电子称为光子，光子也是一种粒子，1926年正式命名光子，是光(电磁辐射)的能量子，具有稳定、不带电的特点。光的波动性用光波的波长和频率表示，光的粒子性用光子质量、能量和动量描述，说明光的波粒二象性。

一个光子的能量为 $\varepsilon=h\nu$，由相对论的质能关系式 $E=mc^2$，一个光子的相对论质量为

$$m = \frac{h\nu}{c^2} = \frac{h}{c\lambda},\quad m = \frac{m_0}{\sqrt{1-\left(\frac{v}{c}\right)^2}}$$

式中，m_0 为光子的静止质量。真空中的光子以光速 c 运动，而质量是有限的，可见，光子是静止质量为零的一种粒子。由于光速不变，对任何参照系都不会静止，因此，在任何参照系中，光子的质量并不为零。

爱因斯坦因在理论物理学上的发现，特别是阐明光电效应定律获得了1921年度诺贝尔物理学奖。获奖的原因不是基于相对论。

密立根因油滴实验测定电子的电荷量等贡献获得了1923年度诺贝尔物理学奖。油滴实验证实了爱因斯坦光量子理论，为测定电子质量、普朗克常量等提供了可能性。

(3) 光电效应分类

工程应用中，把在光的照射下电路中产生电流或电流变化的现象都称为光电效应。通常光电效应分为三类：①在光线作用下能使电子从物体表面逸出的，称为外光电效应或光电发射；②能使物体电阻值改变的，称为内光电效应或光电导效应；③能够产生一定方向电动势的，称为阻挡层光电效应或光伏效应。

3. 康普顿效应(康普顿散射)

较短波长的电磁辐射(如X射线、γ射线)被物质散射后，散射波中除有原波长的波之外，还出现波长增大的波，这种波长变长的散射现象称为康普顿效应(或康普顿散射)。对于入射光为波长较长的可见光或紫外线，此现象并不显著($\Delta\lambda \ll \lambda_0$)。

散射公式(波长改变公式)，即波长的改变量$\Delta\lambda$为

$$\Delta\lambda = \lambda - \lambda_0 = \frac{2h}{m_0 c}\sin^2\frac{\theta}{2} = \lambda_C(1-\cos\varphi)$$

式中，φ为散射角；$\lambda_C = \dfrac{h}{m_0 c} = 2.426\times10^{-12}$ m，称为康普顿波长。

实验表明，波长的改变量$\Delta\lambda$与散射物质和入射波长λ_0无关，只与散射角φ有关。

康普顿效应解释为光子和散射物质中自由电子弹性碰撞的结果。康普顿实验证实了光量子假设的正确性，也证明了光子与微观粒子相互作用的过程严格遵守动量守恒定律和能量守恒定律。

散射前电子是静止的，康普顿效应的实验证明了X射线的粒子性，可发生在所有的带电粒子的散射上。这是继光电效应之后证明光的粒子性的独立关键性实验，康普顿因此也获得了1927年度诺贝尔物理学奖。中国科学家吴有训参与了此项研究的开创性工作。

4. 光的波粒二象性

光学理论发展历史表明，曾有很长一段时间，科学家徘徊于光的粒子性和波动性之间，虽然相互矛盾，实际上两种解释并不对立，而是相互并存，在不同条件下分别表现出不同的性质，即光具有波粒二象性。量子力学就是建立在两个假设——普朗克量子假设和波粒二象性基础上的理论。

(1) 德布罗意假设与德布罗意公式

德布罗意在光的波粒二象性启发下，采用类比法和创新思维方式提出“物质波”理论——实物粒子也具有波粒二象性。对频率为ν的光子，德布罗意公式为

$$p = \frac{h}{\lambda}$$

可见，描述光的粒子特性的物理量(能量$\varepsilon = h\nu$和动量$p = mv$)与描述光的波动特性的物理量(频率ν和波长λ)通过普朗克常量h联系了起来。德布罗意公式把粒子性和波动性统一起来，给予“量子”以真正涵义，为量子力学的建立提供了理论基础。

若只讨论非相对论情况，自由粒子的动能和波长分别为

$$E_k = \frac{1}{2}m_0 v^2, \quad \lambda = \frac{h}{p} = \frac{h}{m_0 v} = \frac{h}{\sqrt{2m_0 E_k}}$$

和实物粒子相联系的波称为物质波，或德布罗意波，其波长 λ 为德布罗意波长。宏观物体因质量相对较大，其德布罗意波长小到实验难以测量的程度，波动性极不显著，仅表现出粒子性特征。物质波也可以从分子束甚至中子束获得验证。

德布罗意因此获得了 1929 年度诺贝尔物理学奖，成为第一个以博士论文获奖的学者。

戴维孙-革末电子衍射实验是验证德布罗意假设的关键实验。戴维孙和 G. P. 汤姆孙分别从实验上证实了实物粒子的波动性，因此分享了 1937 年度诺贝尔物理学奖。G. P. 汤姆孙的获奖演绎了"子承父业"的传奇，其父 J. J. 汤姆孙因发现电子等贡献于 1906 年获奖。

(2) 光的波粒二象性

物质相互作用时的行为，在不同条件下有时像具有确定能量和动量(如碰撞过程)的粒子的行为，有时又像具有波的行为(如干涉)，这种性质就是波粒二象性。

波粒二象性是物质的普遍性质，是微观粒子的基本属性之一。光电效应和康普顿效应反映了光的粒子性(量子特性)，干涉、衍射等现象显示出光的波动性。

在实际问题中，由于 h 很小，光子能量 $h\nu \to 0$，则 $p = h/\lambda \to 0$，光的粒子性表现不显著。

5. 概率波与概率幅

德布罗意波为概率波，描述粒子在各处被发现的概率。概率波的数学表达式叫波函数，量子力学用其描述微观粒子(或其体系)的运动状态，不能用实验测量。

波函数用符号 $\psi(x,y,z,t)$ 表示，叫做概率幅。$|\psi|^2 = \psi\psi^*$ 为概率密度，表示在时刻 t 粒子出现于坐标 (x,y,z) 点附近单位体积中的概率。概率幅具有叠加性。

微观粒子或其体系的各种物理量都可通过波函数来确定其取各种可能值的概率。

波函数满足单值、连续和有限的标准条件，且满足归一化条件

$$\int_V |\psi|^2 \mathrm{d}V = 1$$

概率波较好地把波动性与粒子性统一起来，电子干涉实验可说明玻恩对波粒二象性的统计解释。玻恩因对量子力学的基础研究，包括量子力学中波函数的统计解释，获得了 1954 年度诺贝尔物理学奖。

6. 海森伯不确定关系(不确定原理)

微观粒子具有波粒二象性，经典理论的描述方法对其不再适用，而是受到不确定关系的限制。不确定关系为

$$\Delta x \Delta p_x \geqslant \frac{\hbar}{2}(\text{或 } \Delta x \Delta p_x \geqslant \hbar) \quad \left(\hbar = \frac{h}{2\pi}\right)$$

式中，$\hbar$ 称为约化普朗克常量。在作数量级的估算时，常用 $\hbar$ 代替 $\frac{\hbar}{2}$。不确定关系表明，Δx 和 Δp_x 不能同时为零，即一个微观粒子的某些物理量(如位置与动量，或方位角与角动量)不可能同时具有确定的数值；其中一个量确定得越精确，另一个量的不确定程度就越大。这些不确定量并不涉及测量仪器的完整性，是微观粒子内在的固有不可测定性。

符号 Δ 在这里的含义为不确定范围或不确定度，不是 x 或 p 的增量或变化。Δx 是沿 x 方向位置的不确定范围，Δp_x 是动量沿 x 方向位置的不确定范围。

时间和能量也服从不确定关系，微观粒子存在于某一状态的时间越短，则这状态的能量确定程度就越差。能量与时间的不确定关系为

$$\Delta E \Delta t \geqslant \frac{\hbar}{2}$$

这些不确定关系称为海森伯不确定关系，也称为不确定原理，旧称测不准关系。因为 h 值如此之小，日常生活中感受不到这一关系，才使得微观世界表现出很大的不同。

海森伯因建立矩阵力学和其他成就获得了1932年度诺贝尔物理学奖。

玻尔理论（下一章介绍）认为原子中的电子的位置和速度都是可精确计算的，违反了测不准原理。这说明玻尔理论也有局限性。

7. 一维定态薛定谔方程

薛定谔受到德布罗意物质波启发，针对氢原子核外电子的运动规律，提出了同时反映波粒二象性的数理方程。薛定谔方程是关于波函数的线性偏微分方程，是量子力学的一个基本方程式，其正确性由实验得到验证。应用此方程得到的结果与实验相符，说明了此方程可描述微观粒子运动的规律性。但它是数学工具，不能被实验测量。

波函数是量子力学中表征微观粒子（或其体系）运动状态的一个函数，通常写成位置坐标及时间的复函数。在一维势场 $U(x)$ 中，一维定态薛定谔方程为

$$-\frac{\hbar^2}{2m} \cdot \frac{\partial^2 \psi(x)}{\partial x^2} + U\psi(x) = E\psi(x)$$

式中，概率幅 $\psi(x)$ 是粒子的定态波函数，E 是粒子的能量。此微分方程是线性齐次的，解是复函数，则概率幅 $\psi(x)$ 满足叠加原理（但概率密度不满足叠加原理）。量子力学以薛定谔方程确定波函数的变化规律，并用算符或矩阵方法对各物理量进行计算。

在各种条件下的薛定谔方程的解，描述该条件下微观系统的能量和运动状态。薛定谔方程没有考虑相对论效应，只适用于运动速度比光速小得多的粒子体系。

薛定谔因发现原子理论的新形式与狄拉克分享了1933年度诺贝尔物理学奖。

8. 一维无限深方势阱中的粒子

能量量子化

$$E_n = \frac{\pi^2 \hbar^2}{2ma^2} n^2 \quad (n = 1, 2, 3, \cdots;\ E_1 \text{ 为基态})$$

德布罗意波长量子化

$$\lambda_n = \frac{2a}{n} = \frac{2\pi}{k}$$

与两端固定的弦具有类似的形式。

9. 势垒穿透

微观粒子可以进入其势能（有限大小）大于其总能量的区域。

在势能有限情况下，粒子可以穿透势垒到达另一侧，这种现象也称隧穿效应。

【典型例题】

【例 22-1】 现有具有多种逸出功的金属材料(铯 1.9 eV,铍 3.9 eV,钨 4.5 eV,钯 5.0 eV)可供选择,若要制造能在可见光(波长 380～780 nm)下工作的光电管,应选择哪种材料,为什么?

【解】 据光电效应公式,只有 $h\nu > A$ 时,光电子才能逸出金属表面。

在可见光范围的最大和最小两个波长,相应的光子能量范围为(分母为 J、eV 单位换算)

$$\frac{h\nu_{\min}}{e}=\frac{h\frac{c}{\lambda_1}}{e}=\frac{6.626\times10^{-34}\times\dfrac{3\times10^8}{780\times10^{-9}}}{1.609\times10^{-19}}\ \mathrm{eV}=1.58\ \mathrm{eV}$$

$$\frac{h\nu_{\max}}{e}=\frac{h\frac{c}{\lambda_2}}{e}=\frac{6.626\times10^{-34}\times\dfrac{3\times10^8}{380\times10^{-8}}}{1.609\times10^{-19}}\ \mathrm{eV}=3.25\ \mathrm{eV}$$

铯的逸出功为 1.9 eV,在此范围内,故选择铯合适。

【例 22-2】 电子显微镜中的电子从静止开始通过电势差为 U 的静电场加速后,其德布罗意波长是 0.04 nm,求该电势差 U 的大小。

【解】 由 $\lambda=\frac{h}{p}$ 和 $E_k=\frac{1}{2}mv^2$,有 $\lambda=\frac{h}{p}=\frac{h}{m_e v}=\frac{h}{\sqrt{2m_e E_k}}=\frac{h}{\sqrt{2m_e eU}}$,则

$$U=\frac{h^2}{2m_e e\lambda^2}=\frac{(6.63\times10^{-34})^2}{2\times9.1\times10^{-31}\times1.6\times10^{-19}\times(0.04\times10^{-9})^2}\ \mathrm{V}=940\ \mathrm{V}$$

【例 22-3】 已知 X 射线的光子能量为 0.50 MeV,在经康普顿散射之后,光子波长变化 20%,求反冲电子的能量。

【解】 根据康普顿效应,康普顿散射可看成 X 射线中的光子与自由电子之间相互碰撞过程。在此过程中能量和动量守恒,反冲电子获得的能量为反冲动能,即光子损失的能量。

能量守恒方程为 $h\nu_0=h\nu+\frac{1}{2}mv^2=h\nu+\Delta E_k$,即

$$\Delta E_k=h(\nu_0-\nu)=hc\left(\frac{1}{\lambda_0}-\frac{1}{\lambda}\right)=hc\frac{|\Delta\lambda|}{\lambda\lambda_0}=h\nu_0\frac{|\Delta\lambda|}{\lambda}$$

$\left(\text{或由 } \nu=\frac{c}{\lambda}\text{,得 } |\Delta\nu|=\frac{c}{\lambda^2}|\Delta\lambda|\right)$

$$\Delta E_k=h\nu_0\frac{|\Delta\lambda|}{\lambda}=0.50\times20\%\ \mathrm{MeV}=0.10\ \mathrm{MeV}$$

$$\Delta E_k=h\frac{c}{\lambda^2}|\Delta\lambda|=h\frac{c}{\lambda}\cdot\frac{|\Delta\lambda|}{\lambda}=h\nu\cdot\frac{|\Delta\lambda|}{\lambda}=0.6\times20\%\ \mathrm{MeV}=0.12\ \mathrm{MeV}$$

天下事有难易乎?为之,则难者亦易矣;不为,则易者亦难矣。人之学问有难易乎?学之,则难者亦易矣;不学,则易者亦难矣。

——(清)彭端淑《为学一首示子侄》

第23章　原子中的电子

氢原子的玻尔理论成功解释了只有一个电子的氢原子和类氢原子的谱线频率，玻尔理论的部分成就促进了量子论的发展，在科学史上曾起到很大作用。

【内容概要】

1. 玻尔理论的三条基本假设

原子半径为 $2\times10^{-10}\sim3\times10^{-10}$ m。各种元素的原子具有不同的平均质量和原子结构。一切原子都由一个带正电的原子核和围绕它运动的若干电子组成。

玻尔在卢瑟福原子结构的基础上，把普朗克量子概念与经典运动规律相结合，形成的初步理论比较圆满地解释了氢原子光谱规律。玻尔因此贡献获得了1922年度诺贝尔物理学奖。他的儿子"子承父业"，因相关贡献获得了1975年度诺贝尔物理学奖。

(1) 定态假设(稳态假设，量子化轨道假设)

原子中的电子在原子核的库仑力场(即静电场)中的一些特定轨道上绕核运动，而不辐射能量(不发光)，只有角动量 L 等于 $h/(2\pi)$ 的整数倍的那些轨道才是稳定的，在每一稳定轨道中，原子具有一定的能量 E_n，这些不连续的能量值组成原子的各个能级。即

$$L = m_e r_n v_n = n\frac{h}{2\pi} = n\hbar$$

此式称为量子化条件。式中，h 为普朗克常量；r_n 是第 n 个轨道的半径；$n=1,2,3,4,\cdots$ 称为主量子数。

量子数是表征量子系统状态的一些特定数字，为一系列整数和/或半整数值，有的取正值或也能取负值，以此确定能量量子化所可能具有的数值。但当微观粒子运动状态发生变化时，量子数的增减只能为1的整数倍。

所谓能级，是为形象化起见，用一条条水平横线表示电子在一定能量范围内的各个能量值，并把这些状态的能量按大小排列，犹如梯级，故得名。能量越大，线的位置越高。

(2) 跃迁假设(玻尔频率假设)

当原子中的一个电子从能量 E_m 的能级跃迁到能量 E_n 的能级时，将发射或吸收一个频率为 ν 的电磁辐射的光子，光子能量等于跃迁前后电子轨道能量之差。频率条件为

$$h\nu = |E_m - E_n|$$

辐射光子的频率由上式决定。弗兰克-赫兹实验证实了玻尔假设。弗兰克和G.赫兹因其实验发现电子撞击原子时出现的规律性，获得了1925年度诺贝尔物理学奖。

2. 玻尔氢原子理论的几个结论

玻尔假设不能由经典力学得到，只能用量子力学解释。

(1) 量子数(电子在原子中的运动)

电子在原子中的运动用四个量子数表示。其取值不是任意的，而是存在一定的制约关系。

① 主量子数 n：只能取1,2,3,…等正整数，是确定电子能量的主要量子数。

② 角量子数 l(轨道角动量量子数)：只能取0,1,2,…等正整数，表示电子的轨道角动量。

③ 磁量子数 m_l(轨道角动量磁量子数)：可取0或正、负整数，表示电子轨道角动量在空间某一方向上的分量。

④ 自旋量子数 s(自旋角动量量子数)：只能取1/2，表示电子自旋角动量在这一空间方向上的两个分量。自旋磁量子数 m_s(自旋角动量磁量子数)只能取+1/2或−1/2。

(2) 氢原子的能级公式

$$E_n=-\frac{m_e e^4}{2(4\pi\varepsilon_0)^2\hbar^2}\cdot\frac{1}{n^2}=\frac{E_1}{n^2}=-\frac{13.6}{n^2}\ (\mathrm{eV})$$

$$E_1=-\frac{m_e e^4}{8\varepsilon_0^2 h^2}=-13.6(\mathrm{eV})$$

式中，$n=1,2,3,\cdots$，为主量子数；$n=1$ 时的能量 $E_1=-13.6$ eV，称为基态能级(电离能)，相应的状态称为基态。能级表示了具有确定能量的原子定态。

基态的能级最低，此时系统最为稳定。当 n 取1,2,3,4,…时，一系列不连续的能量值构成了氢原子能级。由于它们均为负值，所以随着 n 的增大，能量值随之增高，相应的状态称为激发态($n>1$)。

在激发态，系统处于不稳定状态。原子通过发射电磁波(光子)或与其他粒子相互作用又将在很短时间内自发返回到基态。原子之所以能处于激发态，是其中电子(通过吸收光子或与其他粒子相互作用)获得能量的结果。微观粒子系统这种状态改变的过程称为跃迁。跃迁过程严格遵循能量、动量和角动量等守恒定律。

按一定规律将原子光谱中的谱线分成若干个组，即光谱线系。每组谱线称为一个线系。原子光谱的线系结构反映了原子能级的规律性。从产生本质区分，分为原子光谱和分子光谱；从产生的方式区分，分为发射光谱、吸收光谱和散射光谱。

(3) 氢原子的轨道半径

由经典运动条件可以得到氢原子的轨道半径 r_n 为

$$r_n=n^2 r_1\quad(n=1,2,3,\cdots)$$

$$a_0=r_1=\frac{4\pi\varepsilon_0\hbar^2}{m_e e^2}=\frac{\varepsilon_0 h^2}{\pi m_e e^2}$$

式中，$a_0=r_1=5.291\ 772\ 086\times10^{-11}\ \mathrm{m}\approx0.0529$ nm 是电子的第一轨道半径，称为玻尔半径。玻尔半径是原子物理学中的一种长度单位。

(4) 氢原子中电子的轨道速度

$$v_n=\frac{v_1}{n}\quad(n=1,2,3,\cdots)$$

轨道角动量 $L=\sqrt{l(l+1)}\,\hbar$，角量子数 $l=0,1,2,3,\cdots,n-1$。

尽管电子沿轨道运动这一概念实际并不正确，且已被量子力学的概率分布概念所代替，但由于经典图像较为直观，现仍沿用轨道这个术语来近似地描述原子内部电子的运动。

玻尔理论是阐明原子结构的初步理论，可以很好地解释氢原子和类氢原子的谱线，但有一定的局限性，许多实验现象和事实用玻尔理论得不到圆满解释。例如，不能说明谱线的强度和偏振等现象，也不能满意地说明多电子原子的情况。玻尔理论认为原子中的电子位置和速度都是可精确计算的，违反了测不准原理。

3. 电子的自旋与自旋轨道耦合

自旋是许多微观粒子和原子核的属性之一，相当于它们固有的角动量。电子绕核运动的轨道角动量为

$$S=\sqrt{s(s+1)}\hbar=\sqrt{\frac{3}{4}}\hbar$$

式中，s 为电子的自旋量子数。由计算和实验得出 s 只有一个值，即 1/2。

任何粒子的自旋在空间中的方向也不是任意的，它在空间中一个确定方向(如磁场方向)上的投影，必须是 $h/2\pi$ 的整数或半整数倍(倍数的绝对值小于或等于 s)，即

$$S_z=m_s\hbar$$

式中，m_s 只有 1/2(向上)和 −1/2(向下)两个值，叫自旋磁量子数。

4. 多电子原子中电子的分布

多电子原子的结构由薛定谔方程描述，核外电子的排布遵循以下两个基本原则。

(1) 泡利不相容原理

泡利根据光谱实验结果的分析，总结出了一个规律：在一个原子中不能有两个或更多的电子处在完全相同的状态(它们的四个量子数全部相同)，即在由性质相同的费米子组成的系统中，不能有两个或更多个粒子处于完全相同的状态。提出此理论时，他 24 岁。

具有半整数自旋的粒子为费米子。泡利不相容原理适用于费米子。

泡利不相容原理是微观粒子运动的基本规律之一。应用此规律，可解释原子内部的电子分布状况和元素周期律。泡利因此贡献获得了 1945 年度诺贝尔物理学奖。

(2) 能量最低原理

在不违背泡利不相容原理的前提下，当原子处于正常状态时，原子中的电子尽可能地占据未被填充的最低能级。可见，能量较低的壳层首先被电子填充，只有当低能级的壳层被填充满后，电子才依次向高能级的壳层填充。此外，还有洪德规则补充说明。

5. 激光与激光器

激光是激光器发射的光束。激光器的全称是 light amplification of stimulated emission of radiation，缩写为 laser，表示受激辐射光放大发射器。激光器也称为光激射器、雷射。

光和原子的相互作用主要有三个基本过程：自发辐射、受激辐射和光的吸收。

利用原子的受激辐射原理，使光在受激发的工作物质中放大或振荡发射，制成激光器。采用光、电及其他方法对工作物质进行激励，使其中一部分粒子激发到能量较高的状态中，当此状态的粒子数大于能量较低状态的粒子数时(称粒子数反转)，由于受激辐射作用，该工作物质就能对某一特定波长的光辐射产生放大作用，而得到与入射激励光波相位、频率和方向都一致的强度更高的光。

粒子数的正常分布与反转分布是光放大的必要条件。若把激发的工作物质置于谐振腔内，光辐射在谐振腔管内近轴线方向往复反射传播，光多次通过工作物质，工作物质不断受激辐射，从而使光放大很多倍，就会形成一束强度很大、波长单一、方向高度集中的光束——

激光束。

激光器的基本结构包括工作物质、激励电源和光学谐振腔。在激光器两端反射镜与谐振腔管轴垂直,使激光具有高度的指向性,光束的发散角可达毫弧度。两端反射镜间距控制其间驻波的波长,使激光具有极高的单色性,它是很好的相干光源。光强与原子数的平方成正比,所以激光的亮度极高,可比太阳亮度高几十亿倍。

激光束功率密度集中,具有亮度极高,单色性、相干性和方向性好等特点,但输出功率有限。用激光的波长作为基准的精确度更高,因此激光很快就成为科学家理想的"光尺"。

1960年美国研制出世界上第一台红宝石激光器,证实了爱因斯坦关于受激辐射过程存在的预言。美国科学家汤斯和苏联科学家巴索夫、普洛霍罗夫因各自独立在激光微波激射器、激光振荡器和放大器方面的贡献,分享了1964年度诺贝尔物理学奖。

【典型例题】

【例 23-1】 氢原子在基态受到能量为12.95 eV的光子作用,吸收能量并跃迁到高能级激发态。(1)试问,吸收后将跃迁到哪个能级?(2)氢原子在激发态都是不稳定的,最后将自发跃迁回基态并辐射光子,定性画出可能发出谱线的能级示意图。

【解】 (1) 氢原子从基态 E_1 吸收能量 $\Delta E=12.95$ eV 后,有

$$E = E_1 + \Delta E = -13.6 + 12.95(\text{eV}) = -0.65\ \text{eV}$$

由 $E_n=\frac{E_1}{n^2}$,$E_4=-0.85$ eV,$E_5=-0.544$ eV,此能量只能使氢原子处于 $n=4$ 状态。

$$\left(\text{或 } n=\sqrt{\frac{E_1}{E_n}}=\sqrt{\frac{-13.6}{-0.65}}=4.57\text{,只能取 } n=4 \text{ 能级}\right)$$

(2) 氢原子从能级 $n=4$ 激发态自发跃迁返回基态,并辐射光子。

由 $h\nu=E_m-E_n$,得

$$h\frac{c}{\lambda}=\frac{E_1}{m^2}-\frac{E_1}{n^2},\quad \frac{1}{\lambda}=\frac{E_1}{hc}\left(\frac{1}{m^2}-\frac{1}{n^2}\right)$$

将能量 E_1 改用电子伏作单位,$R=\frac{E_1}{hc}=1.096\ 776\ \text{m}^{-1}$ 称为里德伯常量,则

$$\frac{1}{\lambda}=R\left(\frac{1}{m^2}-\frac{1}{n^2}\right)$$

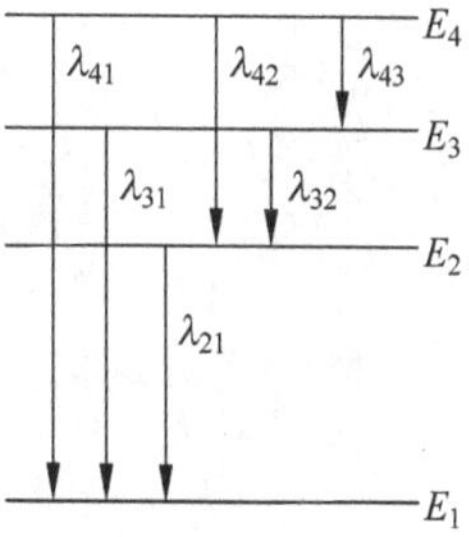

可能发出的谱线波长由上式计算,即 $m\to n$ 跃迁:4→3,4→3,4→1,3→2,3→1,2→1 可能发出对应的六条谱线,如图23-1所示。也可以求出对应的波长,如3→1对应的波长为

$$\lambda_{3\to1}=\frac{hc}{E_3-E_1}=\frac{6.63\times10^{-34}\times3\times10^8}{(-1.51+13.6)\times1.6\times10^{-19}}\ \text{m}=102.8\ \text{nm}$$

图 23-1 例 23-1 图

【例 23-2】 氢原子赖曼光谱线系是所有激发态(第2能级,直到无穷大能级)向基态($n=1$)跃迁所产生的光谱系(紫外区)。求氢原子赖曼谱线系的最短波长和最长波长。

【解】 由氢原子光谱公式 $h\nu=E_m-E_n$,$E_n=-\frac{13.6}{n^2}$,取基态 $n=1$,其他激发态为 m,有

$$h\nu=E_m-E_n=-13.6\left(\frac{1}{m^2}-\frac{1}{1^2}\right)$$

对应于最短波长为 $m\to\infty$ 向基态跃迁，则

$$h\nu_{\min}=\frac{hc}{\lambda_{\min}}=E_{\infty}-E_1=-13.6\left(\frac{1}{\infty^2}-\frac{1}{1^2}\right)\text{ eV}=13.6\text{ eV}$$

$$\lambda_{\min}=\frac{hc}{13.6}=\frac{6.63\times10^{-34}\times3\times10^{8}}{13.6\times1.6\times10^{-19}}\text{ m}=9.14\times10^{-8}\text{ m}=91.4\text{ nm}$$

对应于最长波长为由 $n=2$ 向基态跃迁，则

$$h\nu_{\max}=\frac{hc}{\lambda_{\max}}=E_2-E_1=-13.6\left(\frac{1}{2^2}-\frac{1}{1^2}\right)\text{ eV}=10.2\text{ eV}$$

$$\lambda_{\max}=\frac{hc}{10.2}=\frac{6.63\times10^{-34}\times3\times10^{8}}{10.2\times1.6\times10^{-19}}\text{ m}=1.22\times10^{-7}\text{ m}=122\text{ nm}$$

习勤忘劳，习逸成懒。

——(清)李惺《西沤外集·药言剩稿》

第24章　固体中的电子

固体物质分子(或原子、离子)之间的相互作用较强,通常分为排列规则的晶体和混乱分布的非晶体(无定形体)两大类。

固体的许多性质(特别是导电性)与其中电子的行为密切相关。

本章主要介绍晶体的能带结构,并定性说明导体、半导体和绝缘体的差异。

【内容概要】

1. 自由电子按能量分布

固体中自由电子只能取离散的能量。自由电子按能量分布的单位体积内的态密度为

$$g(E)=\frac{(2m_e)^{\frac{3}{2}}}{2\pi\hbar^3}E^{\frac{1}{2}}$$

在0℃时,自由电子占满费米能量 E_F 以下的所有量子态。常温下与0℃基本相同。

0 K时的费米能量(能级) $E_F=(3\pi^2)^{\frac{2}{3}}\frac{\hbar^2}{2m_e}n^{\frac{2}{3}}$,约为几个电子伏,取决于 n 值。

0 K时的费米速率 $v_F=\sqrt{\frac{2E_F}{m_e}}$,一般约为 $10^6\ \mathrm{m\cdot s^{-1}}$。

费米温度 $T_F=\frac{E_F}{k}$,一般约为 10^6 K。

2. 能带　导体　绝缘体

(1) 能带

微观粒子系统在束缚态中只能处于一系列不连续的、分立的稳定状态,这些状态分别具有一定能量,它们的数值各不相等。

一定能量范围内彼此相隔很近的许多能级形成一条带,就是晶体中电子所具有的能量范围,称为能带。不同晶体的能带数目及其宽度等各不相同。

与能带相关的其他能量状态,有禁带、满带、空带、导带、价带等。

禁带:相邻两个能带之间的能量范围,即能隙。禁带宽度是相邻两个能带之间的最小能量差。晶体中的电子不具有这种能量。导体和绝缘体都有禁带,但其宽度各不相同。

满带:完全被电子占据的能带。满带中的电子不能导电。

空带:完全未被占据的能带。

导带:部分被占据的能带。导带中的电子能够导电。

价带:价电子所占据的能带。它是价电子的能级所分裂而成的能带。

能量比价带低的各能带一般都是满带。价带可以是满带,也可以是导带。如在一价金属中价带是导带,所以金属能导电;在绝缘体和半导体中是满带,所以,它们一般均不能导电。

(2) 导体

导体是指价带未填满，或导带与相邻满带有交叠，或价带与导带有交叠的晶体。不同导体的能带不尽相同。低价金属元素一般都是导体，其最外层电子(价电子)在外电场作用下很容易产生定向移动而形成电流。

(3) 绝缘体

价带是满带，且与相邻的空带(导带)之间的禁带宽度较大的晶体为绝缘体。或者说，绝缘体只有满带和空带，满带和空带之间有较宽的禁带。禁带宽度为 3～10 eV。

3. 半导体

半导体的能级也只有满带和空带，与绝缘体的能带相似，但禁带宽度不同，是具有较小能带间隔(导带与价带之间的间隙)的介电体。禁带宽度较窄，为 0.1～1.5 eV。

半导体与金属不同，纯度很高、内部结构完整的半导体，在极低温度下几乎不能导电，但很容易因杂质的存在或受外界影响(如光照、升温等)使价带中的电子数目减少形成空穴，或使空带中出现一些电子而成为导带，或两者兼具，使它的导电性能发生显著变化，因而也能导电。

因此，半导体的掺杂性和热敏性是其主要特性，掺有特定微量杂质的半导体分为 N 型和 P 型两类。例如，室温下，在纯硅中掺入百万分之一的硼，可使硅的导电能力提高 50 万倍。半导体是制造晶体管和集成电路以及某些光电敏感元件的主要材料。

在一定波长的光照射下，某些非均匀半导体(如 PN 结或金属-半导体接触)的两极间会产生电势差或电动势的效应，这种现象称为光伏效应。据此可以制造光电池。

美国科学家肖克利、巴丁和布拉顿因研究半导体并发明晶体管，分享了 1956 年度的诺贝尔物理学奖。

4. 物质的导电性能

工程上，通常从电结构和导电性能上把物质分为导体、半导体和绝缘体。物质的导电性能通常用电阻率 ρ(体积电阻率)或电导率 σ 表征。ρ 越小(σ 越大)，导电本领越高。

在室温下，各种金属的电阻率为 $10^{-6}\sim10^{-4}\ \Omega\cdot\text{cm}$。

绝缘体是指具有良好的电绝缘性(或热绝缘性)，即几乎不导电的物体，其电阻率一般大于 $10^{8}\ \Omega\cdot\text{cm}$，且范围较大。玻璃、陶瓷、云母、塑料、橡胶、石英和惰性气体等物质都很难导电，常用作不导电材料。其原子的最外层电子受原子核的束缚力很强，只有在外部电场强度大到一定程度时才可能导电。

半导体是指导电性能介于金属与绝缘体之间的非离子性导电物质，如元素半导体(硅、锗、硒、硼等)和某些化合物半导体等。室温下，半导体的电阻率为 $10^{-3}\sim10^{9}\ \Omega\cdot\text{cm}$。

枯木逢春犹再发，人无两度再少年。

——《增广贤文》

第25章　核物理

核物理,是原子核物理学的简称。它是研究原子核的结构、性质和变化规律的学科,是原子能科技的基础。

19世纪末,X射线、放射性和电子等三大发现,为科学家打开了微观世界的大门。

【内容概要】

1. 核的一般性质

核,原子核的简称,原子的核心部分。

原子核带正电,是质子和中子(总称核子)的紧密结合体,占有原子质量的绝大部分,但其直径不及原子直径的万分之一,仅为$10^{-15}\sim10^{-14}$ m(飞米数量级)。飞米(fm)是目前通用的最小长度单位(1 fm$=10^{-15}$ m)。核的半径为$R\approx r_0A^{\frac{1}{3}}$,$r_0=1.2$ fm。

原子核常用符号$^{Z}_{A}X$表示,如$^{4}_{2}He$等。X是元素的符号;Z代表该核的质子数或电荷数,即该元素的原子序数;A代表核子的总数,即质量数。其关系为$A=Z+N$,N为中子数。

核的自旋量子数为I,核自旋角动量在z方向的投影为

$$I_z=m_I\hbar,\quad m_I=\pm I,\pm(I-1),\cdots,\pm\frac{1}{2}\text{ 或 }0$$

核的磁矩在z方向的投影为

$$\mu_z=g\mu_N m_I$$

核磁子

$$\mu_N=\frac{e\hbar}{2m_p}=5.051\times10^{-27}\ \mathrm{J\cdot T^{-1}}$$

质子和中子都有磁矩,它们的自旋磁矩在z方向的投影为

$$\mu_z=g\mu_N m_I,\quad\text{其中 }m_I=\pm\frac{1}{2}$$

卢瑟福1911年根据α粒子的散射实验(卢瑟福实验)发现了原子核的存在,并提出原子结构的行星模型,预言了中子的存在。他的学生查德威克1932年首先发现了中子,并获得了1935年度诺贝尔物理学奖。卢瑟福曾于1908年获得诺贝尔化学奖。

2. 核力

核力就是核子之间所特有的相互作用。其特点是强度大,力程短,与电荷无关。

当核子之间距离小于0.5×10^{-15} m(0.5 fm)时,核力表现为强大的斥力。此区域范围内表现为核力的排斥性。当距离大于0.5×10^{-15} m时主要表现为引力,能克服质子间的库仑斥力而使各核子结合成原子核。随着距离的增大,核力很快减小,当距离大于2×10^{-15} m左右时,核力极微弱,基本消失。

核力实际上是核子内部的夸克之间相互作用的残余色力。

3. 核结合能

结合能是指几个粒子从自由状态结合为一个复合粒子所释放出的能量。或者说,把一

个复合粒子分为各个自由粒子所需要做的功。结合能数值越大,分子或原子核就越稳定。

分散的核子组成原子核时放出的能量,称为原子核结合能,以 MeV 为单位。

*4. 核的液滴模型

将核看成不可压缩的、具有很大表面张力的特殊液体凝成的带电的液滴。据此可解释核结合能、核聚变和某些核反应等。

韦塞克关于结合能的半经验公式(略)。

5. 放射性和衰变定律

(1) 放射性

放射性是指某些不稳定的原子核自发地放出粒子或 γ 射线,或在发生轨道电子俘获后放出 X 射线,或发生自发裂变(核裂变)的性质。

天然存在的放射性核素能自发放出射线的特性,称为天然放射性;而通过核反应人工制造出来的放射性核素的放射性,称为人工放射性。人类或其他生物受到过量的放射性辐射时,可能引起各种放射病或烧伤等,对此必须进行防护。

贝可勒尔 1896 年发现自发放射性,使科学家的视野从原子深入到原子核,为核物理学的诞生奠定了基石。居里和居里夫人因对放射性现象和镭研究的贡献,与贝可勒尔分享了 1903 年的诺贝尔物理学奖。居里夫人因发现并提炼出镭和钋,"梅开二度",于 1911 年度获得了诺贝尔化学奖。居里夫人的长女与女婿约里奥·居里虽错过了发现中子的机遇,但因人工合成放射性元素获得了 1935 年度诺贝尔化学奖,"女承母业"传为佳话。

(2) 衰变定律

衰变是指大量的原子核因放射性而陆续发生转变,使处于原状态的核数目不断减少的过程。对个别核来说,这种转变以一定的概率发生。

不稳定的粒子自发转变为新粒子的过程,也称为衰变。放射性衰变是一个统计过程。

设放射性核的数目为 N,放射衰变服从指数衰变定律,在时间 t 内放射性核的数目为

$$N(t)=N_0\mathrm{e}^{-\lambda t}=N_0\mathrm{e}^{-\frac{t}{\tau}}$$

式中,λ 为衰变常量,τ 为平均寿命,$\lambda=1/\tau$。$t_{\frac{1}{2}}$ 为半衰期,为放射性元素的一个特性常量,用秒(s),也用年(a)作单位。讨论衰变速率用半衰期,公式为

$$t_{\frac{1}{2}}=\tau\ln 2=0.693\tau=\frac{0.693}{\lambda},\quad N(t)=N_0\mathrm{e}^{-\frac{\ln 2}{t_{\frac{1}{2}}}t}=N_0\mathrm{e}^{-\frac{0.693t}{t_{\frac{1}{2}}}}$$

在放射性衰变过程中,放射性元素的核数目减少到原来的一半所需的时间称为半衰期。半衰期是放射性元素的特性常数;半衰期越短,放射性越强。放射性元素的半衰期长短差别很大,短的仅 10^{-7} s,长的可达几十亿年。

(3) 放射性活度

放射性活度为单位时间内的衰变数,即

$$A(t)=-\frac{\mathrm{d}N}{\mathrm{d}t}=A_0\mathrm{e}^{-\frac{t}{\tau}}=\lambda N_0\mathrm{e}^{-\frac{t}{\tau}}=\lambda N=N_0\mathrm{e}^{-\lambda t}$$

活度国际单位为贝可(Bq),1 Bq=1 s^{-1};以前用居里(Ci),1 Ci=3.70×10^{10} Bq。

在 $t=0$ 时的活度为起始活度;若已知放射性活度随时间的变化,则可测得相应的时

间，这种方法可用于考古等。利用半衰期长达44.5亿年的同位元素铀-238，可大致判断出宇宙的年龄为100多亿年。美国科学家利比因发现^{14}C放射性碳素鉴年法而获得1960年度诺贝尔化学奖。

6. 衰变与三种射线

(1) α衰变与α射线

α衰变是指不稳定的原子核自发放射一个完全电离的α粒子($_2^4He$)而转变为另一种核的过程。α粒子衰变是由强互相作用和电磁相互作用引起的。

α射线是放射性原子核所发出的高速运动的α粒子流。虽然α粒子能量可达4～9 MeV，但其质量比电子大得多，故穿透物质的本领比β射线弱得多，用薄层物质即可阻挡。

(2) β衰变与β射线

β衰变是指放射性原子核放射电子(或正电子)和中微子而转变为另一种核的过程；所释放出的电子流(或正电子流)就是β射线。β衰变中放射的电子的能谱是连续的。

β衰变是弱相互作用引起的。电子俘获也是β衰变的一种。

(3) γ射线(γ辐射)

原子核从能量较高的状态过渡到能量较低的状态时所放出的能量，通常以γ射线形式出现，是受激核发射光子的过程(γ衰变)。在带电粒子的韧致辐射中，正、负粒子相遇发生湮没时，以及在原子核的衰变过程中都能产生γ射线。

α衰变时，也常伴有γ辐射(γ射线)，γ射线一般是α衰变或β衰变的“副产品”。

γ射线是指激发态原子核跃迁到基态时放射的波长极短(通常指10^{-10} m以下，比X射线更短)，且能量较高(10^4 eV以上)的电磁辐射。γ射线穿透物质的本领比β射线强，可穿透厚达几十厘米的水泥墙。一般防护γ射线时，需要采用吸收能力强的铅块，吸收衰减服从指数衰减规律。电离作用较弱。

在没有吸收情况下，γ射线的强度与距离的二次方成反比。

X射线属于短波电磁辐射，波长为0.006～2 nm，约介于紫外线和γ射线之间。

7. 核反应

核反应是指某种一定能量的微观粒子与原子核相互作用(轰击)，使核的状态或结构发生变化的过程。有些核反应常形成新核，并放出一个或几个粒子(包括重核发生裂变)。衰变也是一种核反应。

卢瑟福实验证实了原子的有核模型。1919年卢瑟福用α粒子($_2^4He$)轰击氮而获得氧的同位素，首先实现了元素的人工嬗变(人工核反应)。

利用各种加速器和原子核反应堆，已实现了上万种核反应，由此获得了大量放射性同位素和各种介子、超子、反质子、反中子等粒子。

任何核反应都遵从能量、动量、质量和电荷等守恒定律。

开发核能通常有两种途径：一是重元素的裂变，如铀；二是轻元素的聚变，如氘、氚等。例如，探测冥王星的“新视野号”飞船探测器搭载一个小型核反应堆——同位素温差电池，利用放射性元素钚-238衰变过程释放α射线的能量为飞船上的各种电子设备供电。

【典型例题】

【例 25-1】 计算 1 g 的^{14}C 衰变到剩下 10 mg 所需要的时间，并求其衰变常量λ。(已知^{14}C 的半衰期 $t_{1/2}$ 为 5 730 a)($\ln 10\approx 2.3026$，$\ln 2=0.693$)

【解】 因为质量正比于原子数，则有 $m=m_0 e^{-\frac{0.693t}{t_{1/2}}}$，取对数为

$$-\frac{0.693t}{t_{1/2}}=\ln 10^{-2},\quad t=-\frac{\ln 10^{-2}\times t_{1/2}}{0.693}=\frac{4.605\times 5\,730}{0.693}\ \text{a}=3.808\times 10^{4}\ \text{a}$$

衰变常量

$$\lambda=\frac{\ln 2}{t_{1/2}}=\frac{0.693}{5\,730\ \text{a}}=1.21\times 10^{-4}\ \text{a}^{-1}=3.83\times 10^{-12}\ \text{s}^{-1}$$

【例 25-2】 在考古工作中，可以从古生物遗骸中^{14}C 的含量推算古生物到现在的时间 t。设 ρ 是古生物遗骸中^{14}C 和^{12}C 存量之比，ρ_0 是空气中^{14}C 和^{12}C 存量之比。求 t 与^{14}C 半衰期 $t_{1/2}$ 的关系式(即古生物年龄 t)。

【解】 设古生物中^{12}C 的含量为 $N(^{12}\text{C})$，刚死时的古生物中^{14}C 的含量为 $N_0(^{14}\text{C})$；现在古生物遗骸中的含量为 $N(^{14}\text{C})$，则

$$\rho=\frac{N(^{14}\text{C})}{N(^{12}\text{C})},\quad \rho_0=\frac{N_0(^{14}\text{C})}{N(^{12}\text{C})}$$

根据衰变规律，有

$$N(^{14}\text{C})=N_0(^{14}\text{C})e^{-\lambda t}$$

故 $\rho=\rho_0 e^{-\lambda t}$，可求得

$$t=\frac{1}{\lambda}\ln\frac{\rho_0}{\rho}$$

由衰变常量$\lambda=\frac{\ln 2}{t_{\frac{1}{2}}}$，得

$$t=\frac{1}{\lambda}\ln\frac{\rho_0}{\rho}=t_{\frac{1}{2}}\frac{\ln(\rho_0/\rho)}{\ln 2}$$

若样品的年代较近，采用此法的误差较大。

古今之成大事业、大学问者，必经三种之境界："昨夜西风凋碧树，独上西楼，望尽天涯路"，此第一境也；"衣带渐宽终不悔，为伊消得人憔悴"，此第二境也；"众里寻他千百度，蓦然回首，那人却在灯火阑珊处"，此第三境也。

——(清)王国维《人间词话》

附录　部分常用的物理常量

物理常量	符号、数值与单位
引力常量	$G=6.674\ 28\times10^{-11}\ m^3\cdot kg^{-1}\cdot s^{-2}$
摩尔气体常量	$R=8.314\ 472\ J\cdot mol^{-1}\cdot K^{-1}$
标准大气压	$p_0=1\ atm=101\ 325\ Pa$
阿伏伽德罗常量	$N_A=6.022\ 141\ 79\times10^{23}\ mol^{-1}$ $N_A=6.022\ 140\ 761\times10^{23}\ mol^{-1}$(2019 年重新定义)
玻耳兹曼常量	$k=1.380\ 650\ 4\times10^{-23}\ J\cdot K^{-1}$ $k=1.380\ 649\ 7\times10^{-23}\ J\cdot K^{-1}$(2019 年重新定义)
理想气体在标准温度和压强下的摩尔体积	$V_m=2.241\ 399\ 6\times10^{-2}\ m^3\cdot mol^{-1}$
绝对零度	$T=-273.15\ K$
元电荷(电子电荷)	$e=1.602\ 176\ 487\times10^{-19}\ C$ $e=1.602\ 176\ 633\ 8\times10^{-19}\ C$(2019 年重新定义)
真空电容率	$\varepsilon_0=8.854\ 187\ 817\times10^{-12}\ C^2\cdot N^{-1}\cdot m^{-2}$
真空磁导率	$\mu_0=4\pi\times10^{-7}\ H\cdot m^{-1}=1.256\ 637\ 061\ 4\times10^{-6}\ H\cdot m^{-1}$
电子静止质量	$m_e=9.109\ 382\ 15\times10^{-31}\ kg$
中子静止质量	$m_n=1.674\ 927\ 21\times10^{-27}\ kg$
质子静止质量	$m_p=1.672\ 621\ 67\times10^{-27}\ kg$
真空中光速	$c=2.997\ 924\ 58\times10^{8}\ m\cdot s^{-1}$
普朗克常量	$h=6.626\ 068\ 96\times10^{-34}\ J\cdot s$ $h=6.626\ 070\ 147\times10^{-34}\ J\cdot s$(2019 年重新定义)
维恩常量	$b=2.897\ 791\times10^{-3}\ m\cdot K$
斯特藩-玻耳兹曼常量	$\sigma=5.670\ 400\times10^{-8}\ W\cdot m^{-2}\cdot K^{-4}$
里德伯常量	$R_\infty=1.097\ 373\ 156\ 9\times10^{7}\ m^{-1}$
电子伏	$1\ eV=1.602\ 176\ 487\times10^{-19}\ J$

参考文献

[1] 夏征农,陈至立.辞海[M].6版.上海：上海辞书出版社,2009.
[2] [德] Horst Stöcker.物理手册[M].吴锡真,李祝霞,陈师平,译.北京：北京大学出版社,2004.
[3] 张三慧.大学基础物理学[M].3版.北京：清华大学出版社,2017.
[4] 马文蔚.物理学[M].5版.北京：高等教育出版社,2006.
[5] 陈信义.大学物理教程[M].2版.北京：清华大学出版社,2008.

第二部分
课外练习

____级__________专业________班 学号：__________姓名：__________

练习1 质点运动学

一、判断题(正确打√，错误打×)

1. 一质点从空间一点 A 运动到另一点 B，当其到达目的地 B 后，其位移大小小于或等于其经过的路程。(　　)

2. 运动中的物体，速度恒定，加速度变化，这是不可能的。(　　)

3. 质点作曲线(非直线)运动，其总加速度可以出现为零的情况。(　　)

4. 在圆周运动中，加速度的方向一定指向圆心。(　　)

5. 物体作曲线(非直线)运动时，必定有加速度，加速度的法向分量一定不等于零。(　　)

6. 飞机在空中作水平匀速飞行，在忽略空气等阻力情况下，飞机上掉下来的物体将很快落后于飞机。(　　)

二、单项选择题

1. 以下说法中，正确的是(　　)。

A. 运动物体的加速度越大，物体的速度也越大

B. 物体在直线前进时，如果物体向前的加速度减小了，物体前进的速度也减小

C. 物体的加速度值很大，而物体的速度值可以不变，这是不可能的

D. 在直线运动中且运动方向不发生变化时，位移的量值与路程相等

2. 如图1-1所示，河中有一小船，人在离河面一定高度的岸上通过绳子以匀速度 v_0 拉船靠岸，则船在图示位置处的速率为(　　)。

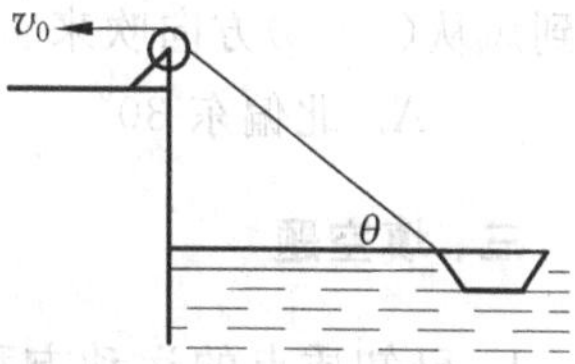

A. v_0　　B. $v_0\cos\theta$

C. $v_0/\cos\theta$　　D. $v_0\tan\theta$

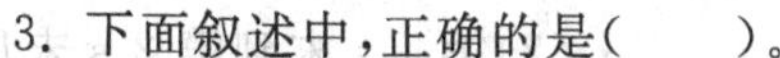

图1-1 选择题2图

3. 下面叙述中，正确的是(　　)。

A. 速度为零，加速度一定为零

B. 当速度和加速度方向一致，但加速度量值减小时，速度的值一定增加

C. 当速度和加速度方向一致，但加速度量值减小时，速度的值一定减小

D. 速度很大，加速度也一定很大

4. 一小球以仰角 θ、初速度 v_0 抛出，若不计空气阻力，则当小球运动到最高点时，其轨道曲率半径为(　　)。

A. $\dfrac{v_0^2}{g}$　　B. $\dfrac{v_0^2}{2g}$　　C. $\dfrac{v_0^2\sin^2\theta}{g}$　　D. $\dfrac{v_0^2\cos^2\theta}{g}$

5. 一质点在平面上运动，已知质点位置矢量的表达式为 $\boldsymbol{r}=ct^2\boldsymbol{i}+bt^2\boldsymbol{j}$(式中 c、b 为常量)，则该质点作(　　)。

A. 匀速直线运动　　B. 变速直线运动　　C. 抛物线运动　　D. 一般曲线运动

6. 质点从 A 到 B 沿轨道 AB 作曲线运动，速率逐渐减小，以下正确地表示质点在 C 处的加速度的是(　　)

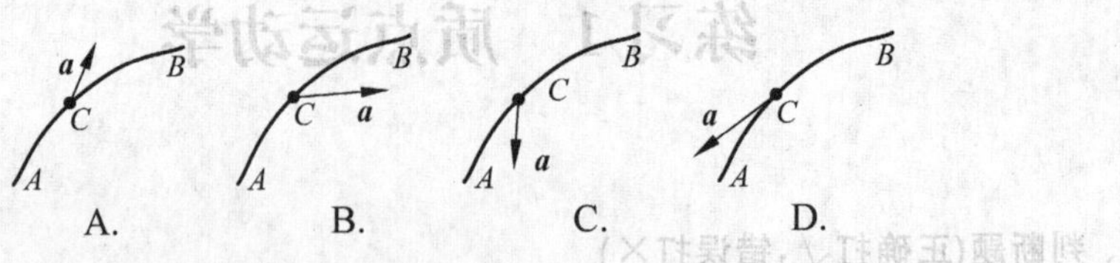

7. 某物体的运动规律为$\frac{\mathrm{d}v}{\mathrm{d}t}=-kv^2t$，式中 k 为大于零的常量。当 $t=0$ 时，初速为 v_0，则速度 v 与时间 t 的函数关系是(　　)。

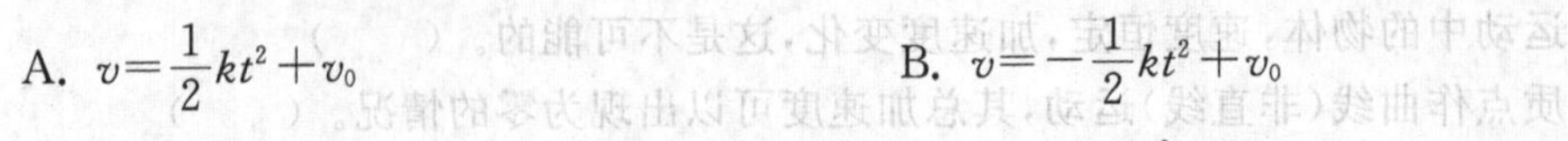

A. $v=\frac{1}{2}kt^2+v_0$　　　　B. $v=-\frac{1}{2}kt^2+v_0$

C. $\frac{1}{v}=\frac{kt^2}{2}+\frac{1}{v_0}$　　　　D. $\frac{1}{v}=-\frac{kt^2}{2}+\frac{1}{v_0}$

8. 质点作半径为 R 的变速圆周运动，若 v 表示质点在任一时刻的速率，则其加速度大小为(　　)。

A. $\frac{\mathrm{d}v}{\mathrm{d}t}$　　　　B. $\frac{v^2}{R}$

C. $\frac{\mathrm{d}v}{\mathrm{d}t}+\frac{v^2}{R}$　　　　D. $\sqrt{\left(\frac{\mathrm{d}v}{\mathrm{d}t}\right)^2+\left(\frac{v^2}{R}\right)^2}$

9. 下列运动中，加速度保持不变的是(　　)。

A. 单摆的摆动　　　　B. 行星的椭圆轨道运动

C. 匀速圆周运动　　　　D. 抛体运动

10. 某人骑自行车以速率 v 向西行驶，今有风以相同速率从北偏东 30°方向吹来，则人感到风从(　　)方向吹来。

A. 北偏东 30°　　B. 南偏东 30°　　C. 北偏西 30°　　D. 西偏南 30°

三、填空题

1. 已知质点的运动方程为 $x=2t$，$y=2-t^2$(SI)，则：(1)$t=1$ s 时质点的位置矢量为________，速度为________，加速度为________；(2)第 1 s 末到第 2 s 末质点的位移为________，平均速度为________。

2. 某人从田径运动场的 A 点出发，沿 400 m 的跑道跑了一圈返回 A 点，用了 1 min 的时间，则在上述时间内其平均速度为________。

3. 一质点沿 x 轴作直线运动，其加速度为 $a=4t$(SI)，当 $t=0$ 时，物体静止于 $x=10$ m 处，则 t 时刻质点的速度大小为________，位置为________。

4. 一质点的运动方程为 $\boldsymbol{r}=2t\boldsymbol{i}+3t^2\boldsymbol{j}$(SI)，任意时刻 t 的切向加速度 a_t 为________，法向加速度 a_n 为________。

5. 一质点作圆周运动，其半径为 R，路程 s 随时间的变化规律为 $s=bt-\frac{1}{2}ct^2$(SI)，式中 b、c 均为大于零的常量，且 $b^2>cR$。则：(1)质点运动的切向加速度 a_t 为________，法向加速度 a_n 为________；(2)数值上满足 $a_n=a_t$ 时，质点运动所经历的时间 t 为________。

6. 在某一确定高度，一小球以初速率 v_0 水平抛出，已知其落地时的速度为 v_t，则其在空中的运动时间为________________。

四、计算题

1. 一质点沿 x 轴作直线运动，其加速度 a 与位置坐标 x 的关系为 $a=-2x$；设 $x=0$ 时，$v_0=4\ \text{m}\cdot\text{s}^{-1}$，其他各量均采用SI单位制，求该质点的速度 v 与 x 之间的关系。

2. 一质点沿半径为0.10 m的圆周运动，其角位置 θ（以弧度表示）可用下式表示：$\theta=2+4t^2$，式中 t 的单位为s。求：

(1) 当 $t=2$ s时，质点的法向加速度 a_n 和切向加速度 a_t；

(2) 当切向加速度大小 a_t 恰为法向加速度大小 a_n 的一半时，θ 值为多少？

(3) 在哪一时刻，切向加速度 a_t 与法向加速度 a_n 量值相等？

3. 在楼窗口以水平初速度 v_0 射出一发子弹，取枪口处为原点，沿 v_0 方向为 x 轴，竖直向下为 y 轴，并取发射时刻 t 为0。求：

(1) 子弹在任一时刻 t 的位置坐标及轨迹方程；

(2) 子弹在 t 时刻的速度，切向加速度和法向加速度的大小。

4. 一质点在 xOy 平面内运动，运动方程为 $x=2t, y=9-2t^2$ (SI)。

(1) 求质点的轨道方程；

(2) 求在 t 时刻质点的位置矢量 $\boldsymbol{r}$ 和速度矢量 $\boldsymbol{v}$；

(3) 在什么时刻，质点的位置矢量与其速度矢量恰好垂直？

(4) 在什么时刻，质点离原点最近？最近距离为多少？

____级____________专业________班 学号：____________ 姓名：____________

练习2 牛顿运动定律

一、判断题(正确打√，错误打×)

1. 运动的物体有惯性，静止的物体没有惯性。(　　)

2. 物体不受外力作用时，必定静止。(　　)

3. 物体作圆周运动时，合外力不可能是恒量。(　　)

4. 一物体A对某质点B作用的万有引力等于物体A上各质点对B的万有引力的矢量和。(　　)

5. 作任意平面曲线运动的物体，其受力方向总是指向曲线凹进的那一侧。(　　)

二、单项选择题

1. 以下科学成就中，属于牛顿的科学贡献的是(　　)。

A. 发现万有引力定律，使近代天文学面目焕然一新

B. 发现了光的色散现象，进行了光的本性的研究，为近代光学奠定了基础

C. 发明了微积分，为数学的近代化开辟了道路

D. 发现了牛顿运动定律，构建了经典力学的基本体系

E. 以上成就都是

2. 质量为m的物体放在水平地面上，其与地面间的摩擦因数为μ。用一个与水平方向成θ角的拉力F使物体保持水平匀速前进，则水平方向的摩擦力大小为(　　)。

A. $F\cos\theta$　　B. $F\sin\theta$

C. μmg　　D. $\mu(mg+F\sin\theta)$

E. $\mu F\cos\theta$

3. 物体的运动速度大，则这一物体(　　)。

A. 加速度大　　B. 所受的力大　　C. 惯性大　　D. 以上都不对

4. 如图2-1所示，设质量为m_B的物体与桌面的摩擦因数为μ，在$m_A>\mu m_B$的条件下，计算出m_B向右运动的加速度为a(设滑轮无摩擦)。若除去m_A而代之以拉力$T=m_Ag$，算出其加速度为a'，则有(　　)。

A. $a>a'$　　B. $a=a'$　　C. $a<a'$　　D. 以上都不对

5. 如图2-2所示，m_1与m_2、m_2与水平桌面之间均为光滑接触，为维持m_1与m_2相对静止，则推动m_2的水平力F为(　　)。

A. $(m_1+m_2)g\cot\theta$　　B. $(m_1+m_2)g\tan\theta$　　C. $m_1g\tan\theta$　　D. $m_2g\tan\theta$

6. 如图2-3所示，用一斜向上的力F(与水平面成θ角，$\theta=30°$)，将一质量为m的木块压靠在竖直壁面上。如果不论用怎样大的力F，都不能使木块向上运动，则说明木块与壁面间的静摩擦因数μ的大小为(　　)。

A. $\mu\geqslant 1/2$　　B. $\mu\geqslant 1/\sqrt{3}$　　C. $\mu\geqslant 2\sqrt{3}$　　D. $\mu\geqslant\sqrt{3}$

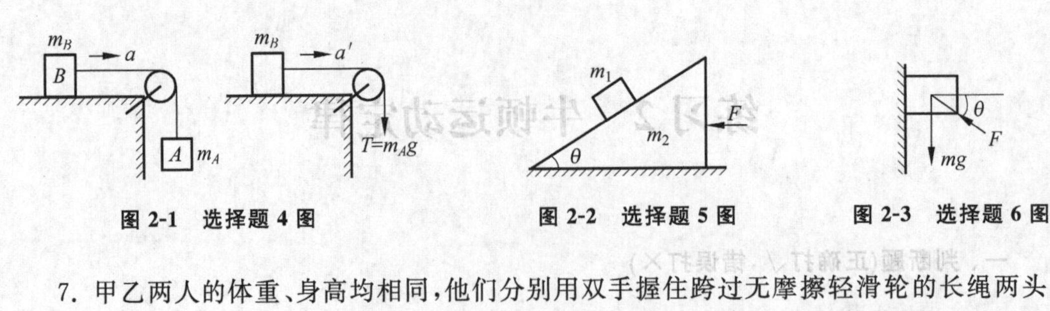

图 2-1　选择题 4 图　　　图 2-2　选择题 5 图　　　图 2-3　选择题 6 图

7. 甲乙两人的体重、身高均相同，他们分别用双手握住跨过无摩擦轻滑轮的长绳两头，并同时开始向上爬。经过一定时间，甲相对绳子的速率是乙相对绳子速率的两倍，则到达顶点的情况是(　　)。

A. 甲先到达　　B. 乙先到达　　C. 同时到达　　D. 不能确定

8. 一质量为 m 的质点，自半径为 R 的光滑半球形碗口由静止下滑，质点在碗内某处的速率为 v，则质点对该处的压力数值为(　　)。

A. $\frac{mv^2}{R}$　　B. $\frac{3mv^2}{2R}$　　C. $\frac{2mv^2}{R}$　　D. $\frac{5mv^2}{2R}$

三、填空题

1. 如图 2-4 所示，已知物体质量 $m_A=2$ kg，$m_B=1$ kg，m_A 与 m_B、m_B 与桌面之间的摩擦因数均为 $\mu=0.5$。(1)若用水平力 $F=10$ N 推 m_B，则 m_A 与 m_B 的摩擦力 f 为________，m_A 的加速度 a_A 为________；(2)若用水平力 $F=20$ N 推 m_B，则 m_A 与 m_B 的摩擦力 f 为________，m_A 的加速度 a_A 为________。(g 取 $10\ \mathrm{m\cdot s^{-2}}$)

2. 如图 2-5 所示为圆锥摆，摆长为 L，质量为 m 的物体以角速度 ω 在水平面内作半径为 R 的圆周运动，则 m 的切向加速度 a_t 为________，法向加速度 a_n 为________，绳子的张力 T 为________________。

3. 如图 2-6 所示，将质量为 m 的物体 A 用平行于斜面的细线连接于光滑的斜面上。若斜面向左作加速运动，当物体刚好脱离斜面时(对斜面的正压力为零)，斜面在水平方向的加速度至少应为________。

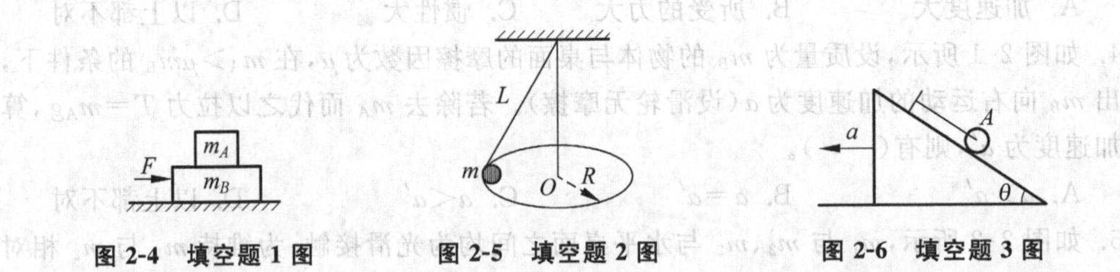

图 2-4　填空题 1 图　　　图 2-5　填空题 2 图　　　图 2-6　填空题 3 图

4. 质量为 m 的质点沿 Ox 轴正向作直线运动，设质点通过坐标点为 x 时的速度为 kx(k 为常量)，则此时作用在质点的合外力 F 为________。质点从 $x=x_0$ 到 $x=2x_0$ 处所需的时间 t 为________。

____级____________专业________班 学号：____________姓名：____________

四、计算题

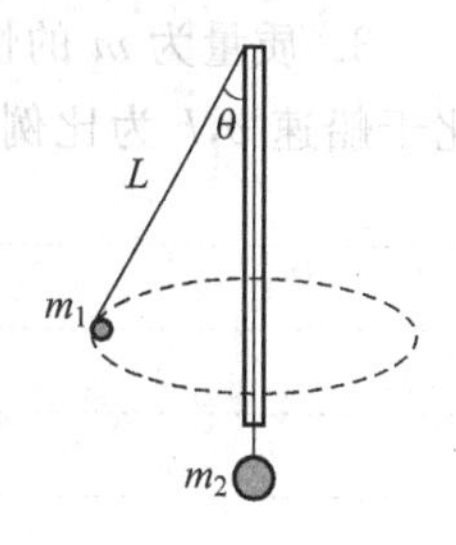

图 2-7 计算题 1 图

1. 一段光滑的固定细管中穿有细绳，细绳两端分别系着质量为 m_1 和 m_2 的两个小球，细管保持铅直固定状态。当小球 m_1 绕细管的几何轴线作匀速转动时，m_1 上所系细绳与竖直方向夹角为 θ，如图 2-7 所示。设小球 m 至上方管口的绳长为 L，证明：

(1) 小球 m 所受向心力 F_n 为 $m_2 g\sqrt{1-\left(\frac{m_1}{m_2}\right)^2}$，且 $\cos\theta=\frac{m_1}{m_2}$；

(2) 小球转动的周期 T 为 $2\pi\sqrt{\frac{m_1 L}{m_2 g}}$。

2. 如图 2-8 所示，在倾角为 30°的固定光滑斜面上放一质量为 m_1 的楔形滑块，其上表面与水平面平行，在其上放一质量为 m_2 的小球，m_1 与 m_2 之间无摩擦，且 $m_1=2m_2=2m$，求：

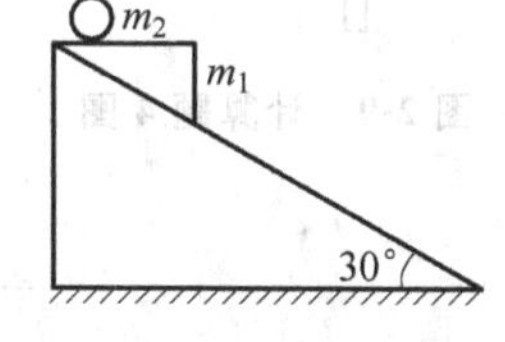

图 2-8 计算题 2 图

(1) 小球的竖直方向加速度 a_1，以及楔形滑块沿斜面方向的加速度 a_2；

(2) 小球对楔形滑块的压力 N_1；

(3) 楔形滑块对斜面的作用力 N_2。

3. 质量为 m 的快艇在靠岸前关闭发动机，此时快艇速度为 v_0；设水对快艇的阻力 f 正比于船速 v，k 为比例系数，问小船在关闭发动机后还能继续前进多远？

4. 质量 $m=4$ kg 的物体，用两根长度均为 $L=1.25$ m 的细绳系在相距 $b=2$ m 的竖直细杆上的两点，当此系统绕杆的竖直轴转动时，绳子被拉紧，如图 2-9 所示。(g 取 $10\ \mathrm{m\cdot s^{-2}}$)

(1) 欲使上方绳子张力为 $T_1=60$ N，此系统的角速度 ω 应达到多大？

(2) 求此时下方绳子的张力 T_2。

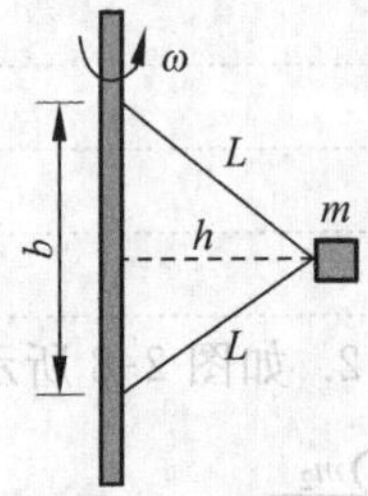

图 2-9　计算题 4 图

____级____________专业________班　学号：____________姓名：____________

练习3　动量　功和能

一、判断题(正确打√,错误打×)

1. 当系统所受合外力为零时,系统动量必守恒。(　　)
2. 内力可以改变系统的总动量。(　　)
3. 内力可以改变系统的总动能。(　　)
4. 势能的大小与势能零点的选取有关。(　　)
5. 物体受到的冲量等于其动量的减少量。(　　)
6. 没有外力做功时,系统机械能守恒。(　　)

二、单项选择题

1. 一质量为 m、速度为 v 的物体,在摩擦因数为 μ 的水平地面上运动,其滑行的最大距离为(　　)。

A. $\dfrac{mv^2}{2\mu g}$　　B. $\dfrac{v^2}{2\mu g}$　　C. $\dfrac{v^2}{2\mu mg}$　　D. $\dfrac{2v^2}{\mu g}$

2. 地球绕太阳沿着椭圆轨道运动,太阳球心为椭圆的一个焦点,在地球运动的过程中,满足(　　)。

A. 动量守恒　　B. 动能守恒　　C. 机械能守恒　　D. 以上均不守恒

3. 一质量为 120 kg、长度为 6 m 的小船在水面上静止;一质量为 60 kg 的人从船头走到船尾,再从船尾走到船头。设水的阻力不计,则相对于地面,人的位移为(　　)。

A. 0 m　　B. 2 m　　C. 4 m　　D. 6 m

4. 一物体质量为 m,速度为 v,在受到一力的冲量后,速度方向改变了 θ 角,而速度大小不变,则此冲量的大小为(　　)。

A. $2mv\cos\dfrac{\theta}{2}$　　B. $2mv\sin\dfrac{\theta}{2}$　　C. $2mv\sin\theta$　　D. $2mv\cos\theta$

5. 已知地球的质量为 m_E,太阳的质量为 m_S,地心与日心的距离为 R,万有引力常量为 G,则地球绕太阳作圆周运动的轨道角动量为(　　)。

A. $m_E\sqrt{Gm_SR}$　　B. $\sqrt{\dfrac{Gm_Sm_E}{R}}$　　C. $m_Em_S\sqrt{\dfrac{G}{R}}$　　D. $\sqrt{\dfrac{Gm_Em_S}{2R}}$

6. 对功的概念有以下几种说法:

(1) 保守力做正功时,系统内相应的势能增加。

(2) 质点运动经一闭合路径,保守力对质点做的功为零。

(3) 作用力和反作用力大小相等、方向相反,所以两者所做功的代数和必为零。

在上述说法中,正确的选项是(　　)。

A. (1)(2)是正确的　　B. (2)(3)是正确的

C. 只有(2)是正确的　　　　　　　　D. 只有(3)是正确的

7. 质量为 $m=2$ kg 的质点，在 xOy 坐标系平面内运动，其运动方程为 $x=3t, y=2t^2$ (SI)，从 $t=0$ 到 $t=1$ s 这段时间内，外力对质点做的功为(　　)。

A. 9 J　　B. 16 J　　C. 25 J　　D. －25 J

8. 关于摩擦力做功，有以下三种说法：

(1) 摩擦力可以做正功。(2) 摩擦力可以做负功。(3) 摩擦力可以不做功。

上述说法中，正确的选项是(　　)。

A. 只有(1)错误　　　　　　　　B. 只有(2)错误

C. 只有(3)正确　　　　　　　　D. 三种说法都对

9. 在相同高度处把三块质量相同的石头分别按斜上、水平、斜下三个方向抛出，则下落到地面过程中，重力对石头做功情况是(　　)。

A. 三者相同　　B. 水平最多　　C. 斜上最多　　D. 斜下最多

10. 关于机械能守恒和动量守恒的条件，下列说法中正确的是(　　)。

A. 不受外力作用的系统，其动量和机械能均守恒

B. 所受合外力为零，且内力都是保守力的系统，其机械能守恒

C. 不受外力作用，且内力均为保守力的系统，其动量和机械能均守恒

D. 外力对一个系统做的功为零，其机械能和动量均守恒

三、填空题

1. 质量为 m_1 的物体以速度 v 碰撞一质量为 m_2 的静止物体，碰撞后两物体粘在一起运动，碰撞后的速度大小为________。

2. 质量为 m、速率为 v 的物体，受到一力作用后，速率变为 $2v$，速度方向改变 θ 角，则此力做功为________。

3. 粒子 B 的质量是粒子 A 质量的 4 倍，开始时粒子 A 的速度为 $(3\boldsymbol{i}+4\boldsymbol{j})(\mathrm{m\cdot s^{-1}})$，粒子 B 的速度为 $(2\boldsymbol{i}-7\boldsymbol{j})(\mathrm{m\cdot s^{-1}})$。由于两者的相互碰撞作用，粒子 A 的速度变为 $(7\boldsymbol{i}-4\boldsymbol{j})(\mathrm{m\cdot s^{-1}})$，此时粒子 B 的速度等于________。

4. 如图 3-1 所示，质量为 5 kg 的钢球，在空中 A 处自静止自由下落 3 m 时与一端固定、劲度系数为 400 $\mathrm{N\cdot m^{-1}}$ 的轻质弹簧相碰撞，则弹簧被压缩的最大距离为________。(g 取 10 $\mathrm{m\cdot s^{-2}}$)

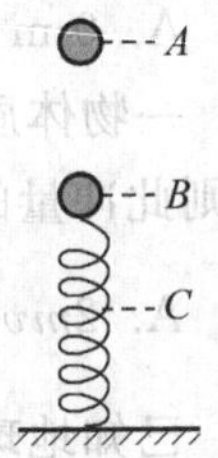

A
B
C

图 3-1　填空题 4 图

四、计算题

1. 在光滑的水平桌面上，静止放置一质量为 m_1 的木块。现有一质量为 m_2、初速度为 v_0 的子弹水平射入木块，并陷在木块内与木块一起运动。求：

(1) 子弹相对木块静止后，木块的速度和动量；

(2) 在此过程中，子弹施于木块的冲量；

(3) 如果子弹射穿木块，且射出时的速度为 v_2，求最后木块的速度。

2. 如图 3-2 所示，光滑的地面上静止放置一质量为 m_1、高度为 h 的光滑斜面。现有一质量为 m_2 的小球，沿此斜面高处从静止开始下滑，当小球离开斜面时，沿水平方向运动，求小球和斜面分开时，小球和斜面分别相对于地面的速度。

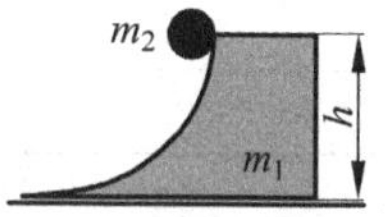

图 3-2　计算题 2 图

3. 细绳一端固定在粗糙水平桌面中间，另一端系一质量为 m 的质点。设质点在此桌面上作半径为 R 的圆周运动，其初速率为 v_0，运动一周时速率变为一半，求：

(1) 此过程摩擦力所做的功；

(2) 此粗糙水平面的动摩擦因数。

4. 一物体从高处自由下落到光滑的水平桌面时，分成质量相等的三等份，并各自沿桌面散开，其中两个等份的速度大小均为 v，方向相互垂直，求第三等份的速度大小。

5. 如图 3-3 所示，光滑的地面上静止放置一质量为 $2m$ 的光滑斜面，斜面与地面间的夹角为 $30°$，一质量为 m 的小球从斜面自由滚下，离开斜面时相对于斜面的速度为 v，求分开后小球和斜面相对于地面的速度。

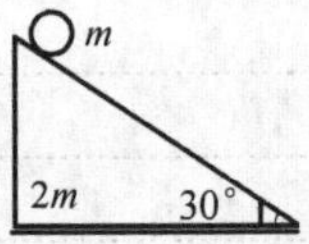

图 3-3 计算题 5 图

____级____________专业________班 学号：____________ 姓名：____________

练习4 刚体的定轴转动

一、判断题(正确打√，错误打×)

1. 某力的延长线过转轴，则该力对该轴的力矩必为零。(　　)
2. 两个力的大小、方向都不一样，则对某转轴的力矩一定不同。(　　)
3. 当系统所受合外力矩为零时，系统角动量必守恒。(　　)
4. 一个力的力矩大小和作用点有关。(　　)
5. 一刚体受到的合外力为零，则其受到的力矩也必为零。(　　)
6. 刚体的转动惯量大小与转轴位置无关。(　　)
7. 一外力作用在刚体的转轴上，则该力对该轴的力矩一定为零。(　　)

二、单项选择题

1. 下面四种说法中，正确的是(　　)。

A. 内力矩会改变刚体对某个定轴的角动量

B. 角速度的方向一定与外力矩的方向相同

C. 作用力和反作用力对同一轴的力矩之和必为零

D. 在相同力矩作用下，质量相等、形状和大小不同的两个刚体的角加速度必相等

2. 如图4-1所示，一转盘绕水平固定轴O匀速转动。假设沿同一水平直线从相反方向射入两颗完全相同的子弹，并嵌入转盘中，则子弹射入后，转盘的角速度应(　　)。

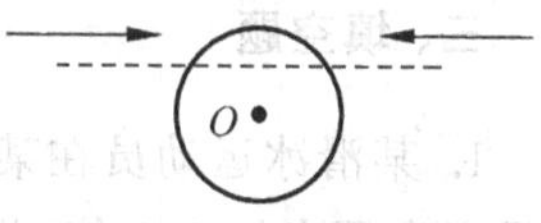

图4-1　选择题2图

A. 增大　　B. 不变

C. 减小　　D. 无法确定

3. 两个匀质圆盘A和B的密度分别为ρ_A和ρ_B，质量与厚度均相同。设两盘对通过盘心垂直于盘面转轴的转动惯量分别为J_A和J_B，若$\rho_A>\rho_B$，则(　　)。

A. $J_A<J_B$　　B. $J_A=J_B$　　C. $J_A>J_B$　　D. 无法确定

4. 太空中各类人造卫星沿着椭圆轨道绕地球运动，地球球心为椭圆的一个焦点，则在卫星运动过程中，则(　　)。

A. 动量守恒　　B. 动能守恒　　C. 角动量守恒　　D. 以上均不守恒

5. 一水平圆盘可绕通过其中心的固定竖直轴转动，盘上站着一个人，开始时系统处于静止状态。当此人在盘上随意走动时，若忽略转轴的摩擦，则此系统(　　)。

A. 动量守恒　　B. 对转轴的角动量守恒

C. 机械能守恒　　D. 动量、机械能和角动量都守恒

6. 一半径为R、转动惯量为J的水平平台可绕通过其中心的竖直轴自由转动。设转轴固定且光滑，开始时平台以匀角速度ω_0转动，此时有一质量为m的小孩站在转台中心，随后沿半径方向向外走去，当其到达边缘时，平台角速度为(　　)。

A. $\omega=\dfrac{J}{mR^2}\omega_0$　　　　B. ω_0

C. $\omega=\dfrac{J}{J+mR^2}\omega_0$　　　　D. $\omega=\dfrac{J}{(J+m)R^2}$

7. 如图 4-2 所示，细绳所系小球绕 OO' 转动，作圆锥摆运动。转动过程中，系统（　　）。

A. 动量守恒　　　　B. 角动量守恒

C. 机械能不守恒　　　　D. 动能不守恒

8. 如图 4-3 所示，圆盘 A 和圆盘 B 的转动惯量分别为 J_1 和 J_2，A 是机器上的飞轮，B 是用以改变飞轮转速的离合器圆盘。开始时，它们分别以角速度 ω_1 和 ω_2 绕水平轴转动，然后在沿水平轴方向的力作用下，两者啮合为一体，啮合后角速度为（　　）。

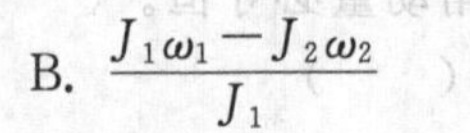

A. $\dfrac{J_1\omega_1+J_2\omega_2}{J_1+J_2}$　　B. $\dfrac{J_1\omega_1-J_2\omega_2}{J_1}$　　C. $\dfrac{J_1\omega_1-J_2\omega_2}{J_1-J_2}$　　D. $\dfrac{J_1\omega_1+J_2\omega_2}{J_2}$

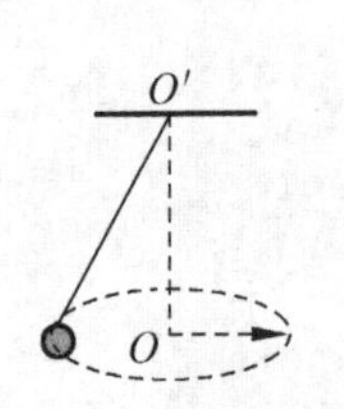

图 4-2　选择题 7 图

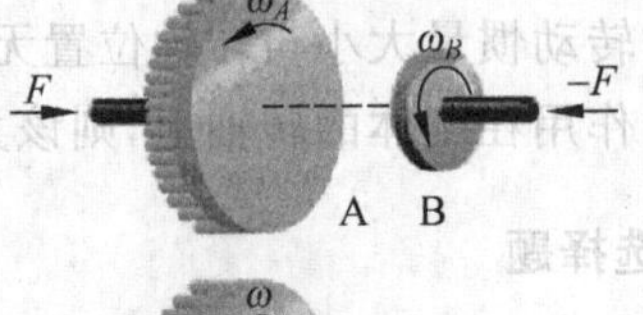

图 4-3　选择题 8 图

三、填空题

1. 某滑冰运动员在某一时刻转动的角速度为 ω，转动惯量为 J，当他张开双臂后，转动惯量变为原来的 4/3 倍，此时他转动的角速度变为________。

2. 一转动惯量为 J 的圆盘绕固定轴转动，初始角速度为 ω_0。设其所受阻力矩大小与转动的角速度成正比，即 $M=-k\omega$（k 为正的常量），则圆盘的角速度从 ω_0 变为 $\omega_0/2$ 时所需的时间为________。

3. 如图 4-4 所示，系有细绳的小物体放在光滑的水平面上，细绳的另一端向下穿过桌面上一小孔并用手拉住。若给该物体相对于小孔一定的角速度，使之在桌面绕小孔转动，在缓慢地拉下绳子过程中，物体的动能________，动量大小________，对小孔的角动量________。（填：增大、减少或不变）

4. 一长度为 L、质量为 m 的均匀细杆，可绕左端点自由转动。细杆只受到 3 个力作用，分别作用在杆的两端及其中心点，大小均为 F，方向如图 4-5 所示，则杆受到的合力矩大小为____________，此时的角加速度大小为____________。

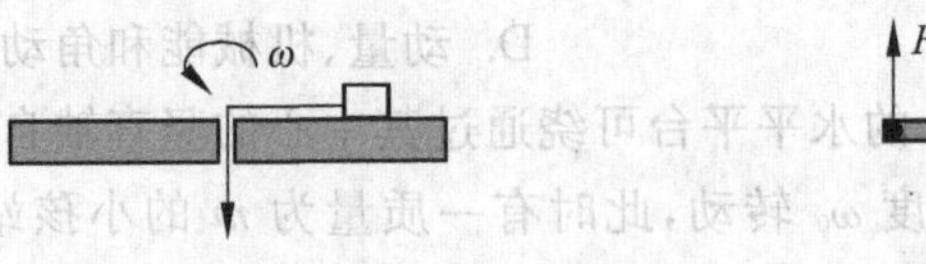

图 4-4　填空题 3 图

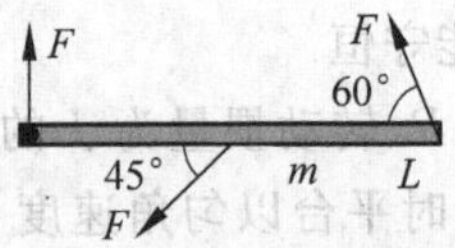

图 4-5　填空题 4 图

四、计算题

1. 质量为 m、长为 a 的匀质细棒绕垂直于细棒中点的转轴转动，其转动惯量为 $\frac{1}{12}ma^2$。现有质量为 m，边长分别为 a、b 的薄板，绕通过其质心 O 且位于薄板平面的 zz' 轴转动，如图 4-6 所示，证明薄板的转动惯量与此细杆的转动惯量相等。

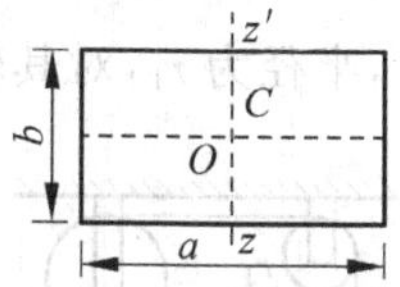

图 4-6 计算题 1 图

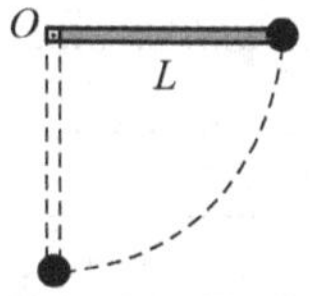

2. 如图 4-7 所示，质量为 m、长为 L 的均匀细棒，可绕垂直于棒一端 O 的水平轴转动，另一端固定一质量为 m 的小球。若将此棒置于水平位置后，任其自由下落，求开始转动时棒的角加速度，以及下落至竖直位置时小球的速度大小。

图 4-7 计算题 2 图

3. 如图 4-8 所示，顶点处于同一水平线上的两个定滑轮规格不同。小滑轮的质量为 m_1，半径为 r_1，对其轴的转动惯量 $J_1=\frac{1}{2}m_1r_1^2$；大滑轮的质量 $m_2=2m$，半径为 $r_2=2r_1$，对其轴的转动惯量 $J_2=\frac{1}{2}m_2r_2^2$。一条不可伸长的轻质细绳跨过这两个定滑轮，绳的两端分别悬挂着物体 A 和物体 B，其质量分别与对应的滑轮质量相等，即 $m_A=m_1$，$m_B=m_2=2m_1$。这一系统由静止开始转动，已知 $m_1=6.0\ \text{kg}$，$r_1=5.0\ \text{cm}$，忽略转轴阻力，求两滑轮的角加速度和它们之间绳中的张力。

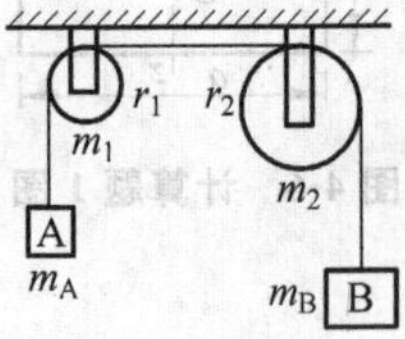

图 4-8　计算题 3 图

4. 如图 4-9 所示，长为 L、质量为 m_1 的均匀木杆可绕通过杆一端 O 的固定水平轴无摩擦地自由转动。一质量为 m_2 的子弹以水平速度 v_0 射入距离杆的悬点为 $d=2L/3$ 处，并嵌入杆中，求子弹入射后杆的角速度 ω。

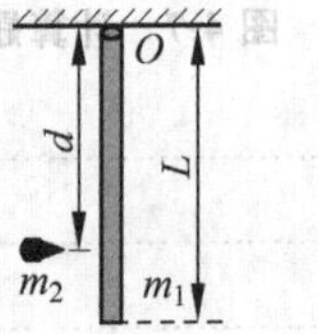

图 4-9　计算题 4 图

讨论：当 $a=2L/3$ 时，杆在水平方向刚好满足动量守恒定律，即轴 O 处的横向约束力为零，则称此击中点为杆的打击中心。而其他击中位置，O 点横向力不为零，水平方向的动量并不守恒。

____级____________专业________班 学号：____________姓名：____________

练习5　狭义相对论

一、判断题(正确打√，错误打×)

1. 狭义相对论认为物体长度的测量是相对的，与惯性系的选择有关。(　　)

2. 根据狭义相对论，甲起床后打电话叫乙起床，不管在哪个惯性系看，依然是甲先起床而乙后起床。(　　)

3. 在物理本质上，相对论中的运动物体长度收缩与物体的热胀冷缩是同一回事。(　　)

4. 高速运动的粒子其质量总是保持不变。(　　)

5. 在狭义相对论中，设真空中光速为 c，粒子的速率为 v，静止质量为 m_0，则粒子质量为 $m=m_0\sqrt{1-\left(\frac{v}{c}\right)^2}$。(　　)

6. 在同一惯性系中同时发生的两件事，在相对该惯性系运动的另一个惯性系中也是同时发生的。(　　)

7. 迈克耳孙-莫雷实验否定了以太的存在，确证了光速不变原理。(　　)

8. 经典时空观指出，长度与时间的测量与参考系无关，且两者相互独立，用此理论解释光的传播等问题时发生了一系列尖锐的矛盾。(　　)

二、单项选择题

1. 1905年是科学史上可数的几个特别年份之一。爱因斯坦在该年发表了多篇论文，包括了物理学的一些重要理论，这一年的成果不包括(　　)。以下贡献中让他获得诺贝尔物理学奖的是(　　)理论。

A. 光电效应　　B. 狭义相对论　　C. 广义相对论　　D. 布朗运动方程

2. 现有下列三种说法：

(1) 所有惯性系对一切物理规律都是等价的。

(2) 真空中，光速与光的频率、光源的运动状态无关。

(3) 在任何惯性系中，光在真空中沿任何方向的传播速度都相同。

对于上述说法，下列选项中正确的是(　　)。

A. (1)(2)正确　　B. (1)(3)正确

C. (2)(3)正确　　D. 三种说法均正确

3. 若从某一惯性系 s 系的坐标原点沿 x 方向发射一光波，在 s 系中测得的光速为 c，则在另一惯性系 S 系中测得的光速应为(　　)。

A. $\frac{2}{3}c$　　B. $\frac{4}{5}c$　　C. $\frac{1}{3}c$　　D. c

4. 狭义相对论的相对性原理说明(　　)。

A. 描述一切力学规律,所有惯性系等价

B. 描述一切物理规律,所有惯性系等价

C. 描述一切物理规律,所有非惯性系等价

D. 描述一切物理规律,所有参考系等价

5. 光速不变原理指的是(　　)。

A. 在任何媒介中光速都相同

B. 任何物体的速度不能超过光速

C. 在任何参考系中光速不变

D. 一切惯性系中,真空中光速为一相同值

6. 关于狭义相对论,有下列三种说法:

(1) 一切运动物体相对于观察者的速度都不能大于真空中的光速。

(2) 质量、长度、时间的测量结果都随物体与观察者的相对运动状态而改变。

(3) 在某一惯性系中发生于同一时刻、不同地点的两个事件在其他惯性系中也是同时发生的。

以下判断正确的是(　　)。

A. (1)(2)(3)都是正确的　　B. (1)(2)(3)都是错误的

C. 只有(1)(2)是正确的　　D. 只有(1)(3)是正确的

7. 已知 m_0 为静质量,m 为相对论质量,在相对论中,动能的表达式为(　　)。

A. $E=\frac{1}{2}m_0v^2$　　B. $E=\frac{1}{2}mv^2$

C. $E=mc^2$　　D. $E=mc^2-m_0c^2$

三、填空题

1. 狭义相对论的两个基本假设为________________和________________。

2. 一飞船以速率 u 相对于地面惯性系匀速飞行。飞船上的时钟走了 t_0 时间,设光速为 c,根据相对论原理,地面上的钟测量得到的时间为____________。

3. 固有长度为 L_0 的飞船以速率 u 相对于地面惯性系匀速飞行。设光速为 c,根据相对论原理,从地面上测量飞船的长度 L 为____________。

4. 以光速运动的粒子,其静止质量为________。

5. 设光速为 c,则相对论质量为 m 的粒子其相对论能量为__________。

6. 两个惯性系中的观察者 O 和 O' 以 $0.6c$(c 表示真空中光速)的相对速度互相接近,如果 O 测得两者的初始距离是 20 m,则 O' 测得两者经过时间 Δt 为____________后相遇。

7. 设电子的总能量为其静质能的 1.5 倍,则其运动速度大小为____________。

8. 设电子静质量为 m_0,将其从静止加速到速率为 $0.6c$,需做功____________。

四、计算题

1. 在惯性系 K 中，有两个事件同时发生在 x 轴上相距 1 000 m 的两点，而在另一惯性系 K'（沿 x 轴方向相对于 K 系运动）中测得这两个事件发生的地点相距 2 000 m。求在 K' 系中测得这两个事件的时间间隔。

2. 粒子的静止质量为 m_0，要使其分别按以下情况加速到一定的速度，求外力对它做的功：(1)从静止加速到 $0.2c$；(2)从 $0.6c$ 加速到 $0.8c$。（c 为真空中光速）

3. 在相对论中，一物体的速度使其质量增加了2%，问此物体在运动方向上的长度相对变化量为多少？

____级____________专业________班　学号：____________姓名：____________

练习6　温度和气体动理论

一、判断题(正确打√,错误打×)

1. 温度的确定是基于热平衡,即热力学第零定律的基本经验事实。(　　)

2. 气体物态方程 $pV=\nu RT$ 的应用条件是仅适合于平衡态下的理想气体。(　　)

3. 在标准条件下的空气、氢气、稀有气体等都可用理想气体很好地加以描述。(　　)

4. 宏观系统的气体分子总数 N 非常大,阿伏伽德罗常量就是物质此宏观量的量度。(　　)

5. 若把理想气体物态方程表示为 $pV/T=C$ 形式,则对于不同质量的同种理想气体,常量 C 也相同。(　　)

6. 两个容器分别装有密度不同的两种气体,其平均平动动能相等,则其温度相同,压强相等。(　　)

二、单项选择题

1. 若对一密封容器内的气体进行等温压缩,从微观角度说明气体的压强变化,以下解释中,正确的选项是(　　)。

A. 气体分子每秒与容器器壁碰撞的次数增多,所以压强增大

B. 温度不变,体积减小,所以压强增大

C. 气体分子无规则运动变得剧烈,所以压强增大

D. 以上解释都不对

2. 在平衡态下的理想气体,其宏观量温度 T 与微观量的统计平均值 $\bar{\varepsilon}_t$ 之间的关系为 $\bar{\varepsilon}_t=\frac{3}{2}kT$,这里的 $\bar{\varepsilon}_t$ 是指(　　)。

A. 某一分子的总能量　　B. 分子平均总能量

C. 分子平均总动能　　D. 分子平均平动动能

3. 在平衡态下的氢气和氦气的物质的量和温度均相同,则两者一定相同的量是(　　)。

A. 分子的平均平动动能　　B. 分子的平动动能

C. 内能　　D. 总能量

4. 两种不同种类的理想气体,其温度、压强相同,则它们的分子平均总动能 $\bar{\varepsilon}_k$ 和平均平动动能 $\bar{\varepsilon}_t$ 的关系为(　　)。

A. $\bar{\varepsilon}_k$ 和 $\bar{\varepsilon}_t$ 都相等　　B. $\bar{\varepsilon}_k$ 和 $\bar{\varepsilon}_t$ 都不相等

C. $\bar{\varepsilon}_k$ 相等,$\bar{\varepsilon}_t$ 不相等　　D. $\bar{\varepsilon}_t$ 相等,$\bar{\varepsilon}_k$ 不相等

5. 在标准状态下,体积比为 1∶2 的氧气和氦气(均视为理想气体)相混合,混合气体中氧气和氦气的内能之比为(　　)。

A. 1∶2　　B. 5∶3　　C. 5∶6　　D. 10∶3

6. 关于温度的意义有下列几种说法，错误的说法是(　　)。

A. 气体的温度是分子平均平动动能的量度

B. 从微观上看，气体的温度表示每个气体分子的冷热程度

C. 温度的高低反映物质内部分子运动剧烈程度的不同

D. 气体的温度是大量气体分子热运动的集体表现，具有统计意义

7. 在压强保持不变时，气体分子的平均碰撞频率 $\overline{Z}$ 与气体的热力学温度 T 之间的关系为(　　)。

A. $\overline{Z}$ 与 T 成正比　　B. $\overline{Z}$ 与 T 成反比

C. $\overline{Z}$ 与 $\sqrt{T}$ 成正比　　D. $\overline{Z}$ 与 $\sqrt{T}$ 成反比

E. $\overline{Z}$ 与 T 无关

8. 在相同温度下，麦克斯韦速率分布函数 $f(v)$ 表示氮气和氦气的分子速率分布曲线的是(　　)。

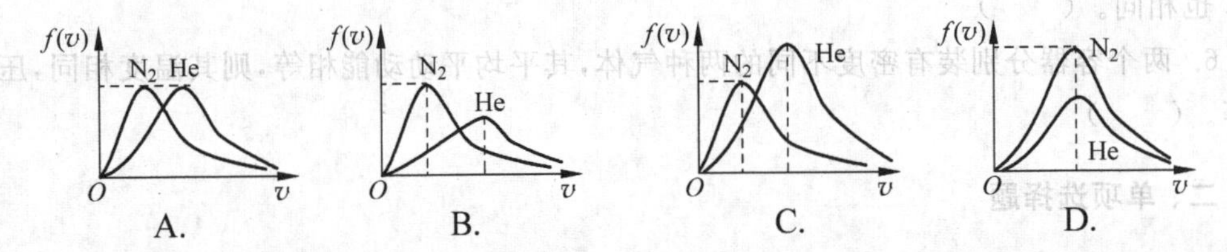

9. 在平衡态下的理想气体，气体分子的麦克斯韦速率分布函数 $f(v)$ 与下列物理量无关的是(　　)。

A. 系统温度　　B. 气体种类　　C. 气体速率　　D. 时间

三、填空题

1. 理想气体的压强公式(微观形式)为 $p=\frac{2}{3}\bar{n}\varepsilon_t$，表明作用于器壁的压强正比于分子数密度和________。

2. 已知某理想气体的压强为 p，密度为 ρ，则可导出其方均根速率表达式为________。

3. 目前可获得的极限真空度为 10^{-13} mmHg 的数量级($1\ \text{mmHg}=1.33\times10^{2}\ \text{Pa}$)，已知空气分子直径为 $d=3\times10^{-8}$ cm，温度为27℃，则此真空度下每立方厘米体积中有空气分子________个，平均自由程为________。

4. 容器中储有一定量的某种理想气体，其温度为 T，气体分子质量为 m。根据理想气体分子模型和统计假设，分子速度在 x 方向的分量的下列平均值为：$\overline{v_x}=$________，$\overline{v_x^2}=$________。

5. 设分子自由度为 i，ν 摩尔刚性分子理想气体在压强为 p、体积为 V 时，其所具有的内能为________。

6. 分子的三种特征速率为最概然速率 v_p、平均速率 $\bar{v}$ 和方均根速率 $\sqrt{\overline{v^2}}$，其数值按大小排列的顺序是________。

7. 如果某理想气体的温度保持不变，当其压强增大为原来的2倍时，分子数密度将变

为原来值的________倍，分子的平均自由程为原来的________倍。

8. 在平衡态时，某理想气体温度为 T_1 时的最概然速率与其温度为 T_2 时的方均根速率相等，则其温度之比 T_2/T_1 为________。

9. 一定量气体粒子的速率分布函数为 $f(v)=C(0\leqslant v\leqslant v_0)$ 和 $f(v)=0(v>v_0)$，其中 C 为常量，由此可求出常数 C 为________，粒子的平均速率为________。

10. 气体的平均自由程可通过实验确定，如通过测量气体黏度来计算。若测得氩和氮的平均自由程分别为 $\bar{\lambda}_{Ar}$ 和 $\bar{\lambda}_{N_2}$，则在压强和温度相等时，氩和氮的有效直径之比为________。

四、计算题

1. 容器中储有一定量的某双原子分子理想气体，在压强 $p=1.0\times10^{-3}$ atm，温度 $T=273$ K 时的密度 $\rho=1.25\ \text{g}\cdot\text{m}^{-3}$。求：

(1) 气体的摩尔质量；(2) 气体分子的方均根速率；

(3) 分子的平均平动动能；(4) 气体的物质的量 $\nu=0.2$ mol 时的内能。

2. 若使氧气分子的方均根速率等于其在地球表面上的逃逸速率，需要多高的温度？

3. 体积为 $2\times10^{-3}\ m^3$ 的刚性双原子分子理想气体，其内能为 6.75×10^2 J。

(1) 求气体的压强；

(2) 设分子总数为 5.4×10^{22} 个，求分子的平均平动动能及气体的温度。

4. 两个容积相等的容器，分别储有质量相同的 N_2 和 O_2 气体，将两个容器用光滑水平细管相连通，细管中的水银滴将 N_2 和 O_2 隔开。设两容器内气体的温度差为 30 K，当水银滴处在细管正中间且保持不动时，求 N_2 和 O_2 的温度。(N_2 和 O_2 分子的分子量分别为 28 和 32)

____级____________专业________班 学号：____________ 姓名：____________

练习7 热力学基础

一、判断题(正确打√,错误打×)

1. 热力学与电磁学不同,是先有工业化的应用,而后才有系统理论。(   )

2. 质量一定的某种理想气体,压强 p、体积 V 和温度 T 三个状态参量中,只要温度发生变化,其内能一定发生变化。(   )

3. 功是过程量,但绝热过程中做的功仅与始末状态有关,与中间过程无关。(   )

4. 不可逆过程就是不能向相反方向进行的过程。(   )

5. 系统经历一个正循环后,系统本身的状态没有变化。(   )

6. 在热力学理论中,能够获得最高热效率的循环是可逆卡诺循环。(   )

7. 在循环过程中,系统对外所做的净功在数值上等于 p-V 图上封闭曲线下的面积,则曲线面积越大,循环效率就越高。(   )

二、单项选择题

1. 对于理想气体系统来说,在下列过程中,系统所吸收的热量、内能的增量和对外做的功三者均为负值的过程是(   )。

A. 等体降压过程　　B. 等温膨胀过程

C. 绝热膨胀过程　　D. 等压压缩过程

2. 一定量的理想气体经历某一过程后,其温度升高了,根据热力学定律可以判定,下列四种说法中,正确的选项是(   )。

(1) 理想气体系统在此过程中吸了热

(2) 在此过程中外界对理想气体系统做了功

(3) 理想气体系统的内能增加了

(4) 理想气体系统既从外界吸了热,又对外做了功

A. (1)(3)　　B. (2)(3)

C. (3)　　D. (3)(4)

E. (4)

3. 以下有关热量与做功的说法中,正确的是(   )。

A. 功是状态量,热量是过程量

B. 功一定与过程有关,而热量不一定与过程相联系

C. 在两个平衡态之间进行的一切平衡过程,做功相等,传递的热量也相等

D. 从做功和传热都能改变系统内能的观点看,一定量的功与一定量的热量相对应

4. 双原子理想气体经等压膨胀过程,从热库吸收热量 350 J,则该气体对外做功为(   )。

A. 350 J　　B. 150 J　　C. 125 J　　D. 100 J

5. 如图7-1所示为一定量理想气体在V-T曲线上经历的循环过程及其方向，则此循环代表的是(   )。

A. 热机　　B. 制冷机　　C. 卡诺循环热机　　D. 可逆循环热机

6. 如图7-2所示，某理想气体状态变化时，内能E随压强p的变化为ab直线关系，则a～b的变化过程是(   )。

A. 等压过程　　B. 等温过程　　C. 等体过程　　D. 绝热过程

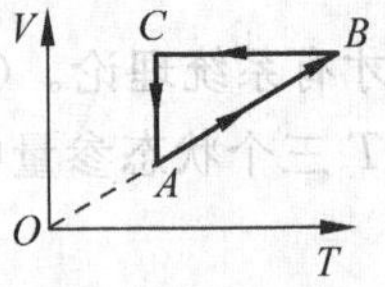

图7-1　选择题5图

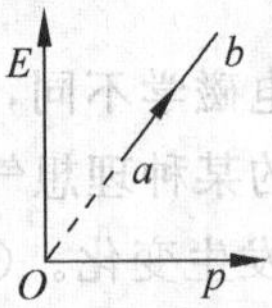

图7-2　选择题6图

7. 根据热力学第二定律，以下说法正确的是(   )。

A. 功可以全部转换为热，但热不能全部转换为功

B. 热可以从高温物体传到低温物体，但不能从低温物体传到高温物体

C. 不可逆过程就是不能向相反方向进行的过程

D. 一切与热现象有关的自发过程都是不可逆的

E. 不可能从单一热源吸收热量使之全部变为有用的功

三、填空题

1. 将1 mol氮气和1 mol氦气从相同状态出发，经历准静态绝热压缩使其温度分别增加1倍，则所需做功的表达式为________________，需做功较大的气体是________。

2. 热力学第一定律$dQ=dE+dA$是普遍适用的形式，而另一种形式$dQ=dE+pdV$仅适合于________________。

3. 如图7-3所示，双原子理想气体经状态图中直线过程从状态a过渡到状态b，则此过程中系统内能的改变为____________，做功为____________，热传递为____________。

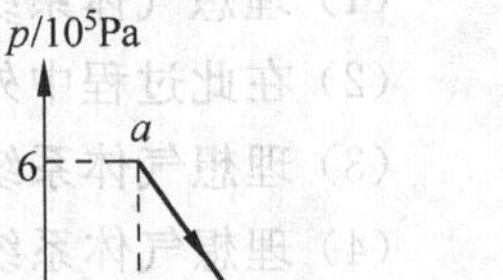

4. 容器内储有一定量的理想气体，若容器缓慢地漏气，则容器内气体分子的平均平动动能将________，气体的内能将________。(填：增大、减少或不变)

5. 质量一定的理想气体，从相同状态出发，分别经历等温过程、等压过程和绝热过程，体积增加1倍，则气体温度变化的绝对值最大的是________过程。

图7-3　填空题3图

6. 一定量某种理想气体(已知比热容比γ)，从某一状态(p_1, V_1, T_1)开始，作绝热膨胀，体积增大为原来的3倍，则膨胀后温度T_2为____________，压强p_2为____________。

7. 一卡诺热机经历一个循环需要从360 K的高温热库吸热400 J，向低温热库放热320 J，则低温热库的温度为________。理论上假设此卡诺热机为可逆热机模型，可以逆向循环作为制冷机，则该可逆卡诺循环的制冷系数为________。

四、简答题

1. 在 p-V、p-T、T-V 状态图上，分别定性地画出理想气体在等压、等体和等温过程的曲线示意图（图中标注过程名称）。

2. 在不同学科领域，能量分为多种形式，通常采用不同的单位，它们之间可以相互转换，是等价的。请列出其中几个常用的单位，并简要说明。

3. 永动机是指不可能实现的空想发动机。什么是第一类永动机和第二类永动机？

五、计算题

1. 已知 2 mol 氮气（设其为理想气体）从 A 状态的温度 $t_1=27℃$，体积 $V_1=20$ L 经历等压膨胀后体积增加了 1 倍，达到 B 状态，又经绝热膨胀至 C 状态，此时温度与 A 状态温度相同。

(1) 在 p-V 状态图上，定性地画出整个变化过程。

(2) 求 A→B 过程气体所做的功。

(3) 求整个过程中氮气所吸收的热量，以及气体所做的功。

2. 如图 7-4 所示，一定量双原子分子理想气体经历 p-V 状态图中的 abc 循环过程，其中 ab 为等温线。已知 $V_2=3V_1$，求该循环的效率。($\ln 3\approx 1.1$)

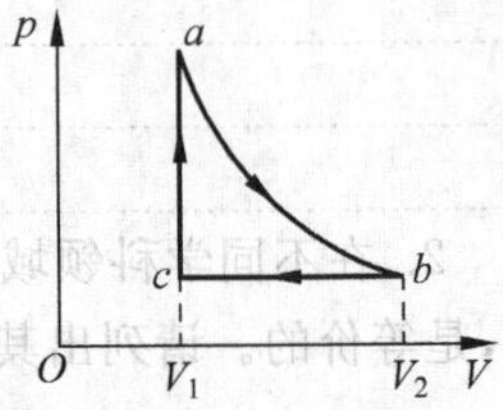

图 7-4　计算题 2 图

3. 设氧气可看作理想气体，在标准状况下，0.016 kg 氧气分别经过下列过程从外界吸收了 334.4 J 的热量。

(1) 若为等温过程，求末态体积。

(2) 若为等体过程，求末态压强。

(3) 若为等压过程，求气体的内能变化。

____级____________专业________班 学号：____________姓名：____________

练习8 振　　动

一、判断题(正确打√，错误打×)

1. 弹簧的劲度系数 k 由材料性质、形状和长短等因素决定，所以 k 是材料系数。(　　)

2. 一质点在 x 轴作简谐振动，当其位于平衡位置且向 x 轴正方向运动时，速度最大，加速度为零。(　　)

3. 某质点沿 x 轴运动，运动方程为 $x=A_0 e^{-\beta t}\cos(\omega t+\varphi_0)$（式中 A_0、β、ω 均为常量)，此质点作简谐振动。(　　)

4. 两个同频率、同相位，但方向相互垂直的简谐振动，其合振动也是简谐振动。(　　)

5. 满足一定条件时，一个非简谐振动可以分解为振幅和频率不同的一系列简谐运动的合成，其组成可以用频谱表示。(　　)

二、单项选择题

1. 弹簧振子作简谐振动，在弹性范围内，当振幅由 A 变为 $2A$ 时，则其(　　)。

A. 振动周期为原来的 2 倍　　B. 总能量为原来的 2 倍

C. 最大速度为原来的 2 倍　　D. 最大加速度为原来的 4 倍

2. 一轻质弹簧上端固定在天花板上，下端系一质量为 m_1 的物体，稳定后在 m_1 上添加了质量为 m_2 的物体，于是弹簧又伸长了 Δl。后来 m_2 自由掉落，剩下的系统将作简谐振动，则其振动周期为(　　)。

A. $T=2\pi\sqrt{\dfrac{m_2\Delta l}{m_1 g}}$　　B. $T=2\pi\sqrt{\dfrac{m_1\Delta l}{(m_1+m_2)g}}$

C. $T=2\pi\sqrt{\dfrac{m_1\Delta l}{m_2 g}}$　　D. $T=2\pi\sqrt{\dfrac{m_2\Delta l}{(m_1+m_2)g}}$

3. 质点沿 x 轴作简谐振动，振动方程为 $x=8\cos(5\pi t+\pi)$ cm，在某一时刻位于 $x=4\sqrt{2}$ cm 处，且向 x 轴负向运动，则质点又返回到该位置时至少需要经历的时间为(　　)。

A. 0.4 s　　B. 0.3 s　　C. 0.2 s　　D. 0.15 s

4. 一质点沿 x 轴作简谐振动，振动方程为 $x=0.04\cos\left(2\pi t+\dfrac{1}{3}\pi\right)$(SI)，从 $t=0$ 时刻起，到达位置 $x=-0.02$ m 处，且向 x 轴正方向运动的最短时间间隔为(　　)。

A. $\dfrac{1}{8}$ s　　B. $\dfrac{1}{6}$ s　　C. $\dfrac{1}{4}$ s　　D. $\dfrac{1}{2}$ s

5. 如图 8-1 所示为某一简谐振动曲线，其振动周期是(　　)。

A. 2 s　　B. 2.4 s

C. 4 s　　D. 12 s

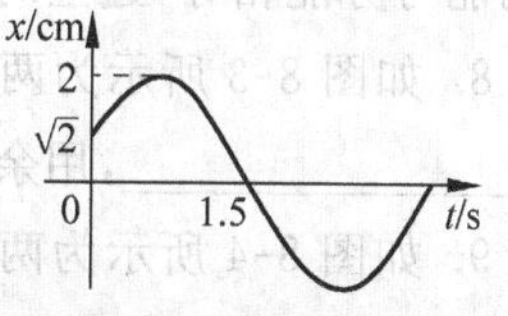

图 8-1　选择题 5 图

6. 一弹簧振子在光滑水平面上作简谐振动，弹簧劲度系数为 k，振子质量为 m，振幅为 A，角频率为 ω。当物体振动的动能与势能相等时，振子的速率为(　　)。

A. $\sqrt{2}\omega A$　　B. $\frac{1}{\sqrt{2}}\omega A$　　C. $\frac{1}{2}\omega A$　　D. ωA

7. 两个谐振子在同一方向上运动，其方程分别为 $x_1=3\cos(10t+0.75\pi)$ cm 和 $x_2=4\cos(10t+0.25\pi)$ cm，则合振动的振幅 A 为(　　)。

A. 5 cm　　B. 7 cm　　C. $\sqrt{7}$ cm　　D. $\sqrt{31}$ cm

8. 将振动方向、频率和振幅均相同的两个谐振动合成，若合成后的振幅与各分振动的振幅相同，则这两个分振动的相位差为(　　)。

A. $\frac{\pi}{6}$　　B. $\frac{\pi}{3}$　　C. $\frac{2\pi}{3}$　　D. π

9. 为了测定音叉C的振动频率，另选两个和C频率相近的音叉A和B，已知其频率分别为 $\nu_A=500$ Hz，$\nu_B=495$ Hz。先使音叉A和C同时振动，测出每秒钟声响加强两次，然后使音叉B和C同时振动，测出每秒钟声响加强3次，则音叉C的频率为(　　)。

A. 502 Hz　　B. 499 Hz　　C. 498 Hz　　D. 497 Hz

三、填空题

1. 在简谐振动动力学表达式中，角频率 ω 取决于________；初相 φ 的物理意义是________。

2. 质量为2 kg的质点，以 $x=0.2\cos\left(5t-\frac{\pi}{3}\right)$(SI)规律沿 x 轴振动。(1)当 $t=0$ 时，作用于质点的力的大小为________；(2)作用于质点的力的最大值为________，此时质点位于 x 为________位置处。

3. 一弹簧振子作简谐振动，振幅为 A，周期为 T，其运动方程用余弦函数表示。当 $t=0$ 时，则振子在负的最大位移处的初相为________；振子在平衡位置，且向正方向运动的初相为________；振子在位移为 $A/2$ 处，且向负方向运动的初相为________。

4. 图8-2所示为一物体作简谐运动的曲线，其余弦形式的运动方程为________。

5. 一弹簧振子作简谐振动，当其位置在振幅的一半时，根据旋转矢量法可知，其初相可以是几个不同的值，即________。

6. 某一弹簧振子作简谐振动，当位移为振幅的一半时，其动能占总能量的比例为________。

7. 一个物体作简谐振动，周期为 T，初相位为0。在一个周期内，有四个时刻物体振动的动能与势能相等，这些时刻有 $t=T/8$ 和________等。

8. 如图8-3所示为两个同方向、同频率的简谐振动曲线，其频率为 ω，则合振动的振幅为________，用余弦形式表示合振动的振动方程为________。

9. 如图8-4所示为两个简谐振动的振动曲线。若两者按图中所示进行叠加，则合成的余弦振动的初相位为________，合振动的振幅为________。

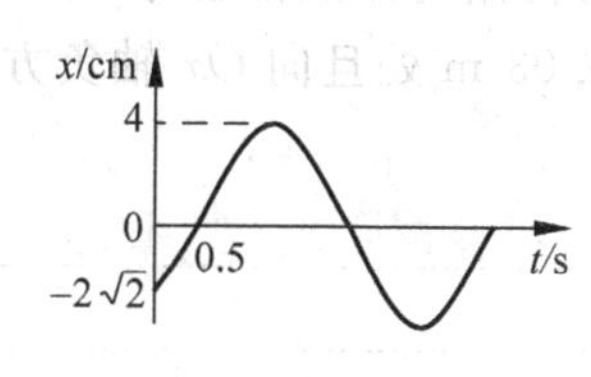

图 8-2　填空题 4 图

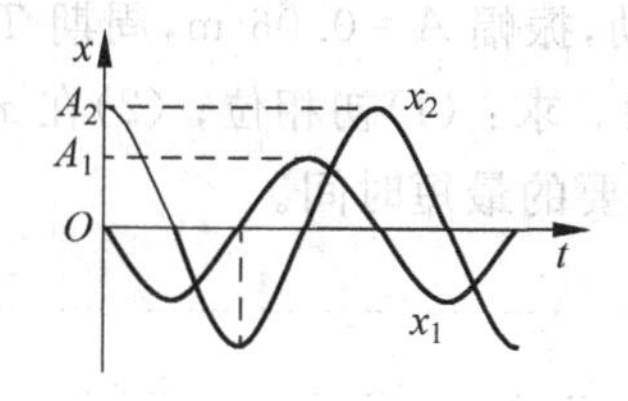

图 8-3　填空题 8 图

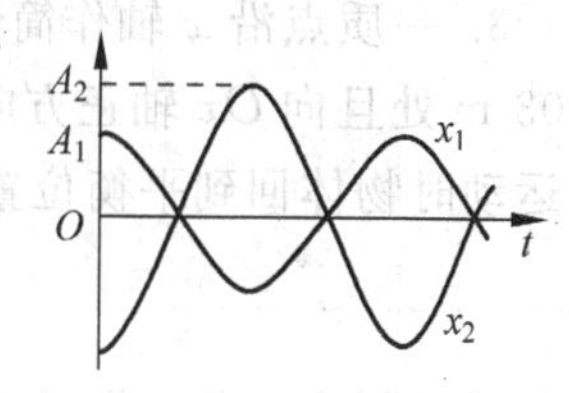

图 8-4　填空题 9 图

四、计算题

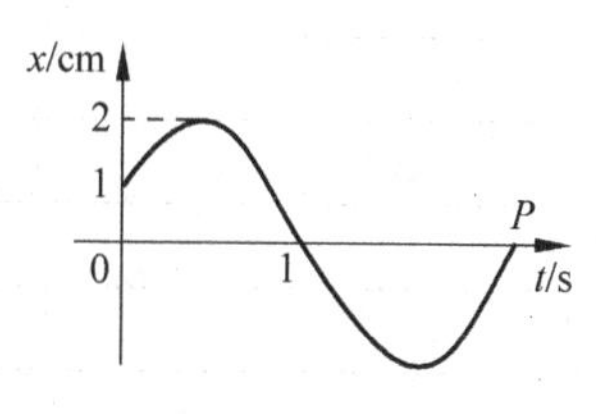

图 8-5　计算题 1 图

1. 如图 8-5 所示为某一质点作简谐振动的曲线。求：(1)该简谐振动的余弦表达式；(2)质点到达 P 点相应位置(即 P 点坐标值)需要的时间；(3)在 $t=4$ s 时刻质点所在的位置。

2. 质量 $m=10\times10^{-3}$ kg 的物体沿 x 轴作简谐振动，振幅 $A=24$ cm，周期 $T=4$ s。当 $t=0$ 时，在 Ox 轴方向上的位移为 24 cm。求：(1)当 $t=0.5$ s 时，物体所在位置及其所受力大小和方向；(2)由起始位置运动到 $x=12$ cm 处所需的最短时间；(3)在 $x=12$ cm 处物体的总能量。

3. 一质点沿 x 轴作简谐运动，振幅 $A=0.06$ m，周期 $T=2$ s，初始时刻质点位于 $x_0=0.03$ m 处且向 Ox 轴正方向运动。求：(1)初相位；(2)在 $x=-0.03$ m 处且向 Ox 轴负方向运动时物体回到平衡位置所需要的最短时间。

4. 沿 Ox 轴的两个简谐振动表达式分别为 $x_1=3\cos 3t$(cm)，$x_2=4\cos(3t+\varphi_2)$ (cm)。

(1) 若 $\varphi_2=\pi/2$，试求合振动表达式。

(2) 当 φ_2 为何值时，合振动为最弱，合振动振幅为多少？

____级____________专业________班　学号：____________姓名：____________

练习9　波　动

一、判断题(正确打√，错误打×)

1. 机械振动一定能产生机械波。(　　)

2. 质点的振动周期与简谐波的波动中各质元的振动周期相等。(　　)

3. 波是各质元受到相邻质元的作用而产生的，但没有物质迁移。(　　)

4. 质点的速度就是波传播的速度。(　　)

5. 机械波只能在弹性介质(媒质)中传播，而电磁波可以在真空中传播。(　　)

6. 气体中的声速取决于气体的绝热指数 γ、热力学温度 T、压力 p 以及气体性质，与声源的频率无关。(　　)

7. 由于液体和气体中具有体变形变，而不能发生剪切形变，故它们不能传播横波，但能传播纵波。(　　)

8. 在驻波中，相邻波节之间质点振动相位相同；波节两边质点振动相位始终相反。(　　)

9. 当波从波疏媒质(ρu 较小)向波密媒质(ρu 较大)传播，在界面上反射时，反射波中产生半波损失，其实质是相位突变 π。(　　)

二、单项选择题

1. 根据质点振动方向与波的传播方向为相互垂直或相互平行，波分为横波和纵波。声波在固体介质中传播，此时的声波(　　)。

A. 只能是横波　　B. 可以是横波或纵波

C. 只能是纵波　　D. 可以是纵波、横波或两者的复合

2. 当一平面简谐机械波在弹性介质中传播时，下列描述不正确的是(　　)。

A. 波动方程式中的坐标原点不一定要选取在波源位置上

B. 从动力学角度看，波是各质元受到相邻质元的作用而产生的

C. 波传播的是振动相位，可以传递能量，但没有物质迁移

D. 波由一种介质进入另一种介质后，频率、波长、波速均发生变化

3. 频率为 200 Hz 的机械波，波速为 $360\ \mathrm{m\cdot s^{-1}}$，则同一波线上相位差为 $\pi/3$ 的两点相距为(　　)。

A. 1.8 m　　B. 0.36 m　　C. 0.3 m　　D. 0.18 m

4. 一平面简谐波的表达式为 $y=A\cos(at-bx)$(a、b 为正值常量)，则波的(　　)。

A. 频率为 a　　B. 传播速度为 a/b

C. 波长为 π/b　　D. 周期为 $2\pi/b$

5. 当一平面简谐机械波在弹性媒质中传播时，下述各结论中正确的是(　　)。

A. 媒质质元的振动动能增大时，其弹性势能减小，总机械能守恒

B. 媒质质元的振动动能和弹性势能都作周期性变化，但二者的相位不相同

C. 媒质质元的振动动能和弹性势能的相位在任一时刻都相同，但二者的数值不相等

D. 媒质质元在其平衡位置处弹性势能最大

6. 已知 $t=1$ s 时的波形如图 9-1 所示，波速大小 $u=10\ \text{m}\cdot\text{s}^{-1}$，若此时 P 点处介质元的振动动能在逐渐增大，则波函数为(　　)。

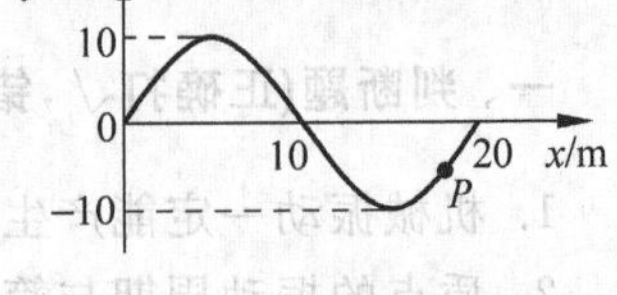

图 9-1　选择题 6 图

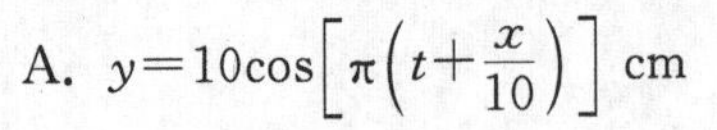

A. $y=10\cos\left[\pi\left(t+\frac{x}{10}\right)\right]$ cm

B. $y=10\cos\left[\pi\left(t+\frac{x}{10}\right)+\frac{\pi}{2}\right]$ cm

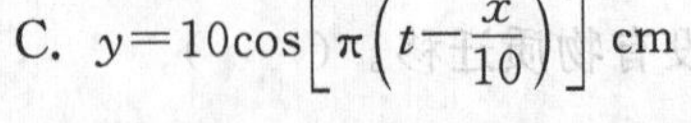

C. $y=10\cos\left[\pi\left(t-\frac{x}{10}\right)\right]$ cm

D. $y=10\cos\left[\pi\left(t-\frac{x}{10}\right)-\frac{\pi}{2}\right]$ cm

7. 在驻波中，两个相邻波节之间各质点的振动具有(　　)的特征。

A. 振幅相同，相位相同　　　　B. 振幅相同，相位不同

C. 振幅不同，相位相同　　　　D. 振幅不同，相位不同

三、填空题

1. 产生机械波的必要条件是________________。

2. 狭义上，所讨论的声波只限于听觉范围，即频率介于________________范围内可听声的波动，即可听声波。

3. 如图 9-2 所示为某一时刻的驻波波形图，则 a、b 两点的相位差 $\Delta\varphi_{ab}$ 为________；a、c 两点的相位差 $\Delta\varphi_{ac}$ 为________。

4. 如图 9-3 所示为一平面简谐波波形。若某一时刻 P 点处介质元的振动动能在逐渐增大，则波向____________方向传播；若 P 点处介质元运动方向向下，则波向____________方向传播。

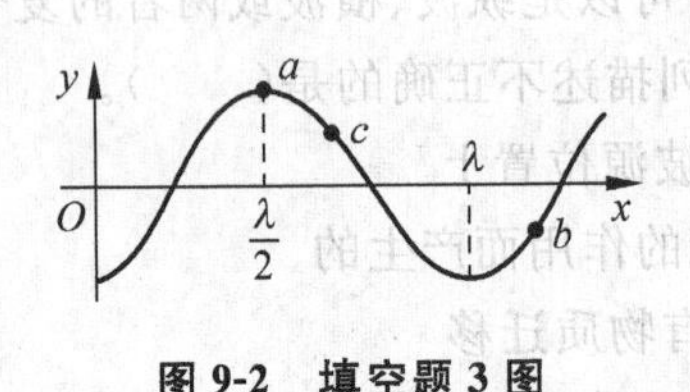

图 9-2　填空题 3 图

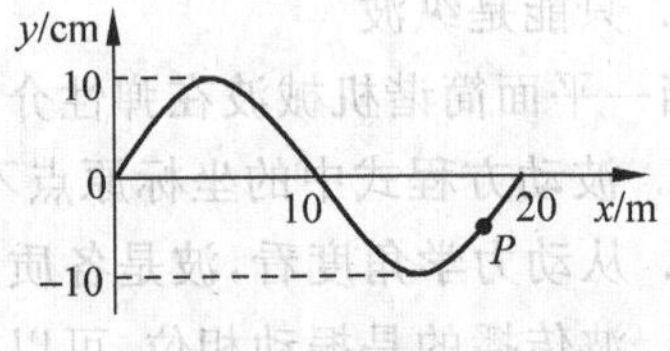

图 9-3　填空题 4 图

5. 某一平面谐波，频率为 100 Hz，波速为 $300\ \text{m}\cdot\text{s}^{-1}$，在波线上有 A、B 两点，它们的相位差为 $\varphi_A-\varphi_B=\pi/3$，则这两点的距离为________。

6. 已知钢铁的密度 $\rho=7.8\times10^3\ \text{kg}\cdot\text{m}^{-3}$，测得钢铁的纵波声速为 $5\,000\ \text{m}\cdot\text{s}^{-1}$，则钢铁的杨氏模量为____________。

7. 人耳对 1 000 Hz 声音能够引起听觉的下限声强为 $10^{-12}\ \text{W}\cdot\text{m}^{-2}$，上限声强为 $1\ \text{W}\cdot\text{m}^{-2}$，则声强级分别为________和________。

8. 设入射波方程为 $y_0=A\cos\left[2\pi\left(\frac{t}{T}+\frac{x}{\lambda}\right)+\frac{\pi}{2}\right]$，在弦上传播并在 $x=0$ 处发生反射，

反射点为自由端，则反射波的波动方程 y' 为________________________________。

9. 波长均为 λ 且满足一定条件的两列波叠加后形成驻波，则两个相邻波腹之间的距离为________。

四、计算题

1. 一横波沿 x 轴方向传播时的波动表达式为 $y=0.05\cos\left[(10\pi t-4\pi x)+\dfrac{\pi}{3}\right](\mathrm{m})$。

(1) 此波往哪个方向传播？求其振幅、波速、频率和波长。

(2) 求绳子上各质点振动的最大速度和最大加速度。

(3) 求 $x=0.25\ \mathrm{m}$ 处的振动方程，以及 $t=1\ \mathrm{s}$ 时的波动方程。

2. 如图 9-4 所示，一横波在弦上以 $100\ \mathrm{m\cdot s^{-1}}$ 的速度沿 Ox 轴正方向传播。已知弦上 A 点的振动方程为 $y_A=0.05\cos(400\pi t)(\mathrm{m})$，(1)求 O 点的振动方程和波动方程；(2)写出 B 点的振动方程。

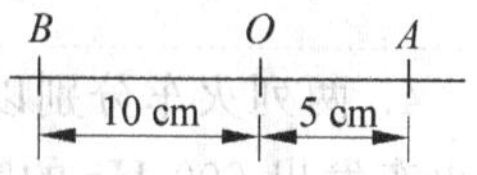

B O A
10 cm 5 cm

图 9-4 计算题 2 图

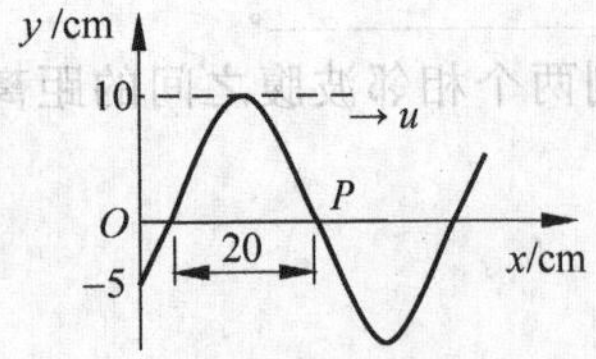

3. 如图 9-5 所示为一沿 Ox 轴正方向传播的平面余弦波在 $t=\frac{1}{3}$ s时的波形，其周期 $T=2$ s。求：(1)O 点和 P 点的振动方程；(2)波动方程；(3)P 点离 O 点的距离。

图 9-5　计算题 3 图

4. 两列火车分别以 72 km·h^{-1}和 54 km·h^{-1}的速度在并行的轨道上相向而行，第一列火车发出 600 Hz 的鸣笛声，第二列火车驾驶室内装有测量仪器。若声速为 340 m·s^{-1}，求在相遇前和相遇后第二列火车上测量的该声音的频率。

____级__________专业________班 学号：__________姓名：__________

练习10　静电场和电势

一、判断题(正确打√，错误打×)

1. 电场强度与试验电荷无关，与场点的位置有关。(　　)
2. 高斯定理在对称分布和均匀分布的电场中才能成立。(　　)
3. 一定要有试验电荷才能确定电场强度的大小。(　　)
4. 点电荷在静电场中移动一周，电场力做功一定为零。(　　)
5. 两个固定的点电荷之间的库仑力，不会因为其他一些电荷移近而改变。(　　)

二、单项选择题

1. 下列几个说法中，正确的是(　　)。

A. 电场中某点场强的方向，就是将点电荷置于该点时其所受电场力的方向

B. 在以点电荷为中心的球面上，由该点电荷所产生的场强处处相同

C. 场强方向可由 $\boldsymbol{E}=\boldsymbol{F}/q$ 定义，其中 q 为可正、可负试验电荷的电荷量，$\boldsymbol{F}$ 为试验电荷所受的电场力

D. 以上说法都不正确

2. 电子的质量为 m_e，电荷量为 e，绕氢原子核(质子质量为 m_p)作半径为 r 的匀速率圆周运动，则电子的速率为(　　)。

A. $\dfrac{e}{\sqrt{2\pi\varepsilon_0 m_e r}}$　　B. $\dfrac{e}{\sqrt{4\pi\varepsilon_0 m_e r}}$　　C. $e\sqrt{2\pi\varepsilon_0 m_e r}$　　D. $e\sqrt{4\pi\varepsilon_0 m_e r}$

3. 一均匀带电球面的半径为 R，总电荷量为 Q。设无穷远处电势为零，则该带电体所产生的电场的电势 U 随离球心的距离 r 变化的分布曲线为(　　)。

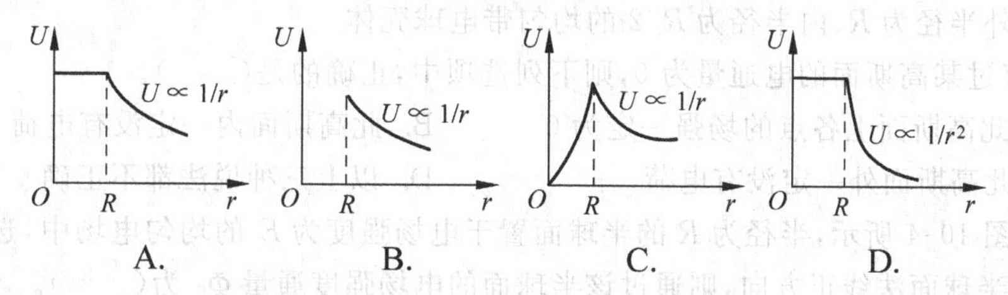

4. 一“无限大”平板带正电，选取平板为坐标原点 O，垂直于其平面的直线为 x 轴。设平板所在处为电势零点，则其周围空间各点电势 U 随距离平板的位置坐标 x 变化的关系曲线为(　　)。

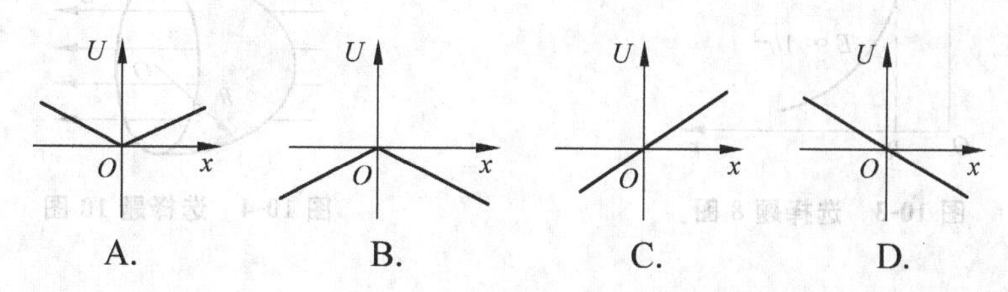

5. 如图10-1所示,在坐标$(a,0)$处放置一点电荷$+q$,在坐标$(-a,0)$处放置另一点电荷$-q$,P点坐标$(x,0)$为x轴上的任一点。当$x \gg a$时,P点场强的大小为(　　)。

A. $\dfrac{q}{4\pi\varepsilon_0 x}$　　B. $\dfrac{qa}{\pi\varepsilon_0 x^3}$　　C. $\dfrac{qa}{2\pi\varepsilon_0 x^3}$　　D. $\dfrac{q}{4\pi\varepsilon_0 x^2}$

6. 将一正电荷从无限远处移入电场中M点,电场力做功为8.0×10^{-9} J;若将另一个等量的负点电荷从无限远处移入该电场中N点,电场力做功为-9.0×10^{-9} J,则可确定(　　)。

A. $U_N > U_M > 0$　　B. $U_N < U_M < 0$　　C. $U_M > U_N > 0$　　D. $U_M < U_N < 0$

7. 如图10-2所示,任意闭合曲面S内有一点电荷q,O为S面上一点。在S面外P处有一点电荷q',若将点电荷q'在曲面外从P处移至R处,且$OP=OR$,则会发生的变化为(　　)。

A. 穿过S面的总电通量改变,O点的场强大小不变

B. 穿过S面的总电通量不变,O点的场强大小改变

C. 穿过S面的总电通量不变,O点的场强大小不变

D. 穿过S面的总电通量改变,O点的场强大小改变

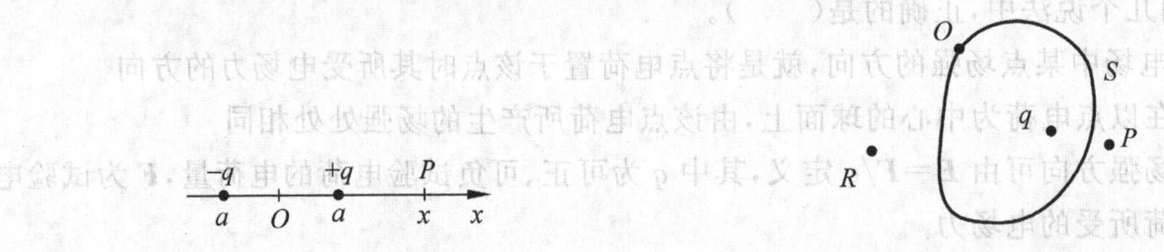

图10-1　选择题5图　　**图10-2　选择题7图**

8. 如图10-3所示为某种具有球对称性静电场的场强大小E随径向距离r变化的关系曲线,该电场是由下列其中一种带电体产生的,这种带电体是(　　)。

A. 半径为R的均匀带电球面

B. 半径为R的均匀带电球体

C. 点电荷

D. 外半径为R、内半径为$R/2$的均匀带电球壳体

9. 若穿过某高斯面的电通量为0,则下列选项中,正确的是(　　)。

A. 此高斯面上各点的场强一定为0　　B. 此高斯面内一定没有电荷

C. 此高斯面外一定没有电荷　　D. 以上三种说法都不正确

10. 如图10-4所示,半径为R的半球面置于电场强度为E的均匀电场中,选择半球面的外法线为半球面法线正方向,则通过该半球面的电场强度通量Φ_E为(　　)。

A. $\pi R^2 E$　　B. 0　　C. $3\pi R^2 E$　　D. $-\pi R^2 E$

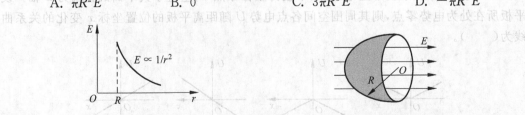

图10-3　选择题8图　　**图10-4　选择题10图**

三、填空题

1. 如图 10-5 所示为两个同心球壳，两个壳的厚度均可忽略，内球壳半径为 R_1，均匀带有电荷量 Q；外球壳半径为 R_2，原先不带电，但与地相连接。设大地为电势零点，则在两球之间、距离球心为 r 的 P 点处电场强度的大小为__________，电势为__________。

2. 如图 10-6 所示，一边长为 a 的正方形平面，在其中垂线上距平面中心 O 点 $a/2$ 处的 P 点有一电荷量为 q 的正点电荷，则通过该平面的电通量为__________。

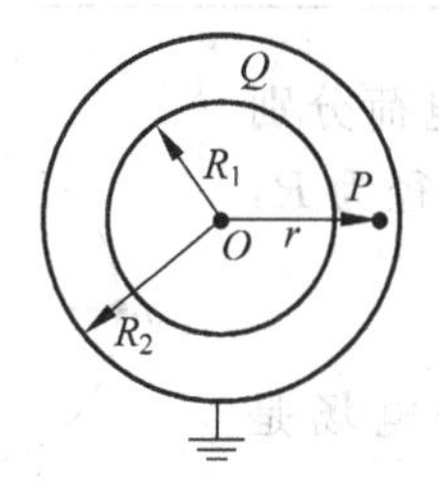

图 10-5　填空题 1 图

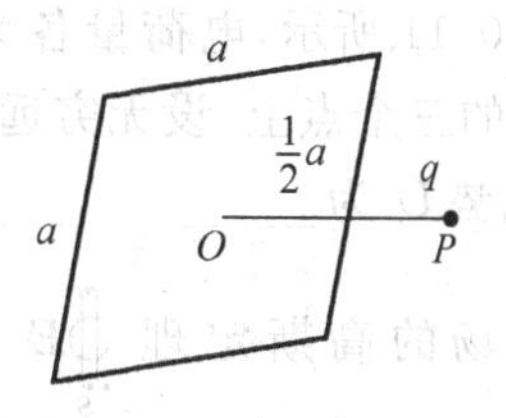

图 10-6　填空题 2 图

3. 如图 10-7 所示，有一带电油滴处在水平放置的近似“无限大”带电平行金属板之间，且保持稳定。若油滴获得了附加的负电荷，为了继续使油滴保持稳定，应采取的措施是__________。

4. 如图 10-8 所示，两个无限长、半径分别为 R_1 和 R_2 的共轴圆柱面，其上均匀带电，沿轴线方向单位长度上的带电荷量分别为 λ_1 和 λ_2。设 P 点位于两圆柱面外面距离轴线为 r 处，则其电场强度大小 E 为__________。

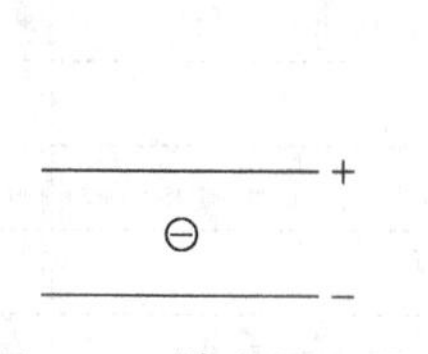

图 10-7　填空题 3 图

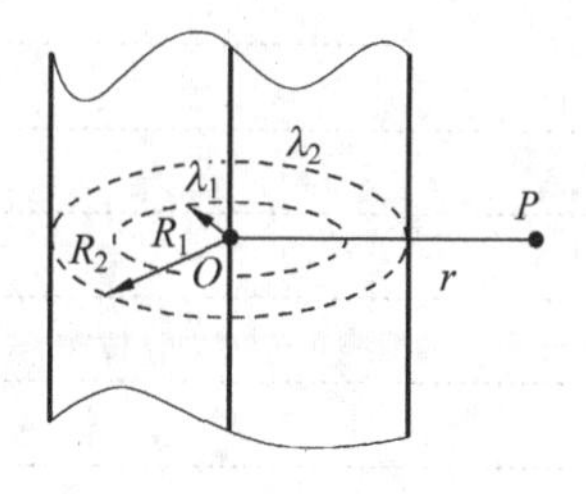

图 10-8　填空题 4 图

5. 如图 10-9 所示，一电场强度为 E 的均匀电场，其方向与 Ox 轴平行，则通过图中一个半径为 R 的半球面的电通量为________。

6. 如图 10-10 所示，真空中有一电荷量为 Q 的点电荷，在与其相距为 r 的 A 点有一试验电荷 q_0，欲使 q_0 从 A 点沿半圆弧轨道运动到 B 点，则电场力做功为________。

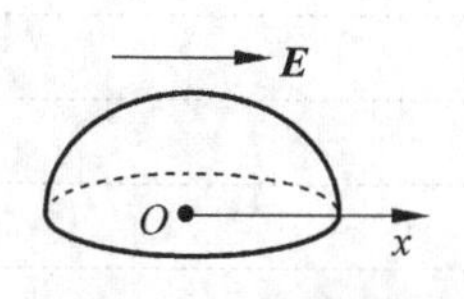

图 10-9　填空题 5 图

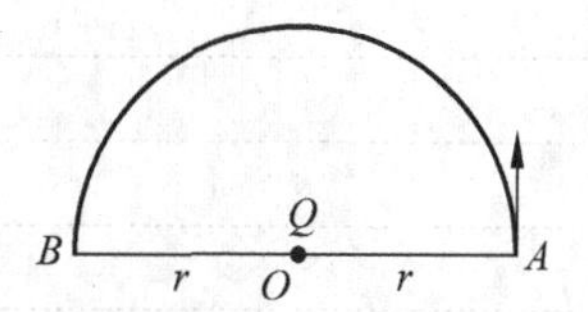

图 10-10　填空题 6 图

7. 一质量为 m、电荷量为 q 的粒子，从电势为 U_A 的 A 点在电场力作用下运动到电势为 U_B 的 B 点，若粒子到达 B 点时的速度为 v_B，则其在 A 点时的速率 v_A 为____________。

8. 一个均匀带电的薄橡皮空心球，在其被吹大过程中，下列各点的电场强度 E 大小和电势 U 变化如下(填写：增大、减小或不变)：

物理量	球外一点 P	球内一点 N	球外表面上一点 M
E			
U			

9. 如图 10-11 所示，电荷量各为 q_1、q_2、q_3 的三个点电荷分别位于同一圆周的三个点上，设无穷远为电势零点，圆周的半径为 R，则 P 点处的电势 U 为____________。

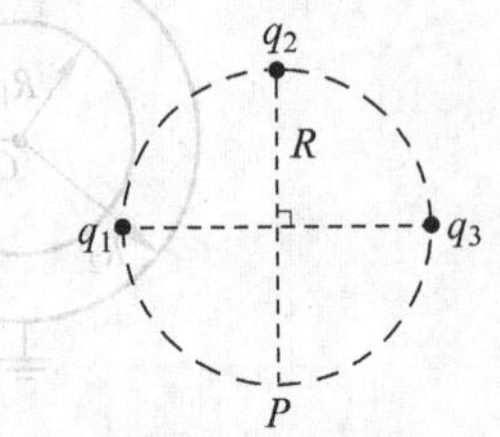

图 10-11　填空题 9 图

10. 静电场的高斯定理 $\oint\!\!\oint_S \boldsymbol{E}\cdot \mathrm{d}\boldsymbol{S}=\dfrac{\sum q}{\varepsilon_0}$，表明静电场是__________；静电场的环路定理 $\oint_L \boldsymbol{E}\cdot \mathrm{d}\boldsymbol{r}=0$，表明静电场是__________。

四、计算题

1. 如图 10-12 所示，带有一定电荷量的均匀直细棒长度为 L，电荷线密度为 λ，在其延长线上 P 点距离棒一端为 d 处有一点电荷 $+q_0$，求带电直棒对该点电荷的电场力。

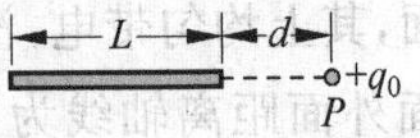

图 10-12　计算题 1 图

____级____________专业________班　学号：____________姓名：____________

2. 一无限长带电直线，电荷线密度为 λ，求空间中的电势分布。

3. 如图 10-13 所示，均匀带电球体所带电荷量为 Q，半径为 R。

(1) 根据高斯定理，求电场强度在球内外空间的分布，并画出 E-r 关系曲线；

(2) 根据电势与电场强度的关系，求电势在球内外空间的分布，并画出 U-r 关系曲线。

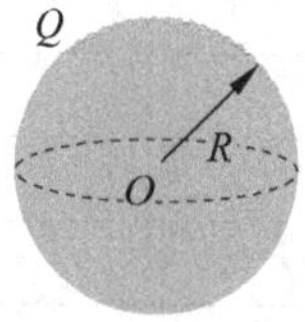

Q

R

O

图 10-13　计算题 3 图

4. 一电子仪器中有一直径为 D_2 的薄金属长圆筒，在圆筒轴线处装有一直径为 $D_1(D_2>D_1)$ 的金属丝，如图 10-14 所示。计数管工作时，金属丝与圆筒的电势差为 ΔU。

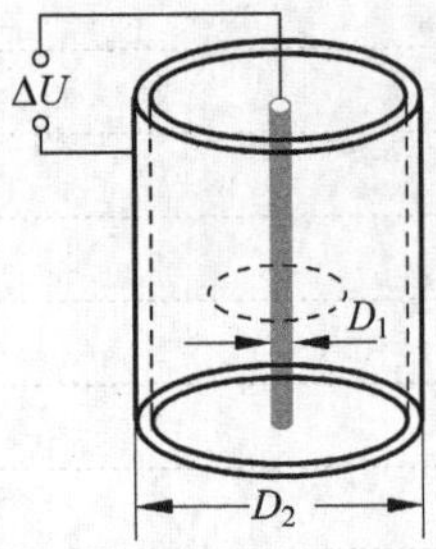

(1) 求计数管内 $\left(\frac{D_1}{2}<r<\frac{D_2}{2}\right)$ 的场强分布。

(2) 求金属丝表面附近的场强 E_1 大小和圆筒内表面附近的场强 E_2 大小。

(3) 实际装置中 $D_1=1.26\times10^{-5}$ m，$D_2=2.0\times10^{-2}$ m，$\Delta U=1000$ V，求金属丝表面的场强 E_1 大小，以及金属丝单位长度的电荷量 λ。

图 10-14　计算题 4 图

5. 电荷以相同的面密度 σ 分布在半径为 $r_1=10$ cm 和 $r_2=20$ cm 的两个同心球面上，设无限远电势为零，球心处的电势为 $U_0=300$ V。

(1) 求电荷的面密度 σ。

(2) 若要使球心处的电势也为零，外球面上应放掉多少电荷？

____级____________专业________班 学号：____________姓名：____________

练习 11 静电场中的导体和电介质

一、判断题(正确打√，错误打×)

1. 两个电容量不同的平板电容器并联后接入电路，各极板所带电荷量值不相等。( )
2. 电位移矢量只与闭合曲面内的自由电荷有关，而与束缚电荷无关。( )
3. 电位移通量只与闭合曲面内的自由电荷有关，而与束缚电荷无关。( )
4. 电容器电容的大小由两极间电压和所带电荷量决定。( )
5. 导体表面电荷越多，该表面的电场强度就越大。( )

二、单项选择题

1. 如图 11-1 所示，一“无限大”均匀带电平板的电荷面密度为 σ，在其上方附近放置与之平行的“无限大”导体板，则导体平板两表面 1 和 2 的感应电荷面密度为( )。

A. $\sigma_1=+\dfrac{\sigma}{2},\sigma_2=-\sigma$　　B. $\sigma_1=-\dfrac{\sigma}{2},\sigma_2=\dfrac{\sigma}{2}$

C. $\sigma_1=+\sigma,\sigma_2=-\sigma$　　D. $\sigma_1=-\sigma,\sigma_2=+\sigma$

2. 导体 B 接地，将其移近一个带正电的孤立导体 A 时，则( )。

A. A 的电势升高，B 的电势降低　　B. A 的电势降低，B 的电势不变

C. A 的电势不变，B 的电势升高　　D. A 的电势不变，B 的电势不变

3. 一平板电容器充电后与电源断开，负极板接地，在两极板间有一正电荷(电荷量很小)固定在 P 点，如图 11-2 所示。以 E 表示两极板间场强，U 表示电容器的电压，W 表示正电荷在 P 点的电势能，若保持负极板不动，将正极板移到图中虚线所示位置时，则( )。

A. U 变小，E 不变，W 不变　　B. U 变大，E 不变，W 不变

C. U 不变，E 变大，W 变大　　D. U 不变，E 变小，W 变小

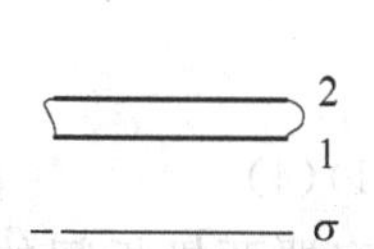

图 11-1 选择题 1 图

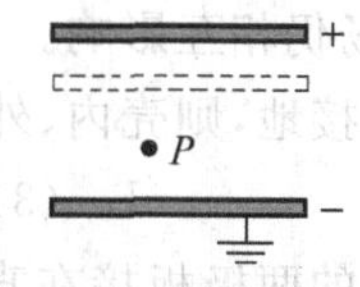

图 11-2 选择题 3 图

4. 如图 11-3 所示，在一电荷量为 q、半径为 r_A 的导体外，同心地套上一个内外半径分别为 r_B、r_C，相对电容率为 ε_r 的介质球壳。介质内外均为真空，且 $r_B<r<r_C$，则介质中 P 点电场强度 E 大小为( )。

A. $\dfrac{1}{4\pi\varepsilon_0\varepsilon_r}\cdot\dfrac{q}{r^2}$　　B. $\dfrac{1}{4\pi\varepsilon_0}\cdot\dfrac{q}{r^2}$

C. $\dfrac{1}{4\pi\varepsilon_0 r^2}\cdot\dfrac{\varepsilon_r-1}{\varepsilon_r}$　　D. $\dfrac{q}{4\pi\varepsilon_r\varepsilon_0 r^2}\cdot\dfrac{r_C-r_A}{r_B-r_C}$

5. 平行板电容器两板极间距为 0.2 mm，其间充满了相对电容率 $\varepsilon_r=5.0$ 的玻璃片，当两极间电压为 400 V 时，玻璃表面上束缚电荷的面密度为(　　)。

A. $0.71\times10^{-6}\ \mathrm{C\cdot m^{-2}}$　　B. $7.1\times10^{-6}\ \mathrm{C\cdot m^{-2}}$

C. $71\times10^{-6}\ \mathrm{C\cdot m^{-2}}$　　D. $710\times10^{-6}\ \mathrm{C\cdot m^{-2}}$

6. 如图 11-4 所示，一带负电荷的金属球，外面罩上一个不带电的同心金属球壳，则在球壳中一点 P 的场强大小与电势(设无穷远为电势零点)分别为(　　)。

A. $E=0, U>0$　　B. $E=0, U<0$

C. $E=0, U=0$　　D. $E>0, U<0$

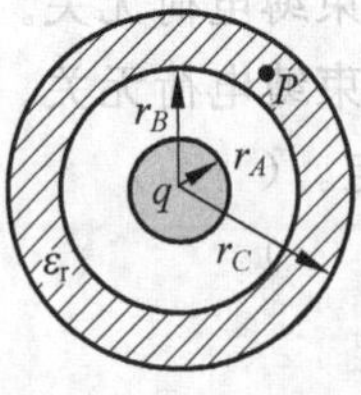

图 11-3　选择题 4 图

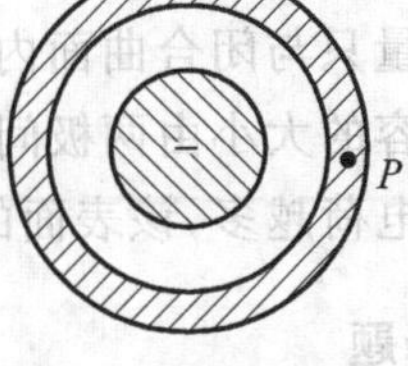

图 11-4　选择题 6 图

*7. 下列是关于电介质极化的讨论，说法正确的选项是(　　)。

(1) 极化后，外电场在介质中有所削弱。(2) 束缚电荷总是分布在电介质表面。

(3) 极化强度 P 仅仅由电介质的性质决定。(4) 极化率 χ_e 只与电介质有关。

A. (1)(4)　　B. (2)(3)　　C. (2)(4)　　D. (1)(2)

8. 将一点电荷 q 置于接地的无限大导体平板附近，使它们之间的距离为 $2d$，若 q 到导体平板垂线中点为 P，则 P 点电势为(　　)。

A. 0　　B. $\frac{1}{4\pi\varepsilon_0}\cdot\frac{2q}{3d}$　　C. $\frac{1}{4\pi\varepsilon_0}\cdot\frac{q}{d}$　　D. $\frac{1}{4\pi\varepsilon_0}\cdot\frac{4q}{3d}$

9. 一带电体外面再套一导体球壳，两者无接触，下列说法中正确的选项是(　　)。

(1) 壳外电场不影响壳内电场，但壳内电场要影响壳外电场。

(2) 壳内电场不影响壳外电场，但壳外电场要影响壳内电场。

(3) 壳内、外电场互不影响。

(4) 壳内、外电场仍相互影响。

(5) 若将外球壳接地，则壳内、外电场互不影响。

A. (2)(3)　　B. (3)(5)　　C. (1)(4)　　D. (1)(5)

10. 平板电容器的两极板接在直流电源上，若将电容器两极板间的距离变为原来的 2 倍，用 W_e 表示此时电容器所储存的电场能量，则(　　)。

A. W_e 减少到原来的 1/2　　B. W_e 增加到原来的 2 倍

C. W_e 保持不变　　D. W_e 增加到原来的 4 倍

三、填空题

1. 如图 11-5 所示，把一块原来不带电的金属板 B 移近一块已带有正电荷 Q 的金属板 A，平行放置。设两板面积均为 S，其间距为 d，忽略边缘效应。当 B 板不接地时，两板极间的电势差 U_{AB} 为__________；当 B 板接地时，两板极间的电势差 U'_{AB} 为__________。

2. 如图 11-6 所示，有一面积很大的带电导体平板，平板两个表面的电荷面密度的代数和为 σ，置于电场强度为 E_0 的均匀外电场中，且使板面垂直于 E_0 的方向。设外电场分布不因带电平板的引入而改变，则在板的两侧附近的合场强大小为______________。

3. 如图 11-7 所示，一封闭的导体壳 A 内有两个导体 B 和 C，A、C 不带电，B 带正电，则导体 A、B、C 对应的电势 U_A、U_B、U_C 的大小顺序关系是______________。

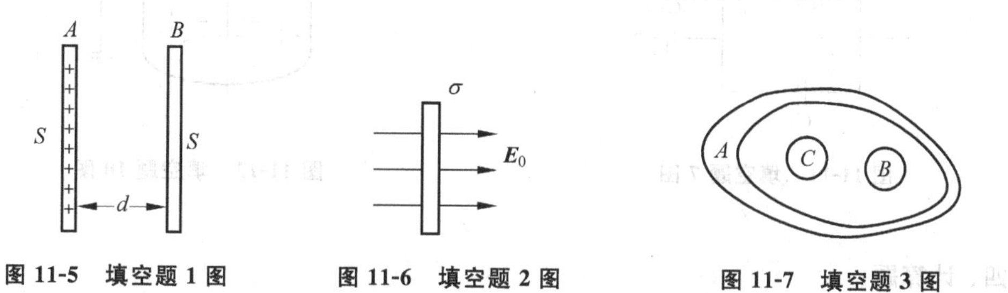

图 11-5　填空题 1 图　　图 11-6　填空题 2 图　　图 11-7　填空题 3 图

4. 如图 11-8 所示为一均匀带电球体，所带总电荷量为 $+Q$，其外部同心地罩一内、外半径分别为 r_1、r_2 的金属球壳。设无穷远处为电势零点，则在球壳内半径为 r 的 P 处的场强大小为______________，电势为______________。

5. 如图 11-9 所示，A 为一无限大均匀带电平面，在其附近放置一与其平行且有一定厚度的不带电的无限大平面导体板 B，已知 A 的电荷面密度为 $+\sigma$，则 B 的两个表面的感应电荷面密度 σ_1 为______________，σ_2 为______________。

6. 如图 11-10 所示，金属球 A 与同心球壳 B 组成电容器，球 A 上带电荷 q，壳 B 上带电荷 Q，测得球 A 与壳 B 之间的电势差为 U_{AB}，则此电容器的电容值为________。

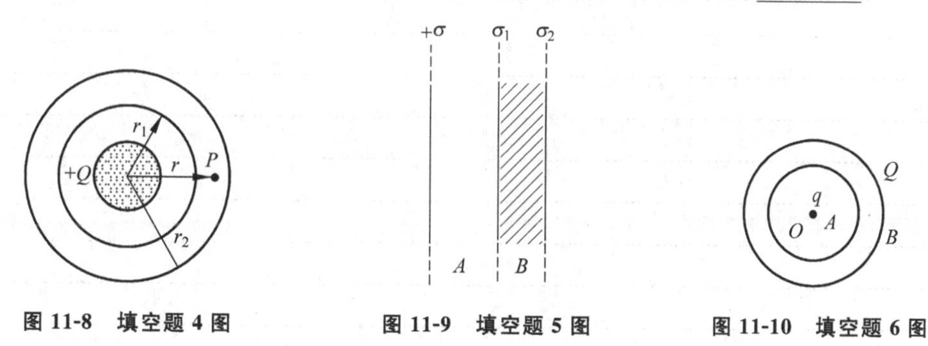

图 11-8　填空题 4 图　　图 11-9　填空题 5 图　　图 11-10　填空题 6 图

7. 如图 11-11 所示为三个电容器混联电路，已知电容量 $C_1=C_2=C_3$，其耐压值分别为 100 V、200 V、300 V，则混联后等效电容的耐压值为________。

8. 在一个孤立的导体球壳内，若在偏离球中心处放入一个点电荷，则在球壳内、外表面上将出现感应电荷，其分布将是内表面________，外表面________。（填写：均匀或不均匀）。

9. 两个半径分别为 R 和 r 的金属球相距很远，现用一条细长导线将两球连接在一起，并使它们带电。当忽略导线影响时，两球表面的电荷面密度之比 σ_R/σ_r 为________。

10. 如图 11-12 所示，一长直导线，其横截面半径为 a，导线外同轴地套有一半径为 b 的长直导体薄圆筒，两者互相绝缘，且外筒接地。设导线单位长度的带电荷量为 $+\lambda$，并设地的电势为零，则两导体之间的 P 点（$OP=r$）的场强大小为____________，电势为____________。

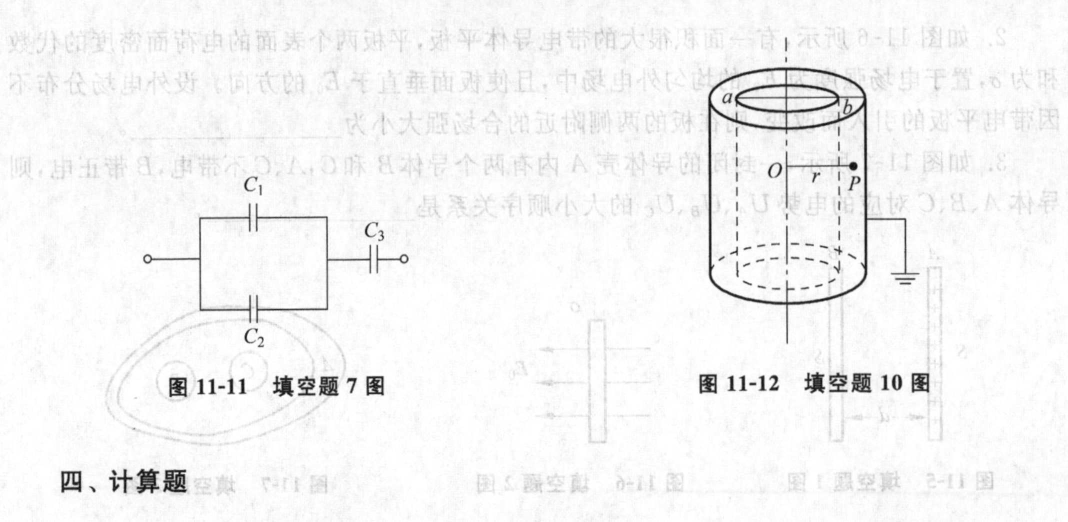

图 11-11　填空题 7 图　　　　图 11-12　填空题 10 图

四、计算题

1. 如图 11-13 所示，平行板电容器两板极面积均为 S，间距为 d，其间平行放置一厚度为 t 的金属板，忽略边缘效应。

(1) 求此平行板电容器的电容 C。

(2) 设无金属板时，电容器的电容为 $C_0 = 600\ \mu\text{F}$，两板极的电势差为 10 V。当放入厚度 $t = 0.25d$ 的金属板后，求此电容器的电容 C 及两板极间的电势差(设电荷量不变)。

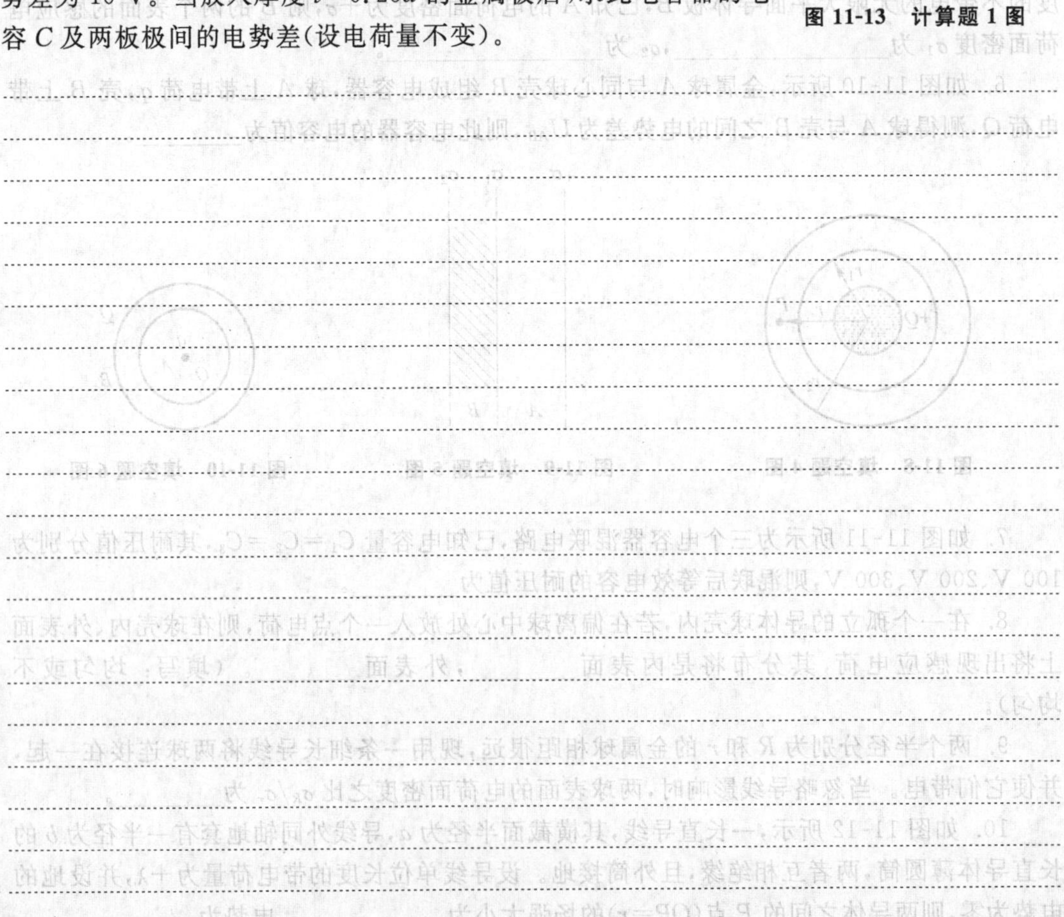

图 11-13　计算题 1 图

2. 两个金属球的半径分别为 a 和 b，它们的间距比其本身线度大得多，今用一细导线将两者相连接，并使系统带上电荷，电荷量为 Q。

(1) 求每个金属球上分配到的电荷；

(2) 按电容定义式，计算此系统的电容。

3. 如图 11-14 所示，一球形电容器由两个球壳组成，内球壳的外半径为 R_1，外球壳的内半径为 R_2，两球壳之间分为对半的两个空间，分别充满相对电容率为 ε_{r1} 和 ε_{r2} 的均匀电介质，求此球形电容器的电容 C。

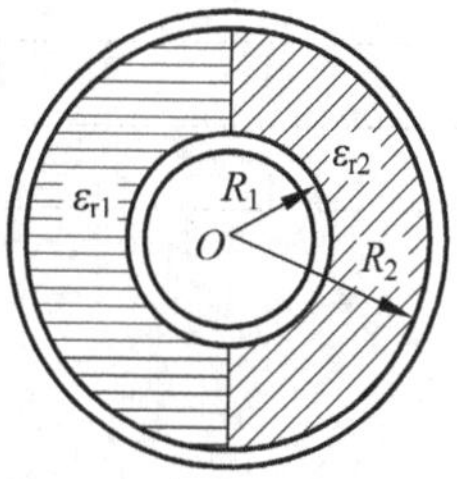

图 11-14 计算题 3 图

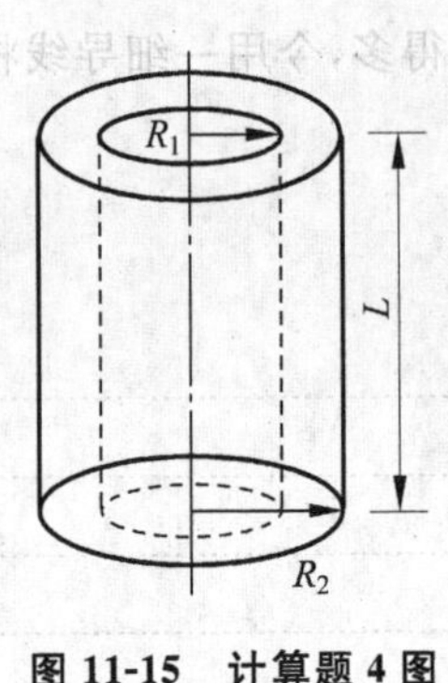

图 11-15　计算题 4 图

4. 莱顿瓶是一种旧式电容器，其构造为一圆柱形玻璃瓶，内外各贴有金属箔作为板极，如图 11-15 所示。设玻璃瓶内外半径分别为 R_1 和 R_2（均远大于板极间距），内外所贴金属箔长为 L，玻璃的相对电容率为 ε_r，其击穿场强为 E_k，忽略边缘效应。

(1) 求莱顿瓶的电容量。

(2) 此莱顿瓶最多可储存多少电荷？最大储能为多少？

____级____________专业________班 学号：____________ 姓名：____________

练习12 恒定磁场

一、判断题(正确打√，错误打×)

1. 磁场是存在于运动电荷周围空间，除电场以外的一种特殊物质，对位于其中的运动电荷有力的作用。(　　)

2. 一闭合回路中有通有大小相同、方向相反电流的两条导线，则闭合回路上各点的磁感应强度为零。(　　)

3. 一对带电荷量相等和质量相同的正负电荷同时在同一点分别射入一均匀磁场，已知它们的速度分别为 $2v$ 和 v，且均与磁场方向垂直，若只考虑磁场作用，则它们同时回到出发点。(　　)

4. 磁感线起于电流的正极，止于电流的负极，并且永远不会相交。(　　)

二、单项选择题

1. 如图12-1所示，无限长直导线在 P 处弯成半径为 R 的圆，当通以电流 I 时，在圆心 O 点的磁感应强度大小等于(　　)。

A. $\dfrac{\mu_0 I}{2\pi R}$　　B. $\dfrac{\mu_0 I}{4R}$　　C. $\dfrac{\mu_0 I}{2R}\left(1-\dfrac{1}{\pi}\right)$　　D. $\dfrac{\mu_0 I}{2R}\left(1+\dfrac{1}{\pi}\right)$

2. 如图12-2所示，半径为 R 的载流圆线圈与边长为 a 的正方形线圈通有相同电流 I，若两线圈中心 O_1 与 O_2 处的磁感应强度大小相同，则半径 R 与边长 a 之比为(　　)。

A. 1∶1　　B. $\sqrt{2}\pi$∶1　　C. $\sqrt{2}\pi$∶4　　D. $\sqrt{2}\pi$∶8

3. 如图12-3所示，四条均垂直于纸面的无限长载流直导线，每条导线中的电流均为 I，这四条导线断面在纸面上组成边长为 $2R$ 的正方形的四个顶角，则 O 点的磁感应强度的大小为(　　)。

A. $2\dfrac{\mu_0 I}{\pi R}$　　B. $\dfrac{\sqrt{2}}{2}\cdot\dfrac{\mu_0 I}{\pi R}$　　C. 0　　D. $\dfrac{\mu_0 I}{\pi R}$

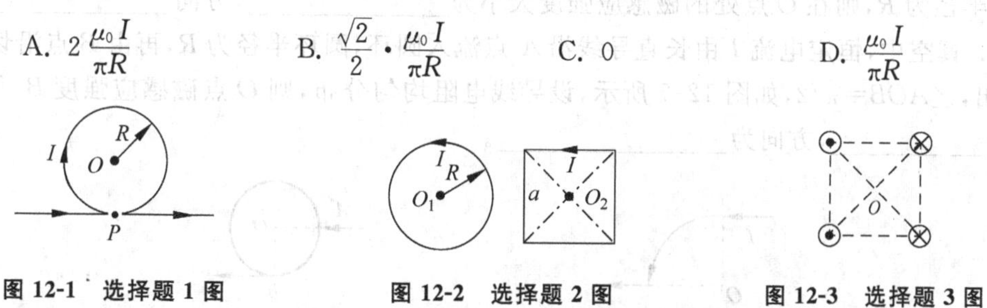

图12-1　选择题1图　　图12-2　选择题2图　　图12-3　选择题3图

4. 如图12-4所示，在圆形电流 I 所在的平面内，选取一个同心圆形环路 L，由安培环路定理，则有(　　)。

A. $\oint_L \boldsymbol{B}\cdot \mathrm{d}\boldsymbol{r}=0$，且环路上任意点 $B\neq 0$

B. $\oint_L \boldsymbol{B}\cdot \mathrm{d}\boldsymbol{r}=0$，且环路上任意点 $B=0$

C. $\oint_L \boldsymbol{B} \cdot \mathrm{d}\boldsymbol{r} \neq 0$，且环路上任意点 $B \neq 0$

D. $\oint_L \boldsymbol{B} \cdot \mathrm{d}\boldsymbol{r} \neq 0$，且环路上任意点 $B = 0$

5. 半径为 R 的单匝线圈通有恒定电流，若导线长度不变，将导线弯成 2 匝圆形线圈，则线圈圆心处的磁感应强度 B 大小是原来的(　　)倍。

A. 1/2　　B. 2　　C. 1/4　　D. 4

6. 半径为 R 的无限长直圆柱体，其轴向电流均匀分布，设圆柱体内($r<R$)的磁感应强度为 B_1，圆柱体外($r>R$)的磁感应强度为 B_2，则有：(　　)。

A. B_1、B_2 均与 r 成正比　　B. B_1 与 r 成反比，B_2 与 r 成正比

C. B_1、B_2 均与 r 成反比　　D. B_1 与 r 成正比，B_2 与 r 成反比

7. 如图 12-5 所示，载流导线位于纸张所在平面，设电流从 A 点流入，分两路经圆环箭头方向回路后汇合于 B 点流出，设导线电阻均匀分布，则圆心 O 点处的磁感应强度(　　)。

A. 方向垂直于纸张所在的平面，指向纸内

B. 方向垂直于纸张所在的平面，指向纸外

C. 为 0

D. 无法确定

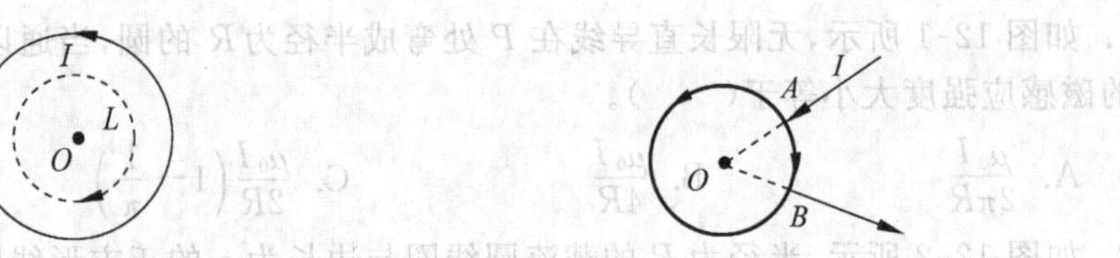

图 12-4　选择题 4 图　　图 12-5　选择题 7 图

三、填空题

1. 一载有电流为 I 的无限长直导线，中部弯成如图 12-6 所示的 1/4 圆周，对应的圆心为 O，半径为 R，则在 O 点处的磁感应强度大小为__________，方向__________。

2. 真空中，恒定电流 I 由长直导线沿 A 点流入圆环，圆环半径为 R，再由 B 点沿切线方向流出，$\angle AOB=\pi/2$，如图 12-7 所示，设导线电阻均匀分布，则 O 点磁感应强度 B 大小为

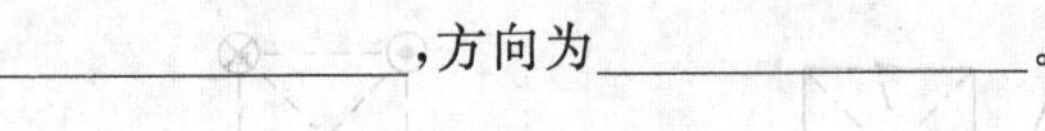

__________，方向为__________。

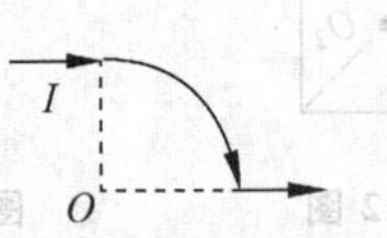

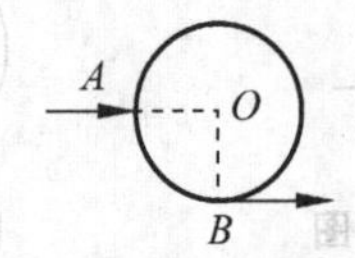

图 12-6　填空题 1 图　　图 12-7　填空题 2 图

3. 真空中有一长为 L、半径为 R 的载流密绕螺线管($L \gg R$)，其总匝数为 N，当通以恒定电流 I 时，管内轴线上 P 点的磁感应强度大小等于__________。

4. 长为 10 cm 的长直螺线管由直径 $d=0.2$ mm 的漆包线密绕 100 匝而成，当其通以 $I=0.5$ A 电流时，其内部的磁感应强度 B 大小为__________。

5. 半径为 R 的无限长圆筒形螺线管，管内磁场可看成是均匀的，方向沿轴线与电流 I 成右手螺旋关系，大小为 $\mu_0 nI$，其中 n 为单位长度上的线圈匝数，则通过螺线管横截面的磁通量大小为____________。

6. 安培环路定理表示为 $\oint_L \boldsymbol{B} \cdot \mathrm{d}\boldsymbol{r} = \mu_0 \sum_i^n I_i$，式中 B 是由________________产生的，$\sum_i^n I_i$ 是指________________________________。

四、计算题

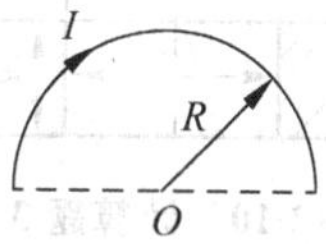

1. 如图 12-8 所示，导线弯成半径为 R 的半圆形圆弧，当通以恒定电流 I 时，求 O 点处的磁感应强度的大小和方向。

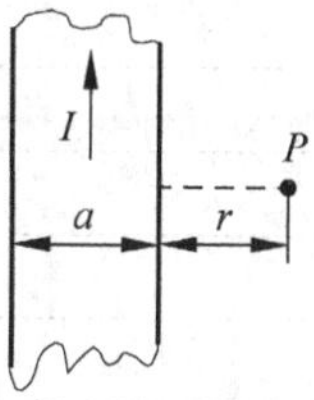

图 12-8　计算题 1 图

2. 如图 12-9 所示，一无限长平直薄金属板，宽度为 a，通过的电流 I 在薄板上均匀分布，求在薄板平面上距离平板近侧一边为 r 的 P 点的磁感应强度。

图 12-9　计算题 2 图

3. 如图12-10所示，总匝数为N的矩形截面的螺绕环，通有电流I，螺绕环的内外直径分别是D_1、D_2。

(1) 用安培环路定理求环内的磁感应强度分布。

(2) 求通过螺绕环的一个截面(图中阴影区)的磁通量。

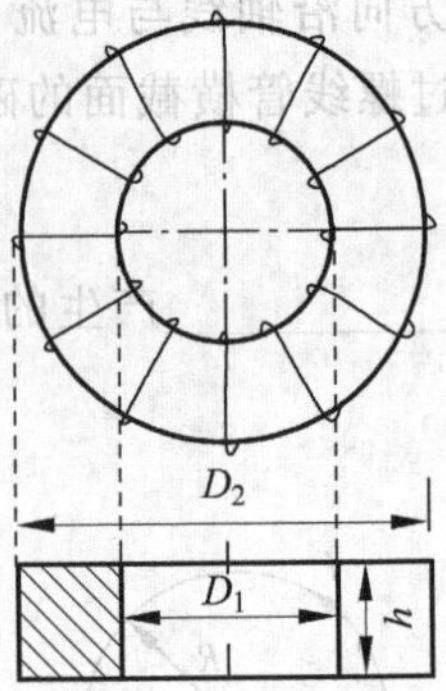

图12-10 计算题3图

4. 如图12-11所示，在无限长直载流导线的右侧分别有面积为S_1、S_2的两个矩形回路，两回路与此直载流导线处在同一平面上，且矩形回路的一边与无限长直载流导线平行，求通过两矩形回路的磁通量之比。

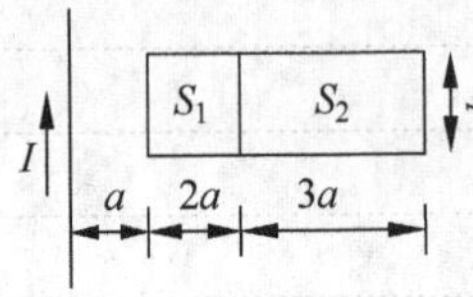

图12-11 计算题4图

____级__________专业______班 学号：__________姓名：__________

练习13 电磁感应

一、判断题(正确打√,错误打×)

1. 电介质只能削弱电场,因此,磁介质也只能削弱磁场。(　　)

2. 感生电场与静电场性质一样,都具有不闭合的电场线,都属于保守场。(　　)

3. 在均匀磁场中,带电粒子的运动为一沿磁场线的匀速直线运动和一垂直于磁场线的圆周运动的合成,而圆周运动的回旋周期和粒子速率无关。(　　)

4. 电磁波是横波,其中电场、磁场、传播速度三者相互垂直,且电场和磁场的变化是同相的。(　　)

二、单项选择题

1. 用细导线均匀密绕而成的螺线管,长为 L、半径为 $a(L\gg a)$,总匝数为 N,管内充满相对磁导率为 μ_r 的均匀磁介质。若线圈中通以恒定电流 I,则管中任意一点的(　　)。

A. 磁场强度大小为 $H=NI$,磁感应强度大小为 $B=\mu_0\mu_r NI$

B. 磁场强度大小为 $H=\mu_0 NI/L$,磁感应强度大小为 $B=\mu_0\mu_r NI/L$

C. 磁场强度大小为 $H=NI/L$,磁感应强度大小为 $B=\mu_r NI/L$

D. 磁场强度大小为 $H=NI/L$,磁感应强度大小为 $B=\mu_0\mu_r NI/L$

2. 若用条形磁铁竖直插入木质圆环,则环中(　　)。

A. 产生感应电动势,也产生感应电流

B. 产生感应电动势,不产生感应电流

C. 不产生感应电动势,也不产生感应电流

D. 不产生感应电动势,产生感应电流

3. 如图13-1所示,一个圆形环,其中一半处于方形区域的均匀磁场中,磁场方向垂直纸面向里,另一半位于磁场之外。欲使圆环中产生逆时针方向的感应电流,应使(　　)。

A. 圆环向右平移　　B. 圆环向上平移

C. 圆环向左平移　　D. 磁场强度变弱

4. 如图13-2所示,一载流螺线管的旁边有一圆形线圈,欲使线圈产生图示方向的感应电流,可选择以下方法中的(　　)。

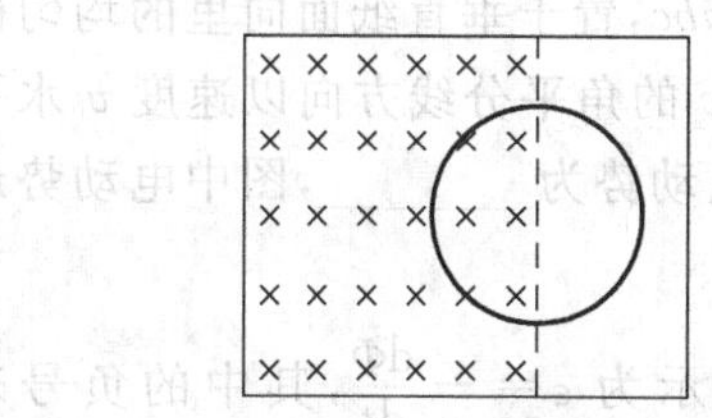

图13-1　选择题3图

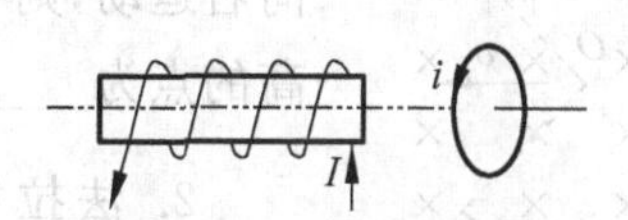

图13-2　选择题4图

A. 载流螺线管向线圈靠近　　　　B. 载流螺线管离开线圈

C. 载流螺线管中电流增大　　　　D. 载流螺线管中插入铁芯

5. 关于位移电流有下列四种说法，正确的说法是(　　)。

A. 位移电流是由变化的电场产生的

B. 位移电流的热效应服从焦耳-楞次定律

C. 位移电流是由线性变化的磁场产生的

D. 位移电流的磁效应不服从安培环路定理

6. 在感生电场中，电磁感应定律写成$\oint_L \boldsymbol{E}_k \cdot d\boldsymbol{r} = -\frac{d\Phi_m}{dt}$，其中$E_k$为感生电场强度，此式表明(　　)。

A. 闭合曲线L上E_k处处相等

B. 感生电场是非保守力场

C. 感生电场的电力线是非闭合曲线

D. 在感生电场中可以像静电场那样引入电势的概念

7. 电机的形式很多，但其工作原理大多基于(　　)。

A. 接触起电　　　　B. 电磁力定律

C. 摩擦起电　　　　D. 电磁感应定律和安培力定律

8. 关于真空中的电磁波，以下说法正确的是(　　)。

A. 沿着磁场方向传播　　　　B. 沿着电场方向传播

C. 沿着与电场和磁场垂直方向传播　　　　D. 以上三种说法都对

9. 关于感生电场，以下说法正确的是(　　)。

A. 感生电场是保守力场　　　　B. 感生电场的场线是闭合曲线

C. 感生电场是由电荷产生的　　　　D. 以上三种说法都不对

10. 如图 13-3 所示，金属杆aOc置于垂直纸面向里的均匀磁场B(画出局部)中，并以速度v向下运动。若金属杆长度$Oa=Oc=L$，则杆中动生电动势为(　　)。

A. $\varepsilon = BLv$

B. $\varepsilon = BLv\sin\theta$

C. $\varepsilon = BLv\cos\theta$

D. $\varepsilon = BLv(1+\cos\theta)$

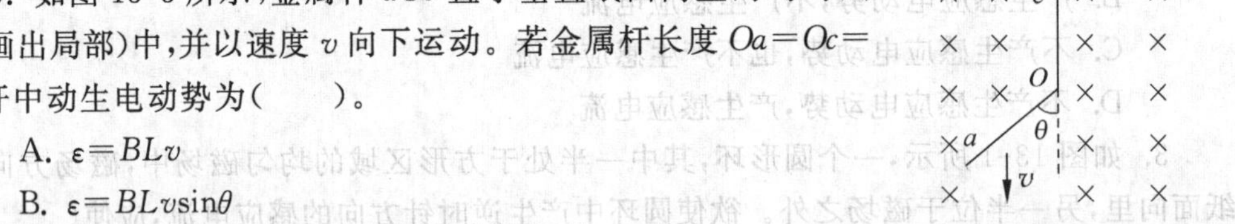

图 13-3　选择题 10 图

三、填空题

1. 如图 13-4 所示，将导线折成半径为R的 3/4 圆弧abc，置于垂直纸面向里的均匀磁场(画出局部)中。若导线沿$\angle aOc$的角平分线方向以速度v水平向右运动，则导线中产生的动生电动势为________，图中电动势最高的点为________。

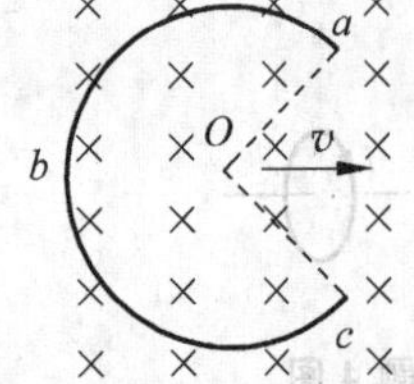

图 13-4　填空题 1 图

2. 法拉第电磁感应定律表示为$\varepsilon = -\frac{d\Phi}{dt}$，其中的负号表示________________________________。

3. 麦克斯韦方程组有 4 个积分式，其中____________反映电场和电荷的联系；____________反映磁感应线是无头无尾的；____________反映变化的磁场一定伴随有电场；____________反映变化的电场一定伴随着磁场。

4. 麦克斯韦在总结前人在电磁学领域的主要成就的基础上，提出了两条假设，分别是____________和____________。

四、计算题

1. 如图 13-5 所示，一长直导线中通有电流 $I=40$ A，在导线右侧放置一段与其垂直的金属直杆，直杆以匀速率 $v=2.0\ \mathrm{m\cdot s^{-1}}$ 垂直于金属杆向上移动。已知 $a=0.1$ m，$b=1.0$ m，求杆的感应电动势的大小，并指出 A、B 端电势高低。

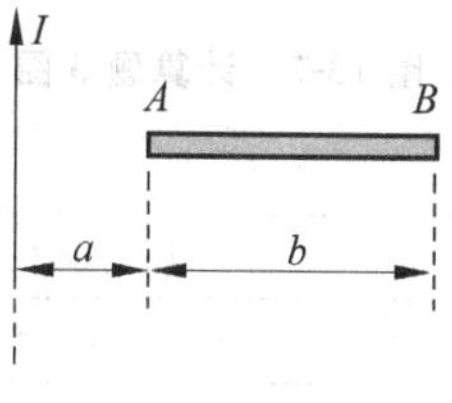

图 13-5　计算题 1 图

2. 如图 13-6 所示，长直导线中通有电流 $I=5$ A，在导线的右边有一矩形导线框，矩形框长 $L=20$ cm，宽 $b=10$ cm，此框以 $v=2\ \mathrm{m\cdot s^{-1}}$ 的速率向右平动。求当 $a=10$ cm 时，导体框内的感应电动势的大小与方向。

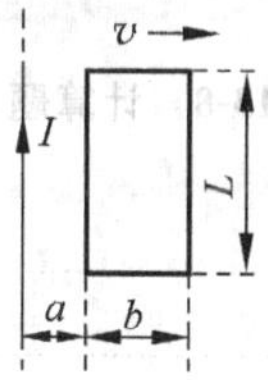

图 13-6　计算题 2 图

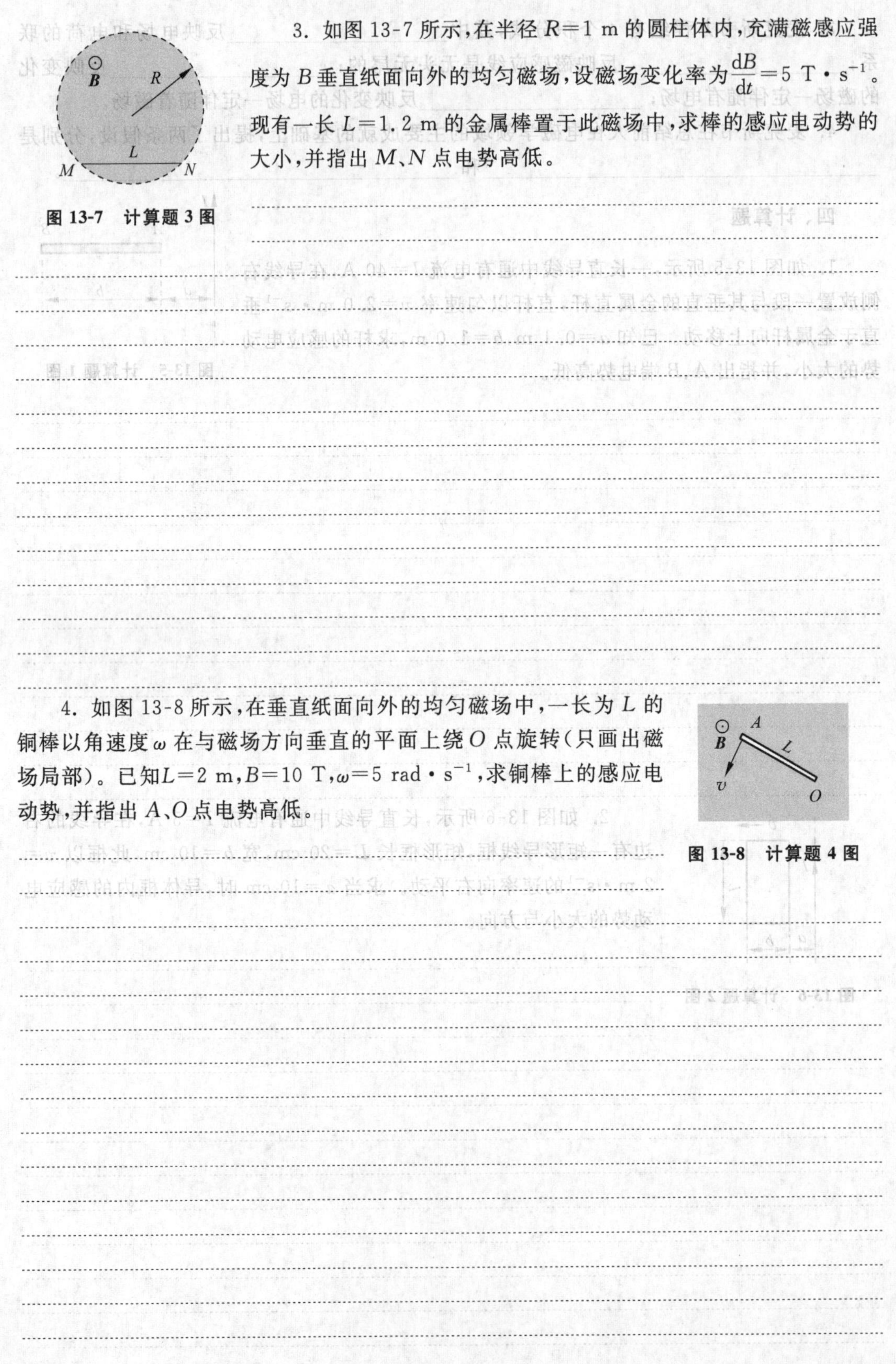

图 13-7 计算题 3 图

3. 如图 13-7 所示，在半径 $R=1$ m 的圆柱体内，充满磁感应强度为 B 垂直纸面向外的均匀磁场，设磁场变化率为 $\frac{dB}{dt}=5\ \text{T}\cdot\text{s}^{-1}$。现有一长 $L=1.2$ m 的金属棒置于此磁场中，求棒的感应电动势的大小，并指出 M、N 点电势高低。

4. 如图 13-8 所示，在垂直纸面向外的均匀磁场中，一长为 L 的铜棒以角速度 ω 在与磁场方向垂直的平面上绕 O 点旋转（只画出磁场局部）。已知 $L=2$ m，$B=10$ T，$\omega=5\ \text{rad}\cdot\text{s}^{-1}$，求铜棒上的感应电动势，并指出 A、O 点电势高低。

图 13-8 计算题 4 图

____级____________专业________班 学号：__________ 姓名：__________

练习14 光的干涉

一、判断题(正确打√，错误打×)

1. 在光学研究领域中，光的概念通常可以延伸到邻近可见光区域的电磁辐射(红外线和紫外线)，甚至X射线等也被认为是光。(　　)

2. 与其他的波一样，满足相干条件的光在空间上的叠加图样不随时间而变。(　　)

3. 迈克耳孙干涉仪是根据干涉原理制成的一种精密光学仪器，可用于精密测量微小距离或比较长度，其精度可达波长数量级。(　　)

4. 劈尖干涉中，棱边应该是明条纹。(　　)

*5. 劳埃德镜和菲涅耳双镜等光的干涉实验都是用分波阵面法实现的。(　　)

二、单项选择题

1. 在双缝干涉实验中，两缝间距离为d，双缝与屏幕之间的距离为$D(D\gg d)$。波长为λ的平行单色光垂直照射到双缝上。屏幕上干涉条纹中相邻暗纹之间的距离是(　　)。

A. $\frac{2\lambda D}{d}$　　B. $\frac{\lambda d}{D}$　　C. $\frac{Dd}{\lambda}$　　D. $\frac{\lambda D}{d}$

2. 把一平凸透镜放在平玻璃上，构成牛顿环装置。当平凸透镜慢慢地向上平移时，由反射光形成的牛顿环(　　)。

A. 向中心收缩，条纹间隔变小　　B. 向中心收缩，环心呈明暗交替变化

C. 向外扩张，环心呈明暗交替变化　　D. 向外扩张，条纹间隔变大

3. 在双缝干涉实验中，设缝是水平的，若双缝所在的平面稍微向上平移，其他条件不变，则屏上的干涉条纹(　　)。

A. 向下平移，且间距不变　　B. 向上平移，且间距不变

C. 不移动，但间距改变　　D. 向上平移，且间距改变

4. 在折射率为1.5的玻璃表面镀有氟化镁薄膜，可使反射光减弱，透射光增强。氟化镁的折射率$n=1.38$，当用波长为λ的单色平行光垂直照射时，使反射光相消的氟化镁最小厚度为(　　)。

A. $\frac{\lambda}{2n}$　　B. $\frac{\lambda}{2}$　　C. $\frac{\lambda}{4n}$　　D. $\frac{\lambda}{4}$

5. 在迈克耳孙干涉仪的一支光路中放入一片折射率为n的透明介质薄膜后，测出两束光的光程差的改变量为一个波长，则薄膜的厚度是(　　)。

A. $\frac{\lambda}{2}$　　B. $\frac{\lambda}{2n}$　　C. $\frac{\lambda}{n}$　　D. $\frac{\lambda}{2(n-1)}$

6. 光程的大小主要取决于(　　)。

A. 光的传播距离　　B. 光的强度和介质对光的吸收

C. 光的传播几何路径　　D. 光的传播几何距离与介质折射率

7. 真空中波长为 λ 的单色光在折射率为 n 的均匀透明媒质中从 A 点沿某一路径传播到 B 点，路径的长度为 L，A、B 两点光振动的相位差记为 $\Delta\varphi$，则（　　）。

A. 当 $L=\frac{3\lambda}{2}$ 时，有 $\Delta\varphi=3\pi$　　B. 当 $L=\frac{3\lambda}{2n}$ 时，有 $\Delta\varphi=3n\pi$

C. 当 $L=\frac{3\lambda}{2n}$ 时，有 $\Delta\varphi=3\pi$　　D. 当 $L=\frac{3n\lambda}{2}$ 时，有 $\Delta\varphi=3n\pi$

三、填空题

1. 可见光是能被人眼感受到的一部分辐射能，其波长范围大致是________nm。

2. 光波干涉的条件是，具有________、________和________，以及振幅不能相差过大。

3. 两块厚度分别为 e_1 和 e_2 的均匀介质平板，折射率分别为 n_1 和 n_2。若它们紧贴在一起，当波长为 λ 的光垂直入射时，则光透过这两块介质后，相位滞后了________。

4. 如图 14-1 所示为双缝干涉实验示意图，已知 $SS_1=SS_2$。若将一厚度为 e、折射率为 n 的薄云母片覆盖在 S_1 缝上，中央明条纹将向________移动；覆盖云母片后，两束相干光至屏上原中央明纹 O 处的光程差为________。

5. 单色平行光垂直照射在薄膜上，经上下两表面反射的两束光 1、2 发生干涉，如图 14-2 所示为示意图。若薄膜的厚度为 e，且 $n_1<n_2>n_3$，设 λ 为入射光在真空中的波长，则两束反射光的光程差为________。

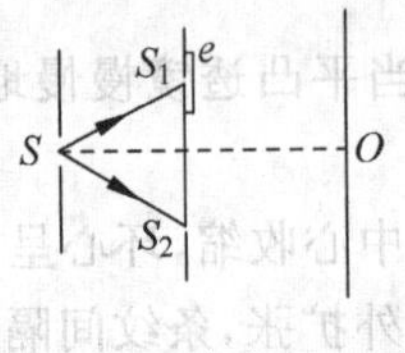

图 14-1　填空题 4 图

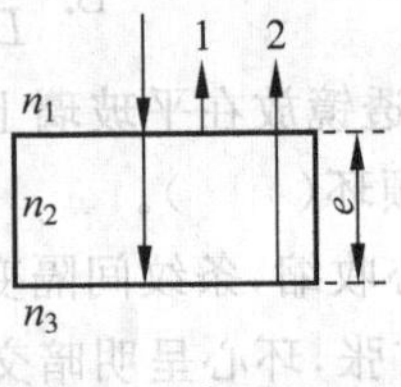

图 14-2　填空题 5 图

6. 波长为 λ 的平行单色光垂直照射到折射率为 n 的劈形膜上，相邻的两明纹所对应的薄膜厚度之差是________。

7. 一平凸透镜的凸面朝下置于一平玻璃板上，透镜刚好与玻璃板接触，波长分别为 600 nm 和 500 nm 的两种单色光垂直入射，观察反射光形成的牛顿环。从中心向外数，两种入射光的第 5 明环所对应的空气膜厚度之差为________nm。

四、计算题

1. 在双缝干涉实验中，入射光的波长为 550 nm，用一厚度为 $e=2.85\times10^{-4}$ cm 的透明薄片盖住上缝，结果中央明条纹移到原来的第 3 条明纹处，求透明薄片的折射率。

2. 薄钢片上有两条紧靠的平行细缝，用波长 $\lambda=546.1\ \text{nm}$ 的平行光垂直入射到钢片上。已知屏幕到双缝的距离 $D=2.00\ \text{m}$，测得中央明条纹两侧的第 5 级明条纹间的距离为 12.0 mm。

(1) 求两缝间的距离 d。

(2) 从任一明条纹向一边数到第 20 条明条纹，共经过多大距离？

(3) 若光斜入射到钢片上，条纹间距将如何改变？

3. 如图 14-3 所示，波长为 λ 的单色光垂直入射到折射率为 n_2 的劈型薄膜上，已知 $n_1<n_2<n_3$，观察反射光形成的干涉条纹。问：

(1) 从膜的顶部 O 开始向右数起，第 5 条暗纹中心所对应的薄膜厚度是多少？

(2) 相邻两明条纹对应的薄膜厚度之差是多少？

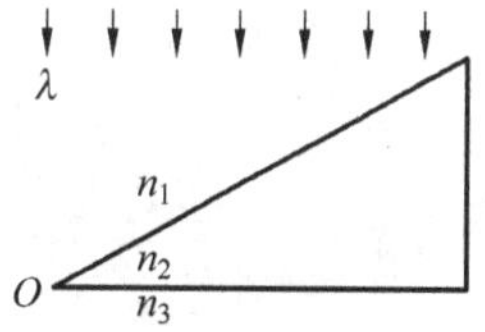

图 14-3 计算题 3 图

4. 白光垂直照射到厚度为 0.40 μm 的玻璃片上，玻璃的折射率为 1.55，求：

(1) 在可见光范围(λ=390～780 nm)内，在反射中增强的光的波长。

(2) 在可见光范围内，在透射中增强的光的波长(同样满足能量守恒定律)。

练习15 光的衍射和光的偏振

一、判断题(正确打√,错误打×)

1. 夫琅禾费单缝衍射实验中波带数越多,则明条纹的亮度越大。(　　)

2. 在杨氏双缝实验中,若遮住一缝,光线通过另一缝时,将引起衍射现象。(　　)

3. 自然光以布儒斯特角由空气入射到一玻璃表面上,反射光是垂直于入射面振动的完全线偏振光。(　　)

4. 双缝干涉是测量单色光波长最为正确的方法。(　　)

5. 一束光垂直入射到一偏振片上,当偏振片以入射光方向为轴转动时,发现透射光的光强没有变化,说明入射光是完全偏振光。(　　)

二、单项选择题

1. 光的衍射条纹的现象可用(　　)解释。

A. 波传播的独立性原理　　B. 惠更斯原理
C. 惠更斯-菲涅耳原理　　D. 半波带法理论

2. 一束波长为λ的单色平行光垂直照射到宽为a的单缝AB上,若屏上的P为第三级明纹,则单缝AB边缘A、B两处光线之间的光程差为(　　)。

A. $5\lambda/2$　　B. $7\lambda/2$　　C. 3λ　　D. 6λ

3. 在夫琅禾费单缝衍射实验中,若增大缝宽,其他条件不变,则中央明条纹(　　)。

A. 宽度变小　　B. 宽度不变,且中心强度也不变
C. 宽度变大　　D. 宽度不变,但中心强度增大

4. 一光强为I_0的平面偏振光先后通过两个偏振片P_1和P_2,P_1和P_2的偏振化方向与原入射光光矢量振动方向的夹角分别为α和$90°$,则通过P_1和P_2后的光强I是(　　)。

A. $0.5I_0\cos^2\alpha$　　B. 0
C. $0.25I_0\sin^2(2\alpha)$　　D. $0.25I_0\sin^2\alpha$

5. 一束光强为I_0的自然光垂直穿过两个偏振片,且此两偏振片的偏振化方向成45°角,若不考虑偏振片的反射和吸收,则穿过两个偏振片后的光强I为(　　)。

A. $\frac{1}{4}I_0$　　B. $\frac{\sqrt{2}}{4}I_0$　　C. $\frac{1}{2}I_0$　　D. $\frac{\sqrt{2}}{2}I_0$

6. 自然光以60°的入射角照射到不知其折射率的某一透明表面,若反射光为线偏振光,则(　　)。

A. 折射光为线偏振光,折射角为30°
B. 折射光为部分偏振光,折射角为30°
C. 折射光为线偏振光,折射角不能确定

D. 折射光为部分偏振光，折射角不能确定

7. 在夫琅禾费单缝衍射实验中，波长为 λ 的单色光垂直入射到宽度为 $a=4\lambda$ 的单缝上，对应于衍射角 30°的方向，单缝处波阵面可分成的半波带数目为(　　)。

A. 2 个　　B. 4 个　　C. 6 个　　D. 8 个

8. 根据惠更斯-菲涅耳原理，若已知光在某时刻的波阵面为 S，则 S 的前方某点 P 的光强度决定于波阵面 S 上所有面积元发出的子波各自传到 P 点的(　　)。

A. 振动振幅之和　　B. 光强之和

C. 振动振幅之和的平方　　D. 振动的相干叠加

三、填空题

1. 用波长为 λ 的单色平行红光垂直照射在光栅常量 $d=2\ \mu\text{m}$ 的光栅上，用焦距 $f=0.5\ \text{m}$ 的透镜将光聚在屏上，测得第 1 级谱线与透镜主焦点的距离 $x=0.1667\ \text{m}$，则可知此入射光的波长 λ 为________。

2. 波长为 500 nm 的单色光垂直入射到光栅常量为 1.0×10^{-4} cm 的平面衍射光栅上，第一级衍射主极大所对应的衍射角 φ 为________。

3. 光的干涉和衍射现象反映了光的________性质。光的偏振现象表明，光是一种________波。

4. 强度为 I_0 的自然光垂直入射到两个叠放在一起的偏振片上，若通过两个偏振片后的光强为 $I_0/8$，则此两偏振片的偏振化方向间的夹角(取锐角)是________；若在两偏振片之间再插入一片偏振片，其偏振化方向与前后两偏振片的偏振化方向的夹角(取锐角)相等，则通过三个偏振片后的透射光强度为________。

5. 一束自然光正入射到两块靠在一起的偏振片上，若两偏振片的偏振化方向间的夹角由 α_1 转到 α_2，则转动前后透射光强度之比为________。

6. 为了测定不透明介质的折射率，根据布儒斯特定律测量该介质在空气中的起偏角为 60°，则该介质的折射率为________。

7. 如图 15-1 所示，一束自然光入射到两种媒质交界平面上产生反射光和折射光。按此示意图，各光的偏振状态为，反射光是________光，折射光是________光；这时的入射角 i_0 称为________。

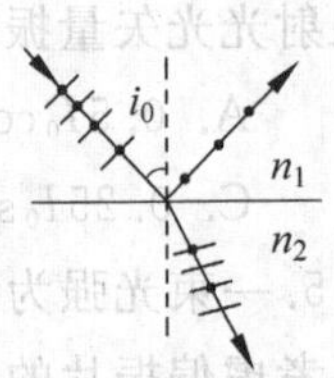

图 15-1　填空题 7 图

8. 一束光(自然光、线偏振光、部分偏振光)垂直入射在偏振片 P 上，以入射光线为轴转动 P，观察通过 P 的光强的变化过程。若入射光是________光，则将看到光强不变；若入射光是________光，则将看到明暗交替变化，有时出现全暗；若入射光是________光，则将看到明暗交替变化，但不出现全暗。

9. 某天文台反射式望远镜的通光孔径(直径)为 2.5 m，设光的有效波长 550 nm，则此望远镜能分辨的双星的最小夹角为________rad。

四、计算题

1. 用波长 $\lambda=632.8\ \text{nm}$ 的平行光垂直入射在单缝上，单缝后用焦距 $f=40\ \text{cm}$ 的凸透镜把衍射光会聚于焦平面上，测得中央明条纹的宽度 $\Delta x=3.4\ \text{mm}$，求单缝的宽度。

2. 波长为 600 nm 的单色光垂直入射在一光栅上，有两个相邻主极大明纹分别出现在 $\sin\theta_1=0.20$ 与 $\sin\theta_2=0.30$ 处，且第 4 级缺级。

(1) 求此光栅的光栅常量；

(2) 求光栅狭缝的最小宽度；

(3) 按上述选定的缝宽和光栅常量，求光屏上实际呈现的全部级数。

3. 用波长为 $\lambda=0.59\ \mu\text{m}$ 的平行光照射在一块具有 500 条/mm 狭缝的光栅上，光栅的狭缝宽度 $a=1\times10^{-3}$ mm。

(1) 当平行光垂直入射时，最多能观察到第几级光谱线？实际能观察到几条光谱线？

*(2) 如图 15-2 所示，当平行光与光栅法线呈夹角 $\varphi=30°$ 时入射，最多能观察到第几级谱线？

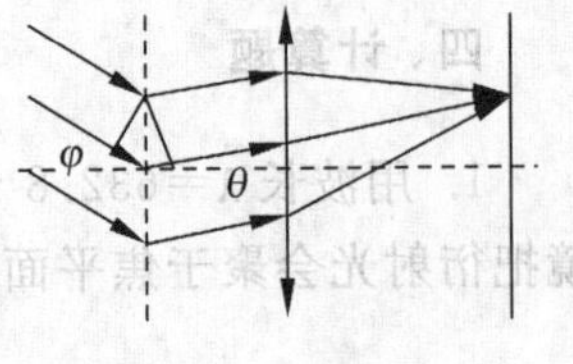

图 15-2　计算题 3 图

4. 一束光强为 I_0 的自然光垂直入射到一组偏振片上，此组偏振片有 4 片，顺序分别为 P_1、P_2、P_3 和 P_4，每一片的透振方向较其前一片沿顺时针方向转过 $\alpha=30°$。

(1) 求出射光强 I_4；（图 15-3 仅供参考）

(2) 若撤去 P_3 偏振片，求出射光强；

(3) 若再撤去 P_2 偏振片，求出射光强。

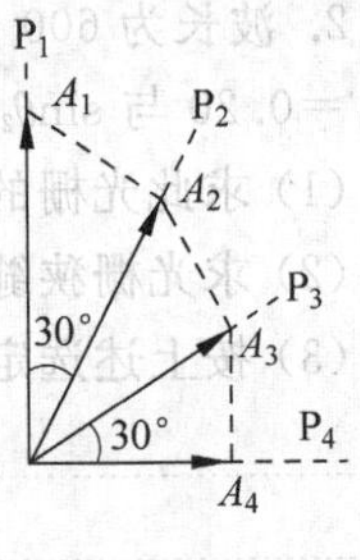

图 15-3　计算题 4 图

____级____________专业________班 学号：____________ 姓名：____________

练习 16　量子物理的基本概念

一、判断题(正确打√，错误打×)

1. 在太阳照射下的绝对黑体，其温度可以无限制地升高。(　　)

2. 光电效应是吸收光子的过程，康普顿效应是光子与散射物中自由电子的弹性碰撞过程。(　　)

3. 波粒二象性是物质的普遍性质，是微观粒子的基本属性之一。光电效应和康普顿效应反映了光的粒子性(量子特性)，干涉、衍射等现象显示出波动性。(　　)

4. 康普顿散射实验中观察的散射光中既有与入射光波长相同的成分，也有波长变长的成分，波长的变化只与散射方向有关，而与散射物质无关。(　　)

5. 在光电效应和康普顿效应中，电子与光子两者组成的系统都服从动量守恒定律和能量守恒定律。(　　)

6. 在不确定关系式中，Δp 表示动量 p 的增量或变化。(　　)

7. 宏观物体因质量相对较大，其德布罗意波长小到实验难以测量的程度，波动性极不显著，仅表现出粒子性特征。(　　)

二、单项选择题

1. 关于绝对黑体，下列表述正确的是(　　)。

A. 在太阳照射下可以持续升温的物体

B. 不能够辐射任何可见光的物体

C. 不能够反射可见光的物体

D. 不能够反射任何光线的物体

2. 黑体的单色辐射出射度取决于(　　)。

A. 构成黑体的材料　　B. 黑体的温度

C. 黑体表面的特性　　D. 以上都是

3. 按经典理论，瑞利-金斯公式在长波范围与实验结果很好地符合；而在短波范围，其黑体的单色辐射出射度随波长变短而趋向于无穷大，这与实验的巨大差别称为(　　)。

A. 维恩位移定律　　B. 斯特藩-玻耳兹曼定律

C. 普朗克量子假设　　D. "紫外灾难"

4. 两个黑体 A 和 B 的辐射本领之比为 $M_A : M_B = 1 : 4$，则它们辐射所对应的峰值波长之比 $\lambda_{mA} : \lambda_{mB}$ 为(　　)。

A. $\frac{\sqrt{2}}{2}$　　B. $\sqrt{2}$　　C. 2　　D. 4

5. 在金属中产生光电效应的红限主要取决于(　　)。

A. 金属的逸出功　　B. 入射光的频率

C. 入射光的强度　　D. 入射光的频率和金属的逸出功

6. 分别用频率为 ν_1 和 ν_2 的单色光照射不同金属表面，均能产生光电效应。若测得它们的光电子初功能有 $E_{k1}>E_{k2}$ 关系，则 ν_1 和 ν_2 的关系为(　　)。

A. $\nu_1>\nu_2$　　B. $\nu_1<\nu_2$　　C. $\nu_1=\nu_2$　　D. 无法确定

7. 用频率为 ν 的单色光照射某种金属时，逸出光电子的最大初动能为 E_k。若改用频率为 2ν 的单色光照射，则逸出光电子的最大初动能为(　　)。

A. $2E_k$　　B. $2h\nu-E_k$　　C. $h\nu-E_k$　　D. $h\nu+E_k$

8. 若入射光的波长从 400 nm 变为 300 nm，则从金属表面反射的光电子的遏止电压将发生变化，其变化为(　　)。

A. 增大 0.56 V　　B. 增大 0.165 V　　C. 增大 1.035 V　　D. 减少 1.035 V

9. 已知氢原子的质量为 m，设其动能等于温度为 T 时的热平衡状态时的平均平动动能，则此氢原子的德布罗意波长为(　　)。

A. $\lambda=h/\sqrt{3mkT}$　　B. $\lambda=h/\sqrt{5mkT}$

C. $\lambda=\sqrt{3mkT}/h$　　D. $\lambda=\sqrt{5mkT}/h$

10. 如果一个光子与一个电子具有相同的德布罗意波长，则它们的动量的关系为(　　)。

A. 相等　　B. 光子较大　　C. 电子较大　　D. 不确定

11. 如果两种不同质量的粒子其德布罗意波长相同，则这两种粒子的(　　)。

A. 动量相同　　B. 能量相同　　C. 速度相同　　D. 动能相同

12. 在近代物理最著名的几个实验中，证实德布罗意波存在的关键实验是(　　)。

A. 康普顿实验　　B. 戴维逊-革末实验

C. 卢瑟福实验　　D. 黑体辐射实验

13. 光电效应和康普顿效应都包含有电子与光子的相互作用过程，对此，下面的几种理解中，正确的是(　　)。

A. 两种效应中电子与光子两者组成的系统都服从动量守恒定律和能量守恒定律

B. 两种效应都相当于电子与光子的弹性碰撞过程

C. 两种效应都属于电子吸收光子的过程

D. 光电效应是吸收光子的过程，康普顿效应相当于光子和电子的弹性碰撞过程

14. 康普顿效应的主要特点是(　　)。

A. 散射光的波长比入射光的波长短，且随散射角增大而减小，但与散射体的性质无关

B. 散射光的波长均与入射光的波长相同，与散射角、散射体性质无关

C. 散射光的波长既有与入射光波长相同的，也有比入射光波长长的和比入射光波长短的，这与散射体性质有关

D. 散射光中有些波长比入射光的波长长，且随散射角增大而增大，有些散射光的波长与入射光的波长相同，这都与散射体的性质无关

15. 微观粒子的某些物理量不遵守牛顿运动定律，而遵守不确定关系，是因为(　　)。

A. 微观粒子质量太小　　B. 微观粒子线度太小

C. 测量仪器精度不够　　D. 微观粒子具有显著的波粒二象性

16. 证实光具有波动性的是(　　)。

A. 光的干涉　　B. 黑体辐射　　C. 康普顿效应　　D. 光电效应

17. 两种粒子的质量关系为 $m_1=2m_2$，动能关系为 $E_{k1}=2E_{k2}$，则其德布罗意波长之比 λ_1/λ_1 约为(　　)。

A. 0.25　　B. 0.5　　C. 0.707　　D. 1.414

18. 关于不确定关系 $\Delta x \Delta p_x \geqslant \hbar/2$，以下理解错误的是(　　)。

A. 粒子的动量或坐标不可能确定

B. 时间和能量不可能同时确定

C. 粒子的动量和坐标不可能同时确定

D. 不确定关系不仅适用于电子和光子，对其他粒子也适用

三、填空题

1. 1 000 K 黑体在 1 cm^2 表面可辐射 5 W 的能量，则 6 000 K 黑体的辐射本领 $M(T)$ 为________________。

2. 当绝对黑体的温度从 27 ℃ 升高到 327 ℃ 时，其辐射出射度增加为原来的________倍。

3. 测量星球表面温度的方法之一是把星球看成绝对黑体，测量其单色辐出度的峰值波长 λ_m。测得北极星的 $\lambda_m=350$ nm(紫外区)，则北极星的表面温度约为________。

4. 金属铯的红限为 $\lambda_0=660$ nm，其逸出功为________ eV。(注意单位)

5. 用频率为 ν 的单色光照射某种金属时，逸出光电子的最大初动能为 E_k。若改用频率为 3ν 的单色光照射此种金属，则逸出光电子的最大初动能为________。

6. 用波长 400 nm 的紫色光照射金属表面，产生的光电子初速度为 $5\times10^5\ m\cdot s^{-1}$，则此光电效应的红限频率为________________。

7. 质量约为 0.15 kg 的棒球以 40 $m\cdot s^{-1}$ 的速率运动，其德布罗意波长约为________ m，这一数值极其微小，无法观察到子弹的波动特性，可以不必考虑。

8. 已知一粒子弹动量的不确定量为 $3.31\times10^{-4}\ kg\cdot m\cdot s^{-1}$，在该子弹位置可确定时，其不确定范围极其微小，仅为________________，说明不确定关系对宏观物体实际上是不起作用的。

9. 波长为 0.02 nm 的 X 射线经固体散射，在与入射方向成 60°角的方向上，观察到的康普顿效应所产生的波长为________________。假定碰撞时电子是静止的。

10. 测定核的某一确定状态时，其能量不准确量为 1 eV，则这个状态的最短寿命为________。

四、简答题

1. 黑体能全部吸收入射的能量，既不反射也不透射，而在太阳照射下的绝对黑体，其温度并不能无限制地升高。为什么？

2. 简述微观粒子与经典粒子的不同。

3. 什么是光电效应？请简述其基本规律。

4. 德布罗意波的波函数与经典波的波函数的本质区别是什么？

五、计算题

1. 如图 16-1 所示为由光电效应实验测得的某种金属的遏止电压 U_a 与入射光频率 ν 的关系曲线。请根据图中数据，求普朗克常量 h 和该金属材料的逸出功 A。(1 PHz $=10^{15}$ Hz)

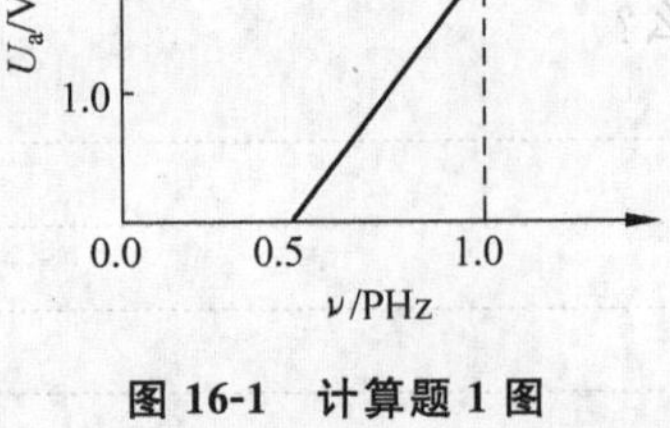

图 16-1　计算题 1 图

2. 已知金属锂光电效应红限频率对应的波长为500 nm，现用波长400 nm的光入射到锂上，问光电子的初速度上限 v_0 约为多大？

3. 已知电子在 $U=150$ V电压加速下获得动能，问该电子的波长大约为多少？

4. 一电子具有200 $m\cdot s^{-1}$ 的速率，动量的不确定量为0.01%，在确定该电子的位置时，电子位置的不确定范围有多大？（结果表明，电子位置的不确定范围比电子本身的大小要大几亿倍以上）

5. 电子作一维运动的能量为 1 keV，现同时测量电子的位置与动量。若位置的不确定值在 0.1 nm 内，则动量的不确定值的百分比 $\Delta p/p$ 至少多大？

（电子质量 $m_e=9.11\times10^{-31}$ kg，1 eV$=1.60\times10^{-19}$ J，普朗克常量 $h=6.63\times10^{-34}$ J·s）

6. 某个粒子的德布罗意波长 λ 恰好等于其康普顿波长 λ_C，求这个粒子的速率。

____级__________专业________班 学号：__________姓名：__________

练习 17　量子物理初步

一、判断题(正确打√，错误打×)

1. 玻尔理论比较满意地解释了氢原子光谱规律，但无法圆满解释后来新发现的许多实验现象和事实。(　　)

2. 计算微观粒子能量时，有时用焦耳，有时也用电子伏作单位。(　　)

3. 泡利不相容原理可解释原子内部的电子分布状况和元素周期律。(　　)

4. 在半导体中掺入特定的微量杂质，以显著改变其导电性能，使之也能导电。(　　)

5. 人类或其他生物受到放射性辐射时，会引起各种放射病，甚至被烧伤。(　　)

6. 用高能微观粒子轰击原子核，引起核的状态或结构发生变化，就是核反应。(　　)

7. 放射性衰变会发出射线，也是一种核反应。(　　)

8. 半衰期是放射性元素的特性常数，半衰期越短，放射性越弱。(　　)

二、单项选择题

1. 已知氢原子的基态能量为－13.6 eV，根据氢原子的玻尔理论，把氢原子从基态激发到第一激发态所需最小能量为(　　)。

A. 3.4 eV　　B. 6.8 eV　　C. 10.2 eV　　D. 13.6 eV

2. 基态氢原子吸收能量为 12.75 eV 的光子后，将被激发到能级为(　　)的激发态。

A. $n=5$　　B. $n=4$　　C. $n=3$　　D. $n=2$

3. 由氢原子理论，当氢原子处于 $n=3$ 的激发态时，将产生(　　)波长的谱线。

A. 1 种　　B. 2 种　　C. 3 种　　D. 各种

4. 弗兰克-赫兹实验发现电子撞击原子时出现的规律性，证实了(　　)。

A. 玻尔假设　　B. 实物粒子的波粒二象性

C. 光电效应　　D. 海森伯不确定关系

5. 世界上第一台激光器是(　　)激光器。

A. 红宝石　　B. 二氧化碳　　C. 氦-氖　　D. 染料

6. 激光的主要特征不包括(　　)。

A. 单色性好　　B. 方向性好

C. 亮度高　　D. 相干性好

E. 颜色丰富

7. 半导体的能带结构与绝缘体相似，不同的是，半导体的(　　)。

A. 价带与导带交叠　　B. 导带与满带交叠

C. 禁带宽带较窄　　D. 价带宽带较窄

8. 放射性主要包括 α、β、γ 三种射线，α 射线是氦核发出的，β 射线是电子发出的，γ 射线是一种短波长的电磁波。其中，穿透力最强的(　　)可穿透厚达几十厘米的水泥墙。防护这种射线一般需要采用吸收能力很强的材料，如铅块等。

A. X射线　　B. α射线　　C. β射线　　D. γ射线

9. 根据泡利不相容原理，(　　)。

A. 半整数自旋的粒子不能处在同一状态中

B. 半整数自旋的粒子可以处在同一状态中

C. 整数自旋的粒子不能处在同一状态中

D. 整数自旋的粒子可以处在同一状态中

10. 能量包括功、能和热量。有时能量采用不同的单位，这些单位之间可相互转换，是等价的。以下不属于能量单位的是(　　)。

A. J　　B. N·m

C. eV　　D. W·s

E. kW·h　　F. W

三、填空题

1. 初态处于基态的氢原子可以吸收 13.09 eV 的能量，激发到________高能级态。

2. 有一群已处于 $n=4$ 激发态的氢原子，当它们回到基态的过程中发出光子，其波长最短为________nm，最长为________nm。

3. 多电子原子的结构由薛定谔方程描述，核外电子的排布遵循________和________原则(原理)。

4. 一台激光器的基本结构除了工作物质、激励电源外，还包括________。

5. 常用的激光器有________和________两种。

6. 激光的英文缩写为 laser(light amplification of stimulated emission of radiation)，它的中文含义是________。

7. 与绝缘体的能带相比，半导体的________较窄，为 0.1～1.5 eV。

8. 已知放射性核素 ^{90}Sr 的半衰期为 26 a，经 100 a 后此核素剩余的数量占初始数量的百分比为________。(a 为年的单位)

四、简答题

1. 玻尔氢原子理论有哪些成功之处，哪些不足？

____级__________专业________班 学号：__________ 姓名：__________

2. 简述激光的工作原理。

3. 什么是能带？

4. 简述导体、半导体和绝缘体的能带区别？

5. 通过学习量子物理基础，列出与本书关联的、反映科学家获得诺贝尔物理学奖的时间与成就。

五、计算题

1. 氢原子初始状态时处于某一较高的激发态，跃迁到 $n=2$ 能级，发射波长 $\lambda=434\ \text{nm}$ 的光谱线，问：(1)这一谱线相应的光子能量为多少电子伏？(2)初态的能级 E_n 及其主量子数 n 各为多少？

2. 由氢原子理论，当氢原子处于 $n=3$ 的激发态时，将产生三种不同的谱线，求其相应的波长。

3. 已知第一玻尔轨道半径 a，当氢原子中电子沿第 n 玻尔轨道运动时，求其相应的德布罗意波长。

4. 已知${}_{6}^{14}C$的半衰期 $t_{\frac{1}{2}}$ 为 5730 a，求其衰变常量 λ。

5. 测得某古木制品中${}^{14}C$的含量是活树中的$\frac{3}{5}$，试确定其年龄。（已知${}^{14}C$的半衰期 $t_{\frac{1}{2}}$ 为 5 730 a）

课外练习部分参考答案

练习 1　质点运动学

一、判断题

1. √　2. √　3. ×　4. ×　5. √　6. ×

二、单项选择题

1. D　2. C　3. B　4. D　5. B　6. C　7. C　8. D　9. D　10. C

三、填空题

1. $2\boldsymbol{i}+\boldsymbol{j}$(m), $2\boldsymbol{i}-2\boldsymbol{j}$($\mathrm{m\cdot s^{-1}}$), $-2\boldsymbol{j}$($\mathrm{m\cdot s^{-2}}$); $2\boldsymbol{i}-3\boldsymbol{j}$(m), $2\boldsymbol{i}-3\boldsymbol{j}$($\mathrm{m\cdot s^{-1}}$)

2. 0　3. $2t^2\ \mathrm{m\cdot s^{-1}}$, $10+\dfrac{2}{3}t^3$(m)　4. $\dfrac{18t}{\sqrt{1+9t^2}}$, $\dfrac{6}{\sqrt{1+9t^2}}$

5. $-c$, $\dfrac{(b-ct)^2}{R}$; $\dfrac{b\pm\sqrt{cR}}{c}$　6. $\dfrac{\sqrt{v_t^2-v_0^2}}{g}$

四、计算题

1. $a=\dfrac{\mathrm{d}v}{\mathrm{d}t}=v\dfrac{\mathrm{d}v}{\mathrm{d}x}$, $16-2x^2=v^2$

2. (1) $a_t=0.8\ \mathrm{m\cdot s^{-2}}$, $a_n=25.6\ \mathrm{m\cdot s^{-2}}$; (2) $\theta=3$ rad; (3) $t=\dfrac{\sqrt{2}}{4}$ s

3. (1) $x=v_0t$, $y=\dfrac{1}{2}gt^2$, $y=\dfrac{g}{2v_0^2}x^2$;

(2) $v=\sqrt{v_0^2+g^2t^2}$, $a_t=\dfrac{g^2t}{\sqrt{v_0^2+g^2t^2}}$, $a_n=\dfrac{v_0g}{\sqrt{v_0^2+g^2t^2}}$

4. (1) $y=9-\dfrac{x^2}{2}(x>0)$; (2) $\boldsymbol{r}=2t\boldsymbol{i}+(9-2t^2)\boldsymbol{j}$, $\boldsymbol{v}=2\boldsymbol{i}-4t\boldsymbol{j}$; (3) $t_1=0$ 或 $t_2=2$ s; (4) $t=2$ s, $r=4.12$ m

练习 2　牛顿运动定律

一、判断题

1. ×　2. ×　3. √　4. √　5. √

二、单项选择题

1. E　2. A　3. D　4. C　5. B　6. B　7. C　8. B

三、填空题

1. 0,0; $\frac{10}{3}$ N,$\frac{5}{3}$ m·s^{-2} 2. 0,$\omega^2 R$,$\frac{mgL}{\sqrt{L^2-R^2}}$或 $m\omega^2 L$ 3. $\frac{g}{\tan\theta}$ 4. $mk^2 x$,$\frac{\ln 2}{k}$

四、计算题

2. (1) $a_1=\frac{1}{3}g$,$a_2=\frac{2}{3}g$; (2) $N_1=\frac{2}{3}mg$; (3) $N_2=\frac{4\sqrt{3}}{3}mg$

3. $x=\frac{mv_0}{k}$ 4. (1) $\omega=\sqrt{14}=3.74$ rad·s^{-1}; (2) $T_2=10$ N

练习 3 动量 功和能

一、判断题

1. √ 2. × 3. √ 4. √ 5. × 6. ×

二、单项选择题

1. B 2. C 3. A 4. B 5. A 6. C 7. B 8. D 9. A 10. C

三、填空题

1. $\frac{m_1 v}{m_1+m_2}$ 2. $\frac{3}{2}mv^2$ 3. $\boldsymbol{i}-5\boldsymbol{j}$(m·s^{-1}) 4. 1 m

四、计算题

1. (1) $\frac{m_2 v_0}{m_2+m_1}$,$\frac{m_1 m_2 v_0}{m_2+m_1}$; (2) $\frac{m_1 m_2 v_0}{m_2+m_1}$; (3) $\frac{m_2(v_0-v_2)}{m_1}$

2. 小球:$v_1=\sqrt{\frac{2ghm_1}{m_1+m_2}}$,向左;斜面:$v_2=m_2\sqrt{\frac{2gh}{m_1(m_1+m_2)}}$,向右

3. (1) $-\frac{3}{8}mv_0^2$; (2) $\mu=\frac{3v_0^2}{16\pi Rg}$ 4. $\sqrt{2}v$

5. 小球速度$\boldsymbol{v}_1=v\left(\frac{\sqrt{3}}{3}\boldsymbol{i}+\frac{1}{2}\boldsymbol{j}\right)$,斜面速度$\boldsymbol{v}_2=-\frac{\sqrt{3}}{6}v\boldsymbol{i}$

练习 4 刚体的定轴转动

一、判断题

1. √ 2. × 3. √ 4. √ 5. × 6. × 7. √

二、单项选择题

1. C 2. C 3. A 4. C 5. B 6. C 7. B 8. A

三、填空题

1. $\frac{3}{4}\omega$ 2. $\frac{J\ln 2}{k}$ 3. 增大,增大,不变 4. $\frac{2\sqrt{3}-\sqrt{2}}{4}FL, \frac{(6\sqrt{3}-3\sqrt{2})F}{4mL}$

四、计算题

2. $\alpha=\frac{9g}{8L}$; $v=\frac{3}{2}\sqrt{gL}$ 3. 43.6 $\mathrm{rad\cdot s^{-2}}$, 21.8 $\mathrm{rad\cdot s^{-2}}$, 78.4 N

4. $\omega=\frac{6m_2v_0}{(4m_2+3m_1)L}$

练习5 狭义相对论

一、判断题

1. √ 2. √ 3. × 4. × 5. × 6. × 7. √ 8. √

二、单项选择题

1. C,A 2. D 3. D 4. B 5. D 6. C 7. D

三、填空题

1. 光速不变原理——在所有惯性系中,真空中的光速相同,且与光源运动无关;相对性原理——物理定律对所有惯性系都是一样的,即所有惯性系对一切物理定律等价

2. $t=\frac{t_0}{\sqrt{1-\left(\frac{u}{c}\right)^2}}$ 3. $L=L_0\sqrt{1-\left(\frac{u}{c}\right)^2}$ 4. 0 5. $E=mc^2$

6. 8.89×10^{-8} s 7. $v=\frac{\sqrt{5}}{3}c$ 8. 2.05×10^{-14} J 或 $0.25m_0c^2$

四、计算题

1. 5.77×10^{-9} s 2. (1) $2.06\times10^{-2}m_0c^2$; (2) $0.42m_0c^2$ 3. 0.02

练习6 温度和气体动理论

一、判断题

1. √ 2. √ 3. √ 4. √ 5. × 6. ×

二、单项选择题

1. A 2. D 3. A 4. D 5. C 6. B 7. D 8. B 9. D

三、填空题

1. 分子的平均平动动能 2. $\sqrt{\dfrac{3p}{\rho}}$ 3. $3.21\times10^{3}\ \mathrm{cm^{-3}}$, 7.8×10^{8} m 4. $0, kT/m$

5. $E=\dfrac{i}{2}pV$ 6. $\sqrt{\overline{v^2}}>\bar{v}>v_{\mathrm{P}}$ 7. 2,0.5 8. 2/3 9. $1/v_0, v_0/2$ 10. $\dfrac{d_{\mathrm{N_2}}}{d_{\mathrm{Ar}}}=\sqrt{\dfrac{\bar{\lambda}_{\mathrm{Ar}}}{\bar{\lambda}_{\mathrm{N_2}}}}$

四、计算题

1. (1) $0.028\ \mathrm{kg\cdot mol^{-1}}$; (2) $493\ \mathrm{m\cdot s^{-1}}$; (3) 5.65×10^{-21} J; (4) 1.13×10^{3} J
2. $11.2\times10^{3}\ \mathrm{m\cdot s^{-1}}$, 1.61×10^{5} K
3. (1) $p=1.35\times10^{5}$ Pa; (2) 7.5×10^{-21} J, $T=362$ K 4. $T_{\mathrm{N_2}}=210$ K, $T_{\mathrm{O_2}}=240$ K

练习7 热力学基础

一、判断题

1. √ 2. √ 3. √ 4. × 5. √ 6. √ 7. ×

二、单项选择题

1. D 2. C 3. D 4. D 5. A 6. C 7. D

三、填空题

1. $A=\dfrac{\nu R}{\gamma-1}(T_2-T_1)$或$\nu C_{V,\mathrm{m}}(T_2-T_1)$,氮气 2. 准静态热力学过程
3. $\Delta E=-500$ J, $A=400$ J, $Q=-100$ J
4. 不变,减少 5. 等压 6. $T_2=3^{1-\gamma}T_1$, $p_2=3^{-\gamma}p_1$ 7. $T_2=288$ K,4

四、简答题

2. 能量的国际单位为J,J常用于热学,其他的还有:N·m,常用于力学;W·s,常用于电学;kW·h(度),常用于电力;eV,常用于原子物理和核物理等,计算微观粒子能量。

五、计算题

1. (2) 4.98×10^{3} J; (3) 1.75×10^{4} J, 1.75×10^{4} J 2. 15.7% 3. (1) $1.5\times10^{-2}\ \mathrm{m^3}$; (2) 1.13×10^{5} Pa; (3) 239 J

练习8 振动

一、判断题

1. × 2. √ 3. × 4. √ 5. √

二、单项选择题

1. C 2. C 3. B 4. D 5. C 6. B 7. A 8. C 9. C

三、填空题

1. 系统的动力学性质；决定物理量在初始时刻(或位置)的运动状态

2. 5 N；10 N，±0.2 m 3. π；$-\frac{1}{2}\pi$；$\frac{1}{3}\pi$ 4. $x=4\times10^{-2}\cos\left(\frac{\pi}{2}t-\frac{3}{4}\pi\right)$ m

5. $\pm\frac{\pi}{3},\pm\frac{2\pi}{3}$ 6. $\frac{3}{4}$ 7. $t=3T/8,t=5T/8,t=7T/8$

8. $A=\sqrt{A_1^2+A_2^2}$，$x=\sqrt{A_1^2+A_2^2}\cos\left(\omega t+\arctan\frac{A_1}{A_2}\right)$ 9. π，A_2-A_1

四、计算题

1. (1) $x=0.02\cos\left(\frac{5\pi}{6}t-\frac{\pi}{3}\right)$(m)；(2) $t_P=\frac{11}{5}=2.2$(s)；(3) $x=-0.02$ m，受力最大

2. (1) $x=0.17$ m，$F=-4.2\times10^{-3}$ N，Ox 轴负向；(2) $\Delta t=\frac{2}{3}$ s；(3) $E=7.1\times10^{-4}$ J

3. (1) $\varphi=-\frac{\pi}{3}$；(2) $\Delta t=\frac{5}{6}\pi\times\frac{1}{\pi}=\frac{5}{6}$ s$=0.83$ s

4. (1) $x=5\cos\left(3t+\frac{3}{10}\pi\right)$(cm)；(2) $A=1$ cm

练习 9 波动

一、判断题

1. × 2. √ 3. √ 4. × 5. √ 6. √ 7. √ 8. √ 9. √

二、单项选择题

1. D 2. D 3. C 4. B 5. D 6. B 7. C

三、填空题

1. 振源(波源)和介质 2. 20 Hz 至 20 kHz 3. π，0
4. 左(Ox 负向)，右(Ox 正向) 5. 0.5 m 6. 1.95×10^{11} N·m^{-2}
7. 0 dB，120 dB 8. $y'=A\cos\left[2\pi\left(\frac{t}{T}-\frac{x}{\lambda}\right)+\frac{\pi}{2}\right]$ 9. $\lambda/2$

四、计算题

1. (1) $A=0.05$ m，$u=2.5$ m·s^{-1}，$\nu=5$ Hz，$\lambda=0.5$ m；
(2) 1.57 m·s^{-1}，49.3 m·s^{-2}；
(3) $y=0.05\cos\left(10\pi t-\frac{2\pi}{3}\right)$(m)，$y=0.05\cos\left(4\pi x-\frac{\pi}{3}\right)$(m)

2. (1) $y=0.05\cos\left(400\pi t+\frac{\pi}{5}\right)$(m), $y=0.05\cos\left[400\pi\left(t-\frac{x}{100}\right)+\frac{\pi}{5}\right]$(m); (2) $y=0.05\cos\left(400\pi t+\frac{3}{5}\pi\right)$ (m)

3. (1) $y_O=0.1\cos\left(\pi t+\frac{1}{3}\pi\right)$(m), $y_P=0.1\cos\left(\pi t-\frac{5}{6}\pi\right)$(m)

4. 665 Hz,541 Hz

练习 10　静电场和电势

一、判断题

1. √　2. ×　3. ×　4. √　5. √

二、单项选择题

1. C　2. B　3. A　4. B　5. B　6. B　7. B　8. A　9. D　10. D

三、填空题

1. $E=\frac{Q}{4\pi\varepsilon_0 r^2}$, $U=\frac{Q}{4\pi\varepsilon_0}\left(\frac{1}{r}-\frac{1}{R_2}\right)$　2. $\frac{q}{6\varepsilon_0}$　3. 减小两板间的电势差

4. $\frac{\lambda_1+\lambda_2}{2\pi\varepsilon_0 r}$　5. 0　6. 0　7. $\sqrt{v_B^2-\frac{2q}{m}(U_A-U_B)}$

8. 不变,不变,变小；不变,变小,变小

9. $\frac{1}{8\pi\varepsilon_0 R}(\sqrt{2}q_1+q_2+\sqrt{2}q_3)$　10. 有源场,无旋场(保守力场)

四、计算题

1. $F=\frac{q_0\lambda}{4\pi\varepsilon_0}\cdot\frac{L}{d(L+d)}$

2. $U_P=\int_{(P)}^{(Q)}\boldsymbol{E}\cdot d\boldsymbol{l}=\int_{x_P}^{x_Q}\frac{\lambda}{2\pi\varepsilon_0 x}dx=\frac{\lambda}{2\pi\varepsilon_0}\ln x_Q-\frac{\lambda}{2\pi\varepsilon_0}\ln x_P$（设 Q 点为电势 0，取 $x_Q=1$ 最简单）

3. (1) $E_{in}=\frac{Qr}{4\pi\varepsilon_0 R^3}$ $(r<R)$, $E_{out}=\frac{Q}{4\pi\varepsilon_0 r^2}(r>R)$; (2) $U_{in}=\frac{Q}{8\pi\varepsilon_0 R}\left(3-\frac{r^2}{R^2}\right)(r<R)$, $U_{out}=\frac{Q}{4\pi\varepsilon_0 r}(r>R)$

4. (1) $E=\frac{\Delta U}{r\ln\frac{D_2}{D_1}}$; (2) $E_1=\frac{2\Delta U}{D_1\ln\frac{D_2}{D_1}}$, $E_2=\frac{2\Delta U}{D_2\ln\frac{D_2}{D_1}}$; (3) $E_1=2.15\times10^7\ \mathrm{V\cdot m^{-1}}$, $\lambda=7.54\times10^{-9}\ \mathrm{C\cdot m^{-1}}$

5. (1) $\sigma=\frac{U_0\varepsilon_0}{r_1+r_2}=8.85\times10^{-9}\ \mathrm{C\cdot m^{-2}}$; (2) $q'=4\pi\varepsilon U_0 r_2=6.67\times10^{-9}$ C

练习 11 静电场中的导体和电介质

一、判断题

1. √ 2. × 3. √ 4. × 5. ×

二、单项选择题

1. B 2. B 3. A 4. A 5. C 6. B 7. A 8. B 9. D 10. A

三、填空题

1. $\dfrac{Qd}{2\varepsilon_0 S}, \dfrac{Qd}{\varepsilon_0 S}$ 2. $E_0-\dfrac{\sigma}{2\varepsilon_0}, E_0+\dfrac{\sigma}{2\varepsilon_0}$ 3. $U_B>U_C>U_A$ 4. $E=0, U=\dfrac{Q}{4\pi\varepsilon_0 r_2}$

5. $\sigma_1=-\dfrac{1}{2}\sigma, \sigma_2=+\dfrac{1}{2}\sigma$ 6. $\dfrac{q}{U_{AB}}$ 7. 300 V

8. 不均匀，均匀 9. $\dfrac{r}{R}$ 10. $E=\dfrac{\lambda}{2\pi\varepsilon_0 r}, U=\dfrac{\lambda}{2\pi\varepsilon_0}\ln\dfrac{b}{r}$

四、计算题

1. (1) $C=\dfrac{\varepsilon_0 S}{d-t}$；(2) $\Delta V=7.5\ \text{V}, C=800\ \mu\text{F}$

2. (1) $Q_a=\dfrac{a}{a+b}Q, Q_b=\dfrac{b}{a+b}Q$；(2) $C=4\pi\varepsilon_0(a+b)$

3. $C=\dfrac{Q_0}{\Delta V}=\dfrac{2\pi\varepsilon_0(\varepsilon_{r1}+\varepsilon_{r2})R_1R_2}{(R_2-R_1)}$

4. (1) $C=\dfrac{Q}{\Delta U}=\dfrac{2\pi\varepsilon_0\varepsilon_r L}{\ln\dfrac{R_2}{R_1}}$；(2) $Q_{\max}=2\pi\varepsilon_0\varepsilon_r LR_1E_k, W_{\max}=\dfrac{1}{2C}Q_{\max}^2=\pi\varepsilon_0\varepsilon_r LR_1^2E_k^2\ln\dfrac{R_2}{R_1}$

练习 12 恒定磁场

一、判断题

1. √ 2. × 3. √ 4. ×

二、单项选择题

1. C 2. D 3. D 4. A 5. D 6. D 7. C

三、填空题

1. $\dfrac{\mu_0 I}{4\pi R}+\dfrac{\mu_0 I}{8R}$，垂直纸面向里 2. $\dfrac{\mu_0 I}{4\pi R}$，垂直纸面向外 3. $\dfrac{\mu_0 NI}{L}$ 4. 6.3×10^{-4} T

5. $\mu_0 nI\pi R^2$ 6. 恒定电流，闭合环路所包含电流的代数和

四、计算题

1. $\dfrac{\mu_0 I}{4R}$ 2. $\dfrac{\mu_0 I}{2\pi a}\ln\dfrac{r+a}{r}$ 3. (1) $\dfrac{\mu_0 NI}{2\pi r}$；(2) $\dfrac{\mu_0 NIh}{2\pi}\ln\dfrac{D_2}{D_1}$ 4. $\Phi_1:\Phi_2=\ln3:\ln2$

练习 13 电磁感应

一、判断题

1. × 2. × 3. √ 4. √

二、单项选择题

1. D 2. B 3. C 4. B 5. A 6. B 7. D 8. C 9. B 10. B

三、填空题

1. $\sqrt{2}BRv$,a 2. 产生的感应电流所激发的磁场总是阻碍磁通的变化

3. $\oint \boldsymbol{E} \cdot \mathrm{d}\boldsymbol{S} = \dfrac{\sum q}{\varepsilon_0}$; $\oint \boldsymbol{B} \cdot \mathrm{d}\boldsymbol{S} = 0$; $\oint \boldsymbol{E} \cdot \mathrm{d}\boldsymbol{r} = -\dfrac{\mathrm{d}\Phi}{\mathrm{d}t} = -\int \dfrac{\partial \boldsymbol{B}}{\partial t} \cdot \mathrm{d}\boldsymbol{S}$; $\oint \boldsymbol{B} \cdot \mathrm{d}\boldsymbol{r} = \mu_0 \int \left(\boldsymbol{J} + \varepsilon_0 \dfrac{\partial \boldsymbol{E}}{\partial t}\right) \cdot \mathrm{d}\boldsymbol{S}$

4. 感生电场假设,即变化的磁场产生感生电场;位移电流假设,即变化的电场产生磁场

四、计算题

1. 3.84×10^{-5} V,A 点电势高 2. 2×10^{-6} V,向上 3. -2.4 V,M 点的电势高

4. 100 V,A 点的电势高

练习 14 光的干涉

一、判断题

1. √ 2. √ 3. √ 4. × 5. √

二、单项选择题

1. D 2. B 3. B 4. C 5. D 6. D 7. C

三、填空题

1. 390～780 2. 相同的频率(或波长),固定的相位差,振动方向相同或接近

3. $\dfrac{2\pi}{\lambda}(n_1e_1+n_2e_2)$ 4. 上,$(n-1)e$ 5. $2n_2e+\dfrac{1}{2}\lambda$ 6. $\lambda/2n$ 7. 225

四、计算题

1. $n=\dfrac{3\lambda}{e}+1=1.58$ 2. (1) $d=0.91$ mm; (2) $l=24$ mm; (3) 不变

3. (1) $e_5=\dfrac{9\lambda}{4n_2}$; (2) $\Delta e=\dfrac{\lambda}{2n_2}$ 4. (1) 496 nm; (2) 620 nm,413 nm

练习 15 光的衍射和光的偏振

一、判断题

1. × 2. √ 3. √ 4. × 5. ×

二、单项选择题

1. C 2. B 3. A 4. C 5. A 6. B 7. B 8. D

三、填空题

1. 633 nm 2. 30° 3. 波动，横 4. 60°，$\frac{9}{32}I_0$ 5. $\frac{\cos^2\alpha_1}{\cos^2\alpha_2}$ 6. 1.73

7. 线偏振(或完全偏振，平面偏振)，部分偏振，布儒斯特(起偏)角

8. 自然，线偏振，部分偏振 9. 2.7×10^{-7} rad

四、计算题

1. 0.15 mm 2. (1) $d=6\times10^{-6}$ m；(2) $a=1.5\times10^{-6}$ m；
(3) $k=10$，取 $k=0,\pm1,\pm2,\pm3,\pm5,\pm6,\pm7,\pm9$

3. (1) 3，$k=\pm2$ 缺级，$k=0,\pm1,\pm3$ 共 5 条；(2) $k=-1,0,1,3,5$ 共 5 条

4. (1) $I_4=\frac{27}{128}I_0$；(2) $I_4=\frac{3}{32}I_0$；(3) 0

练习 16 量子物理的基本概念

一、判断题

1. × 2. √ 3. √ 4. √ 5. × 6. × 7. √

二、单项选择题

1. D 2. B 3. D 4. B 5. A 6. D 7. D 8. C 9. A 10. A
11. A 12. B 13. D 14. D 15. D 16. A 17. B 18. A

三、填空题

1. 6480 $W\cdot cm^{-2}$ 2. 16 3. 8280 K 4. 1.88 5. $2h\nu+E_k$
6. 5.8×10^{14} Hz 7. 1.1×10^{-34} m 8. 2×10^{-30} m 9. 0.02121 nm
10. 3.3×10^{-16} s

五、计算题

1. 6.4×10^{-34} J·s，2 eV 2. 4.7×10^{5} $m\cdot s^{-1}$ 3. 0.1 nm 4. 3.7×10^{-2} m
5. 3.1% 6. $v=\frac{\sqrt{2}}{2}c$

练习 17　量子物理初步

一、判断题

1. √　2. √　3. √　4. √　5. ×　6. √　7. √　8. ×

二、单项选择题

1. C　2. B　3. C　4. A　5. A　6. E　7. C　8. D　9. A　10. F

三、填空题

1. $n=3$　2. 97.2,1875.1　3. 泡利不相容原理,能量最低原理
4. 光学谐振腔　5. 气体激光器,半导体激光器
6. 受激辐射光放大发射器或受激辐射的光放大
7. 禁带宽度　8. 7%

五、计算题

1. (1) $h\nu=4.86\ \text{eV}$; (2) $E_n=-0.54\ \text{eV}, n=5$　2. 102.6 nm,657.9 nm,121.6 nm
3. $\lambda=h/(mv)=2\pi na$
4. $\lambda=3.83\times10^{-12}\ \text{s}^{-1}, A_0=1.65\times10^{11}\ \text{Bq}$　5. $t=4\,224\ \text{a}$